Thomas Junker/Sabine Paul
Der Darwin-Code

Thomas Junker
Sabine Paul

Der Darwin-Code

Die Evolution erklärt unser Leben

Verlag C. H. Beck

Mit 22 Abbildungen im Text

© Verlag C.H. Beck oHG, München 2009
Satz: Janß GmbH, Pfungstadt
Druck und Bindung: CPI – Ebner & Spiegel, Ulm
Gedruckt auf säurefreiem, alterungsbeständigem Papier
(hergestellt aus chlorfrei gebleichtem Zellstoff)
Printed in Germany
ISBN 978 3 406 58489 3

www.beck.de

Inhalt

Wer hat Angst vor der Evolution?

Durch die Evolutionstheorie wird es
«zu einer bemerkenswerten Revolution in der Naturwissenschaft kommen …
Die Psychologie wird auf die neue Grundlage gestellt,
dass alle geistigen Kräfte und Fähigkeiten notwendigerweise
durch graduelle Übergänge erworben werden.»
Charles Darwin, *On the origin of species* (1859)

Evolution ist eine Tatsache – so wie es eine Tatsache ist, dass sich die Erde um die Sonne dreht oder dass die ägyptischen Pyramiden vor mehr als 4000 Jahren erbaut wurden. Es gibt keine andere, auch nur am Rande plausible *natürliche* Erklärung für die Existenz, die Verbreitung und die Eigenschaften der Lebewesen auf der Erde. Seit Mitte des 20. Jahrhunderts ist auch Darwins Evolutionsmechanismus aus Variation und Selektion, seine berühmte Theorie der natürlichen Auslese, in ihrer modernisierten Form konkurrenzlos. Ohne die Evolution lässt sich nur zeigen, wie Lebewesen funktionieren, aber nicht, *warum* sie ihre charakteristischen Eigenschaften haben. In den Naturwissenschaften ist die Darwin'sche Revolution bereits weit fortgeschritten, in anderen Bereichen und im Bewusstsein vieler Menschen hat sie aber noch kaum begonnen. Die Evolutionstheorie kann (noch) nicht alles erklären, und wie in jeder Wissenschaft gibt es offene Fragen, ungelöste Probleme und interessante neue Forschungsfelder. Dies macht ja gerade ihre bleibende Faszination aus, von der auch unser Buch berichten wird. Nicht die Mathematik ist also das Entscheidende, wie der Philosoph Immanuel Kant vermutet hatte (1786: 14), sondern man kann ohne Übertreibung sagen, dass in der Wissenschaft vom Menschen «nur so viel *eigentliche* Wissenschaft angetroffen werden kann, als darin *Evolutionstheorie* anzutreffen ist».

Gilt dies auch für die Erklärung der Gefühle, der Gedanken und des

Verhaltens der Menschen? Der Paläontologe George Gaylord Simpson war dieser Ansicht. Er hielt alle Versuche, die Frage – Was ist der Mensch? – vor Darwin zu beantworten, für «wertlos» und empfahl, sie «völlig zu ignorieren». Bevor man nicht erkannt hatte, «dass der Mensch das Produkt der Evolution von ursprünglichen Affen» und noch früherer Vorfahren bis zu den ersten Lebewesen sei, hätten die Antworten keine «solide, objektive Grundlage» gehabt. Auch die nicht-biologischen Wissenschaften können nur sinnvolle Aussagen über das Wesen der Menschen machen, wenn sie von der Tatsache der Evolution ausgehen, andernfalls werden sie Phantasien oder Irrtümer produzieren (1966: 472–73). Als Simpson diesen Anspruch formulierte, war dies noch mehr Programm als Realität. So musste beispielsweise die evolutionäre Psychologie nach vielversprechenden Ansätzen bei William James (1890) und Sigmund Freud fast ein Jahrhundert auf ihre akademische Anerkennung warten (Barkow et al. 1992; Pinker 1998; Buss 1999; Corballis & Lea 1999). Fast ebenso schwer hatte und hat es die evolutionäre Medizin (Nesse & Williams 1995), und von einer evolutionären Philosophie, Geistes-, Religions- oder Kulturwissenschaft kann man noch kaum sprechen (Menninghaus 2003; Eibl 2004; Schmidt-Salomon 2006; Fischer 2008; Hüttemann 2008).

Warum hat die Darwin'sche Revolution in diesen Wissenschaften und im Bewusstsein vieler Menschen bisher so wenig Eindruck hinterlassen? Zum Teil liegt das sicher daran, dass neue Ideen Zeit brauchen, um zu reifen und ihre Brauchbarkeit unter Beweis zu stellen. Dies ist aber nicht die ganze Wahrheit. Wer in den letzten Jahren und Jahrzehnten die öffentlichen Debatten um die Evolutionstheorie auch nur am Rande verfolgt hat, der wird ihre erstaunliche Emotionalität bemerkt haben. Und wer, wie die Autoren dieses Buches, selbst für die Darwin'schen Ideen in den Ring steigt, der kann über unsachliche Angriffe, persönliche Anfeindungen und perfide Unterstellungen mehr berichten, als ihm oder ihr wohl lieb ist.

Die Grundideen der Evolutionstheorie sind nicht besonders schwer zu verstehen. Trotzdem begegnen ihr auch viele intelligente Menschen mit beachtlicher Ignoranz und Feindseligkeit. Die Schwierigkeiten scheinen also eher gefühlsmäßiger als intellektueller Art zu sein. Worin aber besteht die Provokation, woher kommt die Angst vor der Evolutionstheorie? Zum einen behauptet sie, dass die Menschen durch einen ungeplanten Naturvorgang entstanden sind. Zum anderen sagt sie, dass ihre Eigenschaften nicht nur von der Umwelt geprägt werden, sondern auch Ausdruck der in der Evolution entstandenen Gene sind. Die Biologie hat also sowohl «das angebliche Schöpfungsvorrecht des Menschen zunichte» gemacht, indem sie «ihn auf die Abstammung aus dem Tierreich» verwies, als auch die «Unvertilgbarkeit seiner animalischen Natur» behauptet (Freud 1916–17: 295).

Damit aber geriet sie in Konflikt mit zwei traditionellen Auffassungen über das Wesen der Menschen: Bei der ersten handelt es sich um *religiöse Weltanschauungen*, die die Existenz und Eigenschaften der Menschen auf einen göttlichen Willensakt zurückführen. Bestrebungen der letzten Jahrzehnte, die wörtliche Interpretation der Bibel unter dem Namen «Kreationismus» (d. h. Schöpfungslehre) neu zu beleben, haben diesen Konflikt verschärft, aber nicht hervorgerufen. Bis heute ist die übernatürliche Erschaffung der Menschen ein wichtiger Glaubenssatz vieler Religionen. Jüdische, christliche und islamische Strömungen berufen sich dabei auf die Bibel, in der behauptet wird, dass die Menschen vom Gott des Alten Testaments erschaffen wurden und ihm «gleich seien» (Genesis 1,26). Eine Erklärung ist damit nicht gewonnen, sondern lediglich eine Verschiebung des Rätsels auf eine andere Ebene, da wir nicht erfahren, woher die Eigenschaften ursprünglich kommen, warum Menschen beispielsweise nackt und eifersüchtig sind. Es gibt hier also einen grundsätzlichen Konflikt zwischen Wissenschaft und Religion, zwischen natürlicher Kausalität und Wunderglauben. Die Evolutionsbiologie ist zwar besonders betroffen, es geht aber auch um Kosmologie und Geologie und letztlich um die Wissenschaft im Allgemeinen (Kanitscheider 2002; Bunge & Mahner 2004). Viele religiöse Menschen haben Angst vor der Evolution, weil sie – nicht ganz zu Unrecht – vermuten, dass eine natürliche Erklärung der Entstehung der Menschen ihre diesbezüglichen Glaubensüberzeugungen überflüssig macht.

Mit der zweiten, *kulturalistischen Auffassung* besteht ein innerwissenschaftlicher Konflikt darüber, ob die Eigenschaften eines Menschen stärker von den ererbten Anlagen (den Genen) oder von der Umwelt bestimmt werden. Im Prinzip stellt sich diese Frage gleichermaßen für körperliche wie geistige Merkmale, besonderes Interesse hat aber das Problem hervorgerufen, in welchem Maße menschliche Verhaltensweisen genetisch determiniert oder erlernt sind (Niemitz 1987; Voland 1992). Von vielen Kulturwissenschaftlern wird nun postuliert, dass erlerntes Verhalten die biologischen Grundstrukturen bis zur Unkenntlichkeit überlagert oder ins Gegenteil verkehrt hat. Wenn dies der Fall wäre, dann hätte die Evolutionstheorie nur geringe Bedeutung für das Selbstverständnis der Menschen, zumindest in Bezug auf geistige Merkmale. Letztlich ist dies aber eine empirische Frage, die durch wissenschaftliche Untersuchungen geklärt werden muss.

Umso befremdlicher ist die auf diesem Felde grassierende Unsachlichkeit. Viele Kulturwissenschaftler (und manche Biologen) scheinen zu glauben, dass sie das Problem dadurch lösen können, dass sie die evolutionsbiologischen Thesen mit abfälligen Schlagworten wie «Biologismus» und «Reduktionismus» belegen oder indem sie diese als moralisch und politisch unannehmbar bezeichnen (Junker 2006). Dem scheint die Angst zugrunde zu liegen, dass die Evolutionstheorie das Zusammenleben der Menschen gefährdet, weil sie beispielsweise die traditionelle Moral zerstört und das Recht des Stärkeren postuliert. Oder man befürchtet, dass der Nachweis der genetischen Bedingtheit von Verhaltensweisen die individuelle Freiheit einschränken könnte. Viele dieser Unterstellungen sind karikaturhafte Verzerrungen oder gänzlich unberechtigt, manche haben aber auch einen Kern der Wahrheit. Worin er besteht, davon wird unser Buch berichten. Nichtsdestoweniger fehlt den Kulturwissenschaften die Basis, von der aus sie begründete Aussagen über die Menschen machen können, solange sie die Erkenntnisse der Evolutionsbiologie ignorieren. Viele der für Menschen typischen Eigenschaften werden erst verständlich, wenn man sie aus der Darwin'schen Perspektive betrachtet. Dies wird unser Buch exemplarisch zeigen und so die Deutungsmacht einer neuen, *evolutionären Kulturwissenschaft* dokumentieren.

An dieser Stelle wollen wir noch auf einen anderen Punkt aufmerksam machen. Was sagen politische Bedenken über die Wahrheit einer Theorie, selbst wenn sie zutreffen? – Nichts. Mit der natürlichen Auslese ist es wie mit der Schwerkraft: Auch der überzeugendste Beweis ihrer moralischen Bedenklichkeit und bitteren sozialen oder individuellen Folgen würde nichts an ihrer Existenz ändern. Was man aber tun kann, ist ihre Wirkungsweise zu erforschen, um sie zu verstehen. Das wiederum ist eine wichtige Voraussetzung, um die Gegebenheiten der Natur im Sinne der eigenen Wünsche beeinflussen zu können. Wie erfolgversprechend diese Strategie bei der Schwerkraft war, beweisen tagtäglich Tausende von Flugzeugen. Und es gibt keinen Grund, warum die Evolutionsbiologie nicht ebenso nützliche Erkenntnisse hervorbringen sollte; sie kann dies aber nur, wenn die Wissenschaftler möglichst unvoreingenommen forschen können und sich nicht von individuellem oder gesellschaftlichem Wunschdenken leiten lassen. Wir haben uns in unserem Buch bemüht, diesem Anspruch gerecht zu werden. Sollte es uns nicht immer gelungen sein oder sind wir zu falschen Schlussfolgerungen gelangt, so werden wir uns freuen, wenn andere es besser machen. Diejenigen Leser aber, die wissenschaftliche Ergebnisse und Theorien nur dann akzeptieren, wenn sie emotional gefällig, moralisch einwandfrei und politisch korrekt sind, haben das falsche Buch in Händen.

Beginnen werden wir mit Verhaltensweisen, die in jedem Menschen biologisch angelegt sind, aber zugleich fremd und unerklärlich wirken: In *Steak und Schokolade* diskutieren wir, warum Menschen trotz moderner Ernährungsempfehlungen fette, süße und salzige Speisen lieben und es so schwerfällt, sich gesund zu ernähren. Wir werden zeigen, warum Vielfalt, Qualität und Sinnlichkeit biologisch notwendige Komponenten des Essens sind, wie evolutionäre Ernährung Genuss und Gesundheit verbindet und welche sozialen, emotionalen und sexuellen Bedürfnisse befriedigt sein müssen, um wirklich satt zu werden. In *Darwins Carmen* geht es dann um die sexuelle Partnerwahl. Warum wurde sie zu einem entscheidenden Faktor in der Evolution der Menschen? Wie führte die sexuelle Selbstbestimmung der Frauen zu fürsorglichen und sinnlichen Männern, warum wurden die Frauen schön, warum sind Männer wählerisch? In *Helden und Terroristen* schließlich steht das biologisch paradox anmutende Verhalten der modernen Selbstmordattentäter im Mittelpunkt. Es wird uns zu der Frage führen, warum und in welchen Situationen sich Menschen überhaupt für eine Gemeinschaft aufopfern.

In *Geheimwaffe Kunst* wenden wir uns dann Eigenschaften zu, die für Menschen charakteristisch sind und bei anderen Tieren nur ansatzweise beobachtet werden können – der Kultur, der Kunst und der Religion. Ausgehend von der Tatsache, dass die Neandertaler ausstarben, während unsere Vorfahren überlebten *(Das Erfolgsgeheimnis der modernen Menschen)*, werden wir mögliche Selektionsvorteile dieser Eigenschaften diskutieren. Zunächst wird es uns in *Wie Wissen zur Macht wird* um die Entstehung der Kultur als einer Gemeinsamkeit *aller Menschen* gehen. In den Kapiteln *Die Biologie der Kunst* und *Von der Magie der Höhlen zur Religion* legen wir dann eine neue Theorie vor, die zeigt, warum die Kunst so außerordentlich wichtig für das Wohlergehen und Überleben der vor rund 200 000 Jahren entstandenen *modernen Menschen* war und warum sie ihre Bedeutung bis heute erhalten hat. Zunächst werden wir diese Frage aus evolutionsbiologischer Sicht diskutieren, um die so gewonnenen Thesen dann am Beispiel der eiszeitlichen Höhlenmalereien zu überprüfen. In diesem Zusammenhang werden wir auch auf die Frage zu sprechen kommen, wie und warum die Religion aus der Kunst entstand. Die vier Kapitel des Abschnitts *Geheimwaffe Kunst* stehen jeweils für sich; sie bilden aber zugleich eine übergreifende Argumentationskette.

In *Evolutionäre Strategien* schließlich geht es um zwei Themen, zu denen die Evolutionsbiologie nach Ansicht vieler Autoren gar nichts beitragen kann: um den freien Willen und den Sinn des Lebens. Wie wir sehen werden, verhält es sich gerade andersherum – Menschen sind keine körperlosen Denkmaschinen, und wer, wenn nicht die Biologie, die *Wissenschaft vom Leben*, soll denn eine kompetente Aussage über den *Sinn des Lebens* machen? Abschließend werden wir uns mit der Frage beschäftigen, wie die gegenwärtigen Lebensbedingungen der Menschen aus Sicht der biologischen Erkenntnisse zu bewerten sind und welche konkreten Handlungsmöglichkeiten sich daraus ergeben.

In vielerlei Hinsicht sind Menschen wenig veränderte, schimpansenartige Menschenaffen. Mit den Schimpansen haben sie fast alle Gene gemeinsam und mehr als 98 Prozent des Erbmaterials (mit Mäusen beispielsweise sind es rund 80 Prozent). Bei aller genetischen Übereinstimmung ist aber unverkennbar, dass die Menschen sich in einigen Eigenschaften deutlich von den anderen Menschenaffen unterscheiden.

> *Viele, vielleicht sogar die meisten der für Menschen charakteristischen Eigenschaften sind in den letzten zwei Millionen Jahren als Anpassungen an das Leben als Jäger und Sammler entstanden. Dies gilt für körperliche Merkmale ebenso wie für geistige Fähigkeiten und Verhaltensweisen.*

Archäologische und ethnologische Daten machen wahrscheinlich, dass die Umwelt der frühen Menschen aus Wäldern und Savannen bestand, in denen die pflanzlichen und tierischen Nahrungsmittel verstreut vorkamen (Foley 1995). Ein wichtiger Bestandteil ihrer Ernährung war das Fleisch gejagter Tiere. Sie lebten in kleinen, beweglichen Gruppen von rund 30 Mitgliedern, die überwiegend miteinander verwandt waren, sich gut kannten und nur selten auf Fremde trafen. Nahrungsmittel und andere Ressourcen wurden geteilt und es gab keine festen Herrschaftsstrukturen. Da das Überleben und Wohlergehen der Gruppenmitglieder von ihrer Zusammenarbeit abhing, wurden individuelle Abweichungen von der vereinbarten Strategie aber kaum geduldet.

Die Zeit der Jäger und Sammler umfasste mehr als 99,5 Prozent der gesamten Menschheitsgeschichte, in ihr kam es zur Evolution von allem, was typisch menschlich ist. Was später kam, ist historisch entscheidend, aber evolutionär von geringer Wichtigkeit. Erst nach der bislang letzten Eiszeit begannen die Menschen vor rund 10 000 Jahren allmählich zu einer effektiveren Form der Nahrungsgewinnung, zu Ackerbau und Viehzucht, überzugehen, was zur Folge hatte, dass sich eine neue Lebensweise mit Arbeitsteilung und Staatenbildung durchsetzte («Zivilisation»). Aus Sicht eines Menschenlebens sind 10 000 Jahre eine lange Zeit. Aus evolutionärer Perspektive sind es aber nur fünfhundert Generationen, und dieser Zeitraum war zu kurz, um entscheidende neue Anpassungen hervorzubringen.

Die wissenschaftliche Basis für unsere Überlegungen ist Charles Darwins Evolutionstheorie in ihrer modernisierten Form. Sein Hauptwerk *On the origin of species* erschien 1859, vor genau 150 Jahren. Für die heutigen Biowissenschaften, in denen ein Zeitschriftenartikel schon bald nach seinem Erscheinen veraltet sein kann, ist das eine kleine Ewigkeit. Umso erstaunlicher ist, wie modern und zukunftsweisend viele seiner Ideen noch immer sind. An dieser Stelle möchten wir nur auf eine seiner provokativsten und zugleich faszinierendsten Thesen

Abb. 1: Charles Darwin (1840, Aquarell von George Richmond). Schon bald nach seiner Weltreise mit der *Beagle* (1831–1836) war Darwin ein anerkannter Naturforscher. Das Prinzip der Evolution durch natürliche Auslese formulierte er schon kurz nach seiner Rückkehr (1837/1838); er veröffentlichte seine Theorie aber erst mehr als zwei Jahrzehnte später (1859).

aufmerksam machen: Die Natur der Menschen lässt sich nur teilweise durch den Kampf ums Dasein erklären, mindestens ebenso wichtig waren sexuelle Rivalität und Partnerwahl. *Darwin war überzeugt, dass durch die sexuelle Auslese nicht nur Unterschiede zwischen Frauen und Männern entstanden sind, sondern auch viele der Merkmale, durch die sich Menschen von anderen Tieren unterscheiden.* Und so soll unser Buch, das zum 200. Geburtstag Darwins erscheint, auch eine Hommage an den Begründer der modernen Evolutionsbiologie sein.

Der modernisierten Darwin'schen Theorie zufolge ist der menschliche Geist eine informationsverarbeitende Maschine, die von der natürlichen und sexuellen Auslese geformt wurde, um Probleme zu lösen, vor denen unsere Jäger-und-Sammler-Vorfahren standen. Oft wird in diesem Zusammenhang die Befürchtung geäußert, dass eine wissenschaftliche Erklärung den Phänomenen ihre Faszination und ihren Zauber nimmt. Wir halten diese Angst für unbegründet; die biologische Forschung kann die Intensität und das Spektrum der Wahrnehmungen auch in diesen Fällen bereichern. Wir werden an vielen Stellen unseres Buches aber auch umgekehrt auf künstlerische Interpretationen der von uns besprochenen Themen hinweisen, da sie eine aufschlussreiche und wichtige Ergänzung zur wissenschaftlichen Perspektive darstellen. Darwin selbst hatte sich seit seiner Jugend für Musik und Malerei interessiert. Vor allem die Oper hatte es ihm angetan. Als sechzehnjähriger Medizinstudent besuchte er in Edinburgh eine Aufführung von Carl Maria von Webers *Freischütz*, und drei Jahre später berichtete er enthusiastisch über einen Auftritt der berühmten spanischen Sängerin Maria Malibran (1808–1836) in Cambridge – «Worte können sie nicht genug preisen, sie ist wirklich die bezauberndste Person, die ich jemals sah». Aus dem chilenischen Valparaiso, wohin ihn die nun schon zweieinhalb Jahre andauernde Weltreise auf der *Beagle* geführt hatte, schrieb er wehmütig: «Wenn ich nach England zurückkehre [...] wie genussvoll wird es wieder sein, im FitzWilliam [Museum] Tizians Venus zu sehen; wie viel mehr als genussvoll, in ein gutes Konzert oder eine schöne Oper zu gehen» (Darwin 1985 ff., 1: 19, 94, 397). Wie Darwin in seiner *Autobiographie* berichtete, fiel es ihm mit zunehmendem Alter dann aber immer schwerer, viele der früher so geschätzten Kunstwerke zu genießen. Er bedauerte diesen Verlust nicht nur wegen der Einbuße an Lebensfreude, sondern auch, weil er befürchtete, dass sich dies negativ auf seine allgemeine geistige Leistungsfähigkeit ausgewirkt hatte: «Der Verlust dieser Sinne [für die Kunst] ist ein Verlust von Glück, vielleicht schädlich für den Verstand und noch wahrscheinlicher für den moralischen Charakter, da er den emotionalen Teil unserer Natur schwächt» (1959: 139).

Die evolutionsbiologische Erforschung der Menschen hat in den letzten Jahrzehnten große Fortschritte gemacht, und die Grenzen ihrer Reichweite sind noch nicht absehbar. So gesehen sind wir Zeugen einer weltanschaulichen Revolution, deren Bedeutung erst langsam bewusst wird: Wir sind das Produkt eines Naturmechanismus aus Variation, Vererbung und Selektion, eine Tierart unter vielen, Maschinen zur Verbreitung unserer Gene. Und in unseren typisch menschlichen Gefühlen, Gedanken und Verhaltensweisen sind wir noch steinzeitliche Jäger und Sammler. Kann man Menschen also nur verstehen, wenn man sie als Produkte der Evolution sieht? In welchem Maße werden sie auf der anderen Seite durch die Gesellschaft, durch Erziehung und

Kultur geformt? Um diese Fragen wurde und wird in der Wissenschaft und Öffentlichkeit leidenschaftlich gestritten. Auch wenn es dabei oft schwierig ist, individuelles und gesellschaftliches Wunschdenken zu vermeiden, letztlich handelt es sich um sachliche Fragen, die mit Argumenten entschieden werden können und müssen. Und Darwins Theorie ist der Code, der geheime Schlüssel, der das Verständnis vieler rätselhafter Verhaltensweisen der Menschen erst ermöglicht.

Wissenschaftliche Ideen sind Teil der kulturellen Evolution der Menschheit, wie die biologische Evolution basiert sie auf Variation, Vererbung und Selektion, auf Kreativität, Lernen und Kritik. Dies gilt auch für die in diesem Buch vorgestellten Thesen. Unsere künstlerischen und wissenschaftlichen Quellen nennen wir im Text, doch möchten wir noch auf die vielfältigen persönlichen Anregungen hinweisen. In den letzten Jahren hatten wir zahlreiche Gelegenheiten, Thesen des Buches bei Vorträgen, Seminaren und in Vorlesungen vorzustellen. Für die Einladungen sei an dieser Stelle herzlich gedankt, ebenso den Studentinnen und Studenten an den Universitäten Tübingen und Göttingen für lebhafte Diskussionen. Stete Quellen der Inspirationen waren uns das TNS Frankfurt, der literarische Freundeskreis von Rechtsanwalt Walter Mann, die AG Evolutionsbiologie im Verband Biologie, Biowissenschaften & Biomedizin (VBIO), die Giordano Bruno Stiftung und die Oper Frankfurt. Unser ganz besonderer Dank schließlich geht an Haroon Ahmad, Angelika Beck, Lucie Beppler, Stefan Bollmann, Gerhard Bott, Armin Geus, Hermann Josef Heimbach, Matthias Junker, Conni Koecke, Uli Kutschera, Angelika von der Lahr, Walter Mann, Marcel Janick Paul, Thomas Pechar, Nicolaas A. Rupke, Carola Schlüter, Herbert Steffen, Donald Sulzen, Sven Thoms, Edwin Tijhaar, Andrea Treß, Beate Wegener, Andrea Wolscht, Eckhart Wolscht und Hans Zitko.

Frankfurt am Main, im Januar 2009

I. Die Natur der Menschen – eine fremde Welt?

1 Steak und Schokolade

«Meine Lieben, nehmt Platz
... die geheimen Sorgen
entfliehen beim freundlichen Trank
und beim Festmahl öffnet sich jedes Herz.»
Giuseppe Verdi, La Traviata (1853)

Venedig, 1853, auf der Bühne des *Teatro La Fenice:* Violetta Valery, die «Traviata», feiert in Paris ein glanzvolles Fest. Als umschwärmte Frau weiß sie, wie wichtig gute Speisen und Getränke für das Wohlbefinden ihrer Gäste und das Gelingen der Feier sind. Tatsächlich gesteht Violettas Verehrer Alfredo ihr seine Liebe dann an dieser Festtafel – und gewinnt ihr Herz mit dem berühmten Trinkspruch auf Liebe, Wein und feurige Küsse. Auch wenn die täglichen Mahlzeiten damals nicht so üppig waren wie auf Violettas Feier, ist die genuss- und lustbetonte französische Ess- und Liebeskultur noch heute sprichwörtlich.

Im Gegensatz dazu wirkt das Leben zu Beginn des 21. Jahrhunderts ernüchternd. Ein Filmregisseur könnte es so in Szene setzen: Sieben Uhr dreißig, Montagmorgen. Die junge Angestellte müht sich aus dem Bett. Eigentlich wollte sie vor dem anstehenden Besprechungsmarathon ein Frühstück zu sich nehmen. Aber frühstücken war noch nie ihre große Leidenschaft – und heute hat sie dafür ohnehin keine Zeit: Sie ist wieder einmal zu spät dran. Auf dem Weg ins Büro hält sie an der Tankstelle auf einen schnellen Kaffee. Als sich die Backofentür im Tankstellen-Bistro öffnet, steigt ihr ein verführerischer Duft von buttrigen Croissants in die Nase – und kurz darauf hat sie zwei Stück der leckeren Verführung gekauft. Während sie an der Kasse wartet, kommen ihr Zweifel: Hätte sie nicht doch besser zu Hause gefrühstückt? Und dann kauft man sich gleich zwei Croissants – zu viel Fett, zu viel Zucker und eine Menge Kalorien auf die Schnelle! Den Rest des

Tages sollte sie dann wohl besser mit Magerjoghurt bestreiten. Da fällt ihr Blick auf eine Zeitschrift mit den neuesten Ernährungstipps. Diesmal kann man unter fünfzehn Diätvarianten wählen – für jeden Esstyp sei etwas dabei. Vielleicht findet sich damit der richtige Einstieg, um ein paar Pfunde loszuwerden und mit einem gesünderen Essverhalten zu beginnen?

Ein Moment der Hoffnung, dann der Zweifel. Diäten, die endlich Erfolg bringen – das Versprechen gab es schon so oft und immer mit dem gleichen Ergebnis: kein Frühstück, tagsüber schnell etwas von der Tankstelle oder ein Kantinenessen, am Abend bequeme Fertiggerichte oder die gesellige Runde im Restaurant oder in der Kneipe. Wer hat schon Zeit und Lust, mit ungewohnten Diätrezepten zu hantieren, wenn Burger und Pizza so einfach sind? Wer will Nährwerttabellen auswendig lernen oder Punkte für Lebensmittel zählen? Und dann widersprechen sich die vielen Ansätze. Entweder sind sie fettreduziert oder kohlenhydratarm, dann eiweißreich oder auf der Basis besonderer Eigenschaften von Ananas oder Avocado, alternativ geht es makrobiotisch zu, mit Trennkost oder vegetarisch, entsprechend der eigenen Blutgruppe oder mit Ernährung im asiatischen Stil. Wer kann und soll entscheiden, was die richtige Ernährungsweise ist?

Nicht nur die junge Angestellte in der fiktiven Filmszene scheitert bei dem Versuch, die verschiedenen Empfehlungen zu bewerten. So hat beispielsweise die jahrzehntelange Beratungstätigkeit der *Deutschen Gesellschaft für Ernährung* (DGE) nicht verhindert, dass die Deutschen in Europa mittlerweile Spitzenreiter in Sachen Gewicht sind – jeder Zweite gilt als übergewichtig. In ihrem Ernährungsbericht von 2004 hat die DGE das Scheitern ihrer Bemühungen selbst eingestanden: Der Konsum von Obst und Gemüse sei zu gering, der Anteil an Fett zu hoch und Süßigkeiten würden in zu großen Mengen verzehrt. Gleichzeitig zeigen repräsentative Studien, dass sich die Menschen zu wenig, widersprüchlich und unverständlich informiert fühlen (DGE 2004a; Vogt 2005).

Warum gibt es immer mehr übergewichtige Menschen und die daraus resultierenden Krankheiten nicht nur in Deutschland, sondern in vielen Ländern Europas? Gibt es sie trotz oder vielleicht wegen der seit vielen Jahren verbreiteten Ernährungsempfehlungen? Besonders ausgeprägt ist diese Tendenz in den USA, wo rund zwei Drittel der Bevölkerung als übergewichtig gelten, sie lässt sich aber auch in sogenannten Schwellenländern wie Brasilien beobachten. Warum essen wir trotz der negativen gesundheitlichen Folgen zu fett, zu süß und zu salzig? Warum wissen wir nicht mehr, welche Ernährung die richtige für uns ist?

Von Billigbäckern, Großmüttern und Gorillas

Der Schlüssel zur Beantwortung der Fragen, was die *natürliche Ernährung* der Menschen ist und wie sich die Probleme der modernen Fehlernährung lösen lassen, liegt in der Evolutionsbiologie. Ihre Erkenntnisse basieren auf den Forschungsergebnissen der Paläoanthropologie, dem Vergleich mit anderen Tieren, insbesondere mit den uns nahe verwandten Gorillas und Schimpansen, und auf der Untersuchung der Lebensweise der Jäger und Sammler bzw. ursprünglicher bäuerlicher Gesellschaften. In Verbindung mit einer Analyse der Umweltbedingungen liefern sie den Zugang zur Lösung der vielen Rätsel unseres heutigen Ernährungsverhaltens.

Seit dem Beginn des Industriezeitalters Mitte des 19. Jahrhunderts werden Nahrungsmittel zunehmend intensiver verarbeitet und verändert. Seit den 1970er Jahren finden Fertiggerichte große Verbreitung, ebenso neue Zusatzstoffe und mit Vitaminen oder ähnlichen Stoffen angereicherte Lebensmittel bis hin zu Designer-Food. So werden beispielsweise Fettersatzstoffe hergestellt oder Krebsfleischimitate für Sushi aus geformtem und gefärbtem Fischextrakt, dem Geschmacksverstärker, Zucker, Salz, Sorbit und Phosphat zugesetzt werden. Aber nicht nur die Herstellungsart und Zusammensetzung der Nahrung haben sich verändert, auch das Angebot erreicht immer neue Dimensionen. Man findet zunehmend 24-Stunden-Fast-Food-Restaurants, fast überall gibt es an zwölf Stunden des Tages in Supermärkten alle Produkte des täglichen Bedarfs zu kaufen. Die Auswahl beispielsweise an Milchprodukten ist fast unüberschaubar, und in den Einkaufsstraßen der Städte offerieren Bäckereien in großen Schütten Berge von Brötchen und Gebäck.

Trotz dieser Menge an verfügbaren Lebensmitteln und schier unerschöpflichen Neukreationen empfinden viele Menschen zunehmend Abneigung gegenüber diesen Angeboten. Verbunden mit dem rasanten Anstieg der Zivilisationskrankheiten ist dies ein deutlicher Hinweis darauf, dass die derzeitige Ernährung den biologischen Bedürfnissen der Menschen nicht entspricht.

In diesem Zusammenhang wird gerne nostalgisch von den «guten alten Zeiten» geschwärmt, als zu (Ur-)Großmutters Zeiten noch ein saftiger Sonntagsbraten mit Gemüse auf den Tisch kam und am Nachmittag frischer Kuchen aus dem Backofen gezogen wurde. Der Sehnsucht nach wenig verarbeiteten und frischen Grundzutaten scheint die vorindustrielle bäuerliche Ernährung zu entsprechen. Bei näherem Hinsehen zeigt sich aber, dass sie negative gesundheitliche Folgen mit sich bringen kann, oft ebenfalls nicht den Anforderungen unseres Körpers entspricht und gegebenenfalls sogar zu Mangelernährung führt (siehe *Janusköpfige Landwirtschaft*).

Führt der Vergleich mit anderen Tieren bei der Suche nach der natürlichen menschlichen Ernährung zum Erfolg? Die Verdauungsphysiologie, Stoffwechselfunktionen und anatomischen Merkmale der Menschenaffen könnten einen Hinweis darauf geben, welche Art der Nahrung auch für Menschen sinnvoll ist. In diesem Zusammenhang werden gelegentlich Experimente mit sogenannten Evo-Diäten unternommen. So ernährten sich Anfang 2007 neun Freiwillige im Paignton Zoo in Großbritannien für zwölf Tage nur von Obst (Erdbeeren, Aprikosen, Bananen, Mangos), Gemüse (Brokkoli, Möhren, Rettich, Kohl), Haselnüssen und Honig. Die Journalisten der BBC, die diesen Versuch begleiteten, waren vom Ergebnis überrascht und mussten unerwartet positiv berichten: Anstelle der antizipierten Aggressionen, Hungergefühle und negativer gesundheitlicher Auswirkungen wurden positive Stoffwechselveränderungen festgestellt. Der Cholesterinwert sank, der Blutdruck reduzierte sich und ein deutlicher Gewichtsverlust war zu beobachten. Die Versuchspersonen berichteten zudem von guter Laune und mehr Energie (Heald 2007).

Entspricht also eine an den Gorillas orientierte Nahrung den menschlichen Bedürfnissen? Gorillas sind reine Pflanzenfresser, während Menschen, wie am Gebiss und am Verdauungstrakt erkennbar, Allesfresser sind. Die mittel- und langfristigen Auswirkungen einer Gorilla-Ernährung auf Menschen sind mit einer 12-Tages-Kur nicht feststellbar. Rohe Kohlsorten führen zu unangenehmen Blähungen, und eine rein pflanzliche Ernährung gefährdet eine ausreichende

Vitamin- und Mineralstoffzufuhr. So nehmen Menschen beispielsweise den Mineralstoff Eisen hauptsächlich mit Fleisch auf. Trotz dieser Mängel im Aufbau des geschilderten Experiments machen die positiven gesundheitlichen Veränderungen deutlich, dass der Ansatz, sich auf die Spuren unserer Vorfahren zu begeben, richtig sein könnte. Der Blick in die Vergangenheit muss jedoch deutlich differenzierter ausfallen. Es genügt nicht, willkürlich eine Menschenaffenart wie die Gorillas auszuwählen, deren Entwicklungslinie sich vor etwa acht Millionen Jahren von der menschlichen getrennt hat.

Wie weit also muss man in der Evolution zurückgehen, um die für die menschliche Physiologie wirklich charakteristischen Merkmale zu finden? Molekulargenetische und paläoanthropologische Daten zeigen, dass sich die Besonderheiten der menschlichen Ernährungsweise vor rund zwei Millionen Jahren bei den ersten echten Menschen *(Homo erectus)* herausbildeten: Der Fleischanteil stieg deutlich an; die Kohlenhydrataufnahme fand nicht mehr nur über Früchte, sondern zusätzlich über Wurzeln und Knollen statt; durch Kochen wurden neue Nahrungsquellen erschlossen und sie konnten energetisch besser genutzt werden; der Verdauungstrakt bildete eine größere Aufnahmefläche für Nährstoffe aus (Wrangham & Conklin-Brittain 2003).

Diese Veränderungen der Ernährungsweise gingen mit der enormen Vergrößerung des Hirnvolumens einher, die vor etwa zwei Millionen Jahren bei *Homo erectus* begann (800−1200 ccm) und bis zum heutigen modernen Menschen *(Homo sapiens)* führte (ca. 1400 ccm) (Wood 2000; Junker 2008). Obwohl das Gehirn nur ca. 2 Prozent unserer Körpermasse ausmacht, hat es den größten Energiebedarf aller unserer Organe, durchschnittlich 20 Prozent der Gesamtenergie. Die Verbindung von Gehirngröße und Ernährungsweise wird auch durch aktuelle molekulargenetische Forschungsergebnisse bestätigt, die zeigen, dass bei Menschen im Vergleich zu anderen Menschenaffen mindestens 250 Gene verändert sind, und zwar vor allem solche, die für die Gehirnfunktion und die Nahrungsverarbeitung (besonders im Kohlenhydrat-Stoffwechsel) von Bedeutung sind (Haygood et al. 2007).

Damit ist der Wendepunkt in der Evolution gefunden, an dem die für Menschen charakteristische Ernährung ihren Anfang nahm. Weder Urgroßmutters Rezeptesammlung noch die rein pflanzliche Rohkost der Gorillas entspricht den natürlichen Bedürfnissen des menschlichen

Körpers. Die biologischen Anpassungen der Menschen wurden vielmehr durch die zwei Millionen Jahre der Altsteinzeit geprägt, in denen sie als Jäger und Sammler lebten.

Nahrung fürs Gehirn

Wie sahen Leben und Ernährung in der Altsteinzeit aus? Man trifft bei dieser Frage oft auf die Vorstellung von Keulen schwingenden Urmenschen, die ihre Frauen an den Haaren in Höhlen zerren, wild grunzend Tiere erlegen oder gar längst ausgestorbene Tiere – etwa Dinosaurier – als Haustiere halten. Die wissenschaftlich gesicherten Erkenntnisse über unsere Vorfahren, die vor 100 000 bis 10 000 Jahren lebten, zeigen eine andere Realität. Sie hatten eine Körpergröße und einen Körperbau wie wir, waren schlank und stark, Gelenke und Muskelansatzstellen der Knochen belegen, dass sie etwa so muskulös waren wie heutige Profisportler. Sie hatten eine entwickelte Sprache und schon vor fast 40 000 Jahren fertigten sie faszinierende Höhlenmalereien an, deren Eleganz wir noch heute an vielen Orten Südfrankreichs und Nordspaniens bewundern können. Auch Musikinstrumente sind aus dieser Zeit bekannt, etwa eine Flöte aus Schwanenknochen (vgl. *Die Biologie der Kunst*). Krankheiten und Tod wurden im Wesentlichen durch Infektionen, hohe Kindersterblichkeit und akute Verletzungen hervorgerufen, nicht aber durch chronische Erkrankungen, wie wir sie heute als Haupttodesursachen kennen.

Die Menschen der Altsteinzeit lebten halbnomadisch als Jäger und Sammler und nutzten auf ihren Wanderstrecken Zelte, bei extremen Witterungsbedingungen auch Höhlen. Ihre Aufenthaltsorte wechselten, wenn sie Tierherden, Pflanzen- und Fruchtvorkommen oder Wasserquellen im Jahresverlauf folgten. Meist jagten die Männer und die Frauen sammelten, jedoch gab es auch jagende Frauen und sammelnde Männer. Die Jagdtechniken waren vielfältig: Treibjagden in Sümpfen und über Klippen, die Nutzung von Fallen und Speeren, die später als Speerschleudern eine noch größere Reichweite erzielten, und seit etwa 20 000 Jahren auch der Einsatz von Pfeil und Bogen. Für das Sammeln unterirdischer Nahrungsquellen wurden Grabstöcke verwendet. Sowohl das Jagen als auch das Sammeln verlangten große Ausdauer-

Abb. 2: Die Menschen der Alt- und Mittelsteinzeit lebten halbnomadisch als Jäger und Sammler in Gruppen von meist 20 bis 200 Personen. Ihre Aufenthaltsorte wechselten, wenn sie Tierherden im Jahresverlauf folgten. Sowohl das Jagen als auch das Sammeln verlangten eine große Ausdauerleistung und führten zu einem Körperbau, der heutigen Profisportlern entspricht (Cueva de los Caballos, Spanien, rund 9000 Jahre vor heute).

leistungen und folgten einem Rhythmus von ein bis zwei Tagen Jagen bzw. Sammeln und ein bis zwei Tagen der Ruhe.

Mit dem Begriff «Steinzeiternährung» verbinden viele Menschen heute Vorstellungen wie Rohkost, Vegetarismus, «primitive» Kost oder auch tägliche Fleischmahlzeiten. Die tatsächliche Nahrung dieser Zeit lässt sich durch archäologische Funde und den Vergleich mit heute lebenden Jägern und Sammlern gut rekonstruieren (Eaton & Konner 1985). Dabei fällt vor allem auf, wie vielfältig und abwechslungsreich die Ernährung der Altsteinzeit war. Neben Fleisch (Rentiere, Antilopen, Wildpferde, Mammuts, Bisons, aber auch kleine Nagetiere) gab es Fisch, außerdem die in der heutigen mitteleuropäischen Küche eher ungewöhnlichen Insekten (z. B. Heuschrecken, wie heute noch in Israel, Arabien oder Kambodscha verwendet, zusätzlich auch Insektenmaden), Schlangen (heute noch wichtig in China), aber auch Weichtiere (z. B. Schnecken) sowie Früchte, Nüsse, Samen, Beeren, Wurzeln, Knollen, Blätter, Blüten und Pilze.

Die Menge der Nahrung war in Dürre- und Kältezeiten nicht immer ausreichend, aber ihre Qualität war in der Regel sehr gut. Eine breite Basis an hochwertigem Protein und komplexen Kohlenhydraten, viele Vitamine und Mineralstoffe aus Früchten, Blättern, Wurzeln und Pilzen – nicht aber aus Getreide. Zucker gab es kaum. Fleisch und Fisch machten etwa ein Drittel, Pflanzen rund zwei Drittel aus.

Wie oben beschrieben, wuchs mit der Zunahme des Gehirnvolumens und der damit verbundenen Gehirnaktivität auch der Energiebedarf unserer Vorfahren. Im Wesentlichen kamen drei Strategien zum Einsatz, um diesen Bedarf zu decken: vorhandene Energiequellen noch *besser ausnutzen*, Nahrungsmittel mit *höherer Energiedichte* finden und Nahrungsmittel, die *schneller Energie* zur Verfügung stellen, verwerten.

So ermöglichte die Vergrößerung der Dünndarmresorptionsfläche eine *bessere Verwertung* der Nahrung. Noch bedeutsamer war, dass die Speisen seit mindestens 800 000 Jahren erhitzt wurden – einige Hinweise deuten sogar auf 1,8 Millionen Jahre Feuernutzung hin. Dadurch ließen sich die Lebensmittel besser verwerten, denn die benötigte Zeit für die Verdauung gekochter oder erhitzter Speisen ist deutlich geringer als bei Rohkost. Zudem werden die in vielen Pflanzen enthaltenen Giftstoffe durch Hitze zerstört, wodurch neue pflanzliche Quellen verfügbar wurden.

Nahrung mit *hoher Energiedichte* liefert mehr Energie pro Portion. Bevorzugt wurden deshalb Fleisch gegenüber Pflanzen, gekochte gegenüber rohen Speisen und fettreiche Nahrungsquellen. Wer verschiedene Haus- oder Wildtiere beobachtet hat, weiß, dass Pflanzenfresser wie Meerschweinchen oder Pandas ihre Pflanzenkost fast den gesamten Tag kontinuierlich zu sich nehmen müssen. Raubtiere hingegen benötigen nach der Aufnahme einer größeren Portion Fleisch viele Stunden, gelegentlich sogar Tage, keine neue Energiezufuhr. Gekochtes Gemüse kann man schneller und in größeren Mengen zu sich nehmen als die jeweilige Rohkostform und auch die Vorliebe für fetthaltige Nahrung lässt sich leicht erklären. Ein Gramm Fett liefert neun Kilokalorien – mehr als doppelt so viel wie ein Gramm Protein oder Kohlenhydrate mit nur vier Kilokalorien. Daher wird ein Jäger und Sammler, der seine Nahrung im natürlichen Umfeld mit verhältnismäßig hohem Energieaufwand aufspüren muss, bevorzugt zu einer fettreichen Nahrungsquelle greifen.

Aber nicht nur energiereiche Nahrungsmittel waren wichtig zur Versorgung des Gehirns, sondern auch solche, die besonders *schnell Energie* zur Verfügung stellen. Diese Anforderung erfüllt vor allem kohlenhydratreiche Nahrung, die Einfachzucker wie Glukose (Traubenzucker) enthält. Die Sofortmaßnahme, bei körperlichen Leistungstiefs oder Konzentrationsschwäche ein Stück Traubenzucker zu nutzen, kennt jeder sportlich aktive Mensch oder Schüler im Prüfungsstress. Traubenzucker ist die direkteste Energiequelle des Stoffwechsels und steht dem Gehirn in kürzester Zeit zur Verfügung, da keine zeitaufwändigen Umwandlungsreaktionen notwendig sind. Altsteinzeit-Ernährung ist im Wesentlichen über zwei Millionen Jahre hinweg als «Nahrung fürs Gehirn» optimiert worden, das heißt als Lieferant für schnelle Energieverfügbarkeit und hohe Energiedichte.

Janusköpfige Landwirtschaft

Dieses erfolgreiche Programm der Altsteinzeit (Paläolithikum) setzte sich auch fort, als vor etwa 10 000 Jahren mit dem Ende der letzten Eiszeit und dem Beginn von Ackerbau und Viehzucht neue Nahrungsmittel verfügbar wurden. Seit dieser «Neolithischen Revolution» liefert Getreide Kohlenhydrate in großen Mengen, und Milch ist ein protein- und kalziumreiches Nahrungsmittel, das unabhängig von Wetter und Jahreszeiten als Energie- und Mineralstoffquelle nutzbar ist.

Die Verfügbarkeit neuer und energiereicher Nahrungsquellen lässt erwarten, dass sich die Leistungsfähigkeit und Gesundheit der Menschen verbessert hätten. Überraschenderweise konnten Paläopathologen jedoch zeigen, dass sich der Gesundheitszustand deutlich verschlechterte. Die Körpergröße der Menschen nahm ab, es kam zur epidemieartigen Ausbreitung von Infektionskrankheiten und Parasiten und es finden sich signifikant mehr Schäden an den Zähnen im Vergleich mit Jäger-und-Sammler-Kulturen. Knochen- und Gelenkentzündungen, Hautkrankheiten und die Sterblichkeit nahmen stark zu. Diese Funde sind Hinweise auf Fehl- und Mangelernährung (Diamond 1992). Mit Beginn des Industriezeitalters ab Mitte des 19. Jahrhunderts kam es durch Hygienemaßnahmen, die Einführung der Anästhesie in der Chirurgie und von Antibiotika gegen Infektionskrankheiten zu bedeutenden Fortschritten in der Medizin, die die Lebenserwartung steigerten. Gleichzeitig aber begann die industrielle Verarbeitung von Lebensmitteln, und seitdem beobachtet man die Ausbreitung neuer Haupttodesursachen: die sogenannten Zivilisationskrankheiten, allen voran Herz-Kreislauf-Erkrankungen, Übergewicht, Krebs und Diabetes.

Wie konnte es innerhalb von nur 10 000 Jahren – und insbesondere in den letzten 150 Jahren – zu solch drastischen Veränderungen des Gesundheitszustandes und der Todesursachen kommen? Erklärt werden kann dies durch die Fehlanpassungs- oder Diskordanz-Hypothese: Körperliche Gesundheit setzt voraus, dass die genetischen Anlagen eines Organismus und seine Umwelt zusammenpassen. Die den Körper und das Verhalten der Menschen prägenden Gene haben sich im Lauf von zwei Millionen Jahren an das Leben der Jäger und Sammler angepasst. Die Art der Nahrung, die Ackerbauern und Viehzüchter zu sich nehmen, unterscheidet sich aber davon. Während sich unsere Gene in den letzten 10 000 Jahren kaum verändert haben, bildet unsere Nahrung in vielerlei Hinsicht eine neue Umwelt. Die notwendigen genetischen Anpassungen, um die neuen Lebensmittel schadlos nutzen zu können, sind in diesem – evolutionär gesehen – kurzen Zeitraum größtenteils noch nicht erfolgt. Mit anderen Worten, heute treffen paläolithische Gene auf neolithische Ernährung. Diese Unangepasstheit der neuen Ernährung an unsere Gene, die ständige Verfügbarkeit von Nahrungsmitteln und die deutlich verringerte körperliche Aktivität führen dazu, dass die ursprünglichen Todesursachen der Altsteinzeit durch die heutigen Zivilisationskrankheiten abgelöst wurden (Eaton et al. 1988).

Wie überzeugend ist diese These? Zur Überprüfung muss man zunächst die Ess- und Lebensgewohnheiten der Jäger und Sammler mit der Situation in der Zivilisation vergleichen. Dabei findet man in der Tat dramatische Umwälzungen, die sich auf drei wichtige Aspekte beziehen:

(1) Seit der Neolithischen Revolution wurden *neue Nahrungsquellen* eingeführt – vor ca. 10 000 Jahren Getreide und Milch, vor ca. 5000 Jahren Pflanzenöle und vor etwa 500 Jahren Zucker.

(2) Es fand eine *Veränderung der Hauptnahrungsquellen* statt. Anstelle von Wildtieren und -pflanzen werden nun in ihren Eigenschaften

veränderte Zuchttiere und Zuchtpflanzen verwendet. Einfache Kohlenhydrate (Mehl, Zucker), Fett und Milchprodukte traten an die Stelle komplexer Kohlenhydrate aus Gemüse und Früchten und proteinreicher Nahrungsquellen wie Fleisch und Fisch.

(3) Die *Herstellung und Verarbeitung der Nahrungsmittel* nahm vor allem seit der Industriellen Revolution nie da gewesene Ausmaße an. Zuchttiere werden hauptsächlich mittels Getreidefütterung in Ställen gemästet, Fette werden gehärtet und in Formen überführt, die es in der Natur nicht gibt, Vollkornmehle werden durch Auszugsmehle abgelöst, große Mengen an raffiniertem Zucker und raffinierten Pflanzenölen stehen zur Verfügung, Kochsalz wird bei mehr als 90 Prozent aller industriell verarbeiteten Nahrungsmittel zugegeben (Simopoulos 2001; Cordain et al. 2005).

Welche Auswirkungen hatten diese Neuerungen? Wichtig in diesem Zusammenhang ist zunächst die *veränderte Zusammensetzung der Nährstoffe*. Während in der Altsteinzeit die Hauptenergiequellen Kohlenhydrate, Protein und Fett im Verhältnis 41:37:22 Prozent verteilt waren, ernähren sich die Deutschen heute in einem Verhältnis von 46:14:36 (Max Rubner Institut 2008). Es kam also zu einer deutlichen Verschiebung hin zu Fett und Kohlenhydraten, verbunden mit einer starken Verringerung der Proteinaufnahme. Aber nicht nur das: Die Fettqualität hat sich zusätzlich verschlechtert. Durch Milch, Butter, Käse und Backwaren werden inzwischen deutlich mehr der weniger wertvollen *gesättigten* Fettsäuren aufgenommen. Bei den für den Körper wichtigen mehrfach *ungesättigten* Fettsäuren hat sich zudem das Verhältnis in ungünstiger Weise verschoben (Omega-6- zu Omega-3-Fettsäuren im Paläolithikum: 2:1, heute: 10−20:1). Diese veränderten Fettsäuremuster erhöhen das Risiko von Herz-Kreislauf-Erkrankungen und Krebs.

Der inzwischen sehr geringe Gemüse- und Obstverzehr führt in Verbindung mit einem hohen Fett-, Milch-, Öl- und Auszugsmehlanteil zu einer stark verringerten Aufnahme komplexer Kohlenhydrate und Fasern und damit zu negativen Auswirkungen auf das Hungergefühl, den Fettstoffwechsel und die Verdauungsprozesse. Weiterhin werden Vitamine, Mineralstoffe, Spurenelemente und sekundäre Pflanzenstoffe in meist deutlich geringeren Mengen aufgenommen, d. h., es fehlen wichtige Komponenten für optimale Stoffwechselvorgänge, ein aktives Immunsystem und die Verlangsamung von Zellschädigungen.

Dadurch kommt es oft zu einer *Störung wichtiger Stoffwechselvorgänge*. Die hohe Zucker- und Auszugsmehlaufnahme zieht einen chronisch überhöhten Blutzuckerspiegel nach sich, der wiederum einen chronisch überhöhten Insulinspiegel zur Folge hat – mit deutlichen Auswirkungen auf den Fettstoffwechsel, die sich als Übergewicht, Bluthochdruck und Herz-Kreislauf-Erkrankungen nach einigen Jahren bemerkbar machen. Immer mehr Menschen sind von der Zuckerkrankheit (Diabetes mellitus Typ 2) betroffen. Auch Krebserkrankungen werden durch die hohen Blutzuckerspiegel begünstigt, da vor allem die metastasenbildenden Tumoren einen sehr hohen Glukosebedarf haben (Langbein et al. 2006).

Aber auch Proteine können zu negativen Reaktionen führen. Etwa 2 bis 10 Prozent der Bevölkerung leiden an einer Allergie vom Sofort-Typ. Dabei schießt das Immunsystem innerhalb weniger Sekunden bis Minuten über und löst juckende Hautausschläge bzw. Schleimhautschwellungen aus, die zu akuter Atemnot führen können. Interessanterweise reagieren die meisten Allergiker überproportional häufig auf Proteine, die erst seit dem Beginn von Ackerbau und Viehzucht in großen Mengen verzehrt werden (z. B. Kuhmilch, Hühnerei, Getreide) oder sogar erst vor wenigen Jahrhunderten aus anderen Regionen eingeführt wurden (wie die Erdnuss aus Südamerika). Auch bei den immer bekannter werdenden Nahrungsmittelallergien vom verzögerten Typ – zu Beschwerden kommt es hier erst nach mehreren Stunden bis Tagen – treten die meisten Reaktionen bei den *evolutionär neuen Lebensmitteln* auf: Kuhmilch, Hühnerei und glutenhaltigem Getreide. Auffällig ist, dass bei beiden Allergietypen kaum Reaktionen auf Nahrungsmittel der Altsteinzeit zu finden sind, etwa auf Fleisch oder schon sehr lange etablierte Früchte oder Gemüsesorten.

Die Mehrzahl der heute verzehrten Nahrungsmittel führt am Ende der Stoffwechselprozesse zu einem starken Säureüberschuss, während die Ernährung der Altsteinzeit in der Summe basisch wirkte. Ein Säureüberschuss gilt als Mitverursacher von Osteoporose, Muskelverlust, Nierensteinen, Bluthochdruck, bestimmten Formen von Asthma und Nierenschwäche. Eine weitere Belastung der inneren Organe kann von hohen Alkoholmengen ausgehen. Zwar war im Paläolithikum Alkohol in Form spontan vergorenen Honigs (Met) oder vergorener Früchte verfügbar. Die heute konsumierten Mengen nicht nur an Bier und Wein, sondern vor allem auch an hochprozentigen Spirituosen sind jedoch ein neues Phänomen und führen zu einer starken Beanspruchung der Entgiftungsorgane Leber und Niere.

Neben der veränderten Zusammensetzung der Nahrungsmittel kann auch die Menge, vor allem in Verbindung mit Quellen hoher Energiedichte bei geringer körperlicher Bewegung, Störungen der Körperfunktionen verursachen und zu einer drastischen *Verschiebung der Energiebilanz* führen. Studien aus der Schweiz zeigen, dass zwei Drittel der Bevölkerung gar nicht oder weniger als zweimal pro Woche körperlich aktiv sind (Martin 2002). Da inzwischen viele Menschen mehr Energie aufnehmen als verbrauchen, kommt es zu weit verbreitetem Übergewicht.

Entsprechende gesundheitliche Beeinträchtigungen findet man bei Menschen der Altsteinzeit oder heutigen Jägern und Sammlern kaum. Die Fehlanpassungshypothese ist somit empirisch sehr gut belegt: Unsere altsteinzeitlichen Gene sind für eine andere als die moderne Ernährungs- und Bewegungsweise optimiert, und so kommt es häufig zu Problemen mit den seit dem Neolithikum vorherrschenden Nahrungsmitteln und Lebensstilen. Es gibt nur sehr wenige Beispiele für eine genetische Anpassung innerhalb der letzten 10 000 Jahre. Das bedeutendste Beispiel ist die *Milchzuckerverträglichkeit*. Als Jäger und Sammler haben Menschen, genau wie alle anderen Säugetiere, nur in der Säuglingszeit Milch zu sich genommen. Entsprechend bildeten sie nur dann das Enzym Laktase, welches Milchzucker spaltet und verdaulich macht. Nach der Stillzeit wurde die Bildung der Laktase eingestellt, da sie nicht weiter benötigt wurde – andere Milchquellen als Muttermilch waren nicht vorhanden. Anders gesagt, die Milchzuckerunverträglichkeit (Laktose-Intoleranz), die heute als Krankheit angesehen wird, ist der ursprüngliche Zustand aller Menschen.

Mit Beginn der Viehhaltung vor rund 8000 Jahren breitete sich in Zentral- und Nordeuropa sehr schnell die Fähigkeit aus, das Enzym Laktase bis ins Erwachsenenalter aktiv zu halten und so die Milch der Nutztiere als weitere Energiequelle verwenden zu können (Burger et al. 2007). Heute ist der ursprüngliche Zustand der Milchzuckerunverträglichkeit in der nordeuropäischen Bevölkerung nur zu 5 bis 15 Prozent verbreitet, in der schwarzen Bevölkerung Afrikas aber zu 85 bis

100 Prozent und in Ostasien zu 90 bis 100 Prozent. Das heißt, dass die meisten Menschen bis heute kaum oder keine Milch im Anschluss an die Stillphase vertragen und bei Milchkonsum unter Blähungen, Bauchkrämpfen und teilweise auch Durchfällen leiden. In Anbetracht dieser Tatsachen rücken die Thesen vieler Ernährungswissenschaftler von der guten Milch und dem guten Müsli ins Reich der Märchen. Für einige Menschen sind die Errungenschaften der Landwirtschaft zwar gut verwertbar, aber für sehr viele haben vor allem Milch und Getreide gesundheitliche Nachteile – und so zeigt die Landwirtschaft ein unerwartet janusköpfiges Gesicht.

Warum wir Hamburger, Schokolade und Pommes lieben

Wenn unsere Gene und Körperfunktionen in über zwei Millionen Jahren für eine Jäger-und-Sammler-Ernährung optimiert wurden, die heute verfügbaren Lebensmittel dem aber in vielerlei Hinsicht nicht entsprechen und zu teils gravierenden körperlichen Problemen führen – muss uns mit dieser Erkenntnis der Appetit nicht vollständig vergehen? Müssen wir in ständiger Sorge vor lebensbedrohlichen Krankheiten leben, wenn wir in einen Apfel beißen oder einen Latte macchiato trinken? Glücklicherweise nicht. Die Kenntnisse über unser genetisches Programm, die zu verschiedenen Zeiten herrschenden Umwelteinflüsse und ihre evolutionären Zusammenhänge zeigen, wie die Probleme gelöst werden können.

Eigenschaften, die zum Überleben oder Reproduktionserfolg eines Organismus beitragen, etwa die Vorliebe für bestimmte Nahrungsmittel, nennt man in der Evolutionsbiologie «Anpassungen». Sie entstehen durch die natürliche Auslese. Ändert sich die Umwelt, so müssen sich die Organismen an die veränderten Bedingungen anpassen, andernfalls sterben sie früher oder später aus. Sie können sich aber nicht beliebig verändern, denn die früheren Anpassungen begrenzen als evolutionäres Erbe die Möglichkeiten für die weitere Entwicklung. Im Folgenden werden wir zunächst Phänomene des Ernährungsverhaltens beschreiben, die mit der natürlichen Auslese erklärt werden können, d. h. mit der Überlebensdienlichkeit eines Verhaltens oder Merkmals. Dies betrifft vor allem die Fragen, *was* und *wie viel* gegessen wird. Am Ende des Kapitels werden wir dann anhand der Frage, *wie* gegessen wird, auf die Bedeutung der sexuellen Auslese zu sprechen kommen.

Wie wir oben beschrieben haben, war es für Menschen in der Zeit der Jäger und Sammler überlebensförderlich, dass sie zur Energieversorgung Präferenzen für fettreiche, süße, gekochte und fleischhaltige Speisen entwickelten. Dieses evolutionäre Erbe prägt unseren Geschmack noch heute: Wir lieben fast alle Hamburger (Fleisch, süß, fetthaltig), Pommes frites mit Ketchup oder Mayonnaise (kohlenhydratreich, fettreich, süß) oder Schokolade und Eiscreme (fettreich, süß). Interessanterweise passt also das Angebot von Fast-Food-Ketten exzellent zu unserem altsteinzeitlichen Ernährungsprogramm. So lässt sich nicht nur der weltweite Erfolg dieses Sortiments erklären, sondern auch das Scheitern gut gemeinter Ratschläge, die diese Ernährungsform geißeln, ohne ein – genetisch gesehen – mindestens ebenso attraktives, alternatives Angebot zu offerieren. Diese Empfehlungen kämpfen aber nicht nur erfolglos gegen unsere genetisch fixierten Geschmackspräferenzen an, sondern auch gegen weitere Stoffwechselprozesse, die ausgebildet wurden, um Mangelsituationen zu überbrücken.

In einer Energiemangelsituation, wie sie bei Jägern und Sammlern immer wieder vorkommt, ist beispielsweise eine vorübergehende Insulinresistenz, d. h. ein erhöhter Blutzuckerspiegel, ein Überlebensvorteil. Dies erklärt die weltweit recht häufige genetische Anlage für Insulinresistenz. Es gibt aber – zumindest in Europa und Nordamerika – keinen Mangel an Nahrungsmitteln mehr, und die Mengen pro Mahlzeit sind oft sehr groß. Inzwischen werden nicht nur XXL-, sondern schon XXXL-Portionen angeboten. Zugleich herrscht ein enormer Bewegungsmangel – wir jagen nicht mehr, wir fahren mit dem Auto zum Supermarkt. Bei einer ständig überhöhten Kohlenhydratzufuhr und gleichzeitigem Bewegungsmangel wird die Insulinresistenz, ursprünglich eine Notlösung für Hungerzeiten, zu einer Bedrohung für die Gesundheit und zu einer Fehlanpassung: Ein bislang erfolgreiches genetisches Programm und die neue, veränderte Umwelt passen nicht mehr zusammen.

Es ist schon erstaunlich, dass diese Zusammenhänge nicht nur ignoriert, sondern von offizieller Seite eine kohlenhydratreiche Ernährung in Form von Getreide und die angeblich positiven Eigenschaften von Milch propagiert werden. Mit einer gesundheitsförderlichen, den biologischen Bedürfnissen der Menschen angemessenen Ernährung hat

Abb. 3: Das Sammeln von energiereicher Nahrung, wie etwa von Honig, war in der Menschheitsevolution eine wichtige Voraussetzung für die Energieversorgung – insbesondere des Gehirns – und somit ein Überlebensvorteil. Dies führte zur Ausbildung einer Vorliebe für fettreiche und süße Nahrungsmittel (Cueva de la Araña, Bicorp, Valencia, rund 6000 Jahre vor heute).

dies wenig zu tun. Worum aber geht es dann? Schon im antiken Rom vertraute man auf «Brot und Spiele», um die mehr als 800 000 Einwohner Roms zu ernähren und den Herrschenden gegenüber friedlich zu stimmen. Großbäckereien versorgten schon damals die Masse der Stadtbevölkerung mit Weizenbrot. Im mittelalterlichen Europa bestimmte ebenfalls Getreide, vor allem in Form von Brot und Brei aus Weizen und Gerste, die Ernährung. Die Bevölkerung hatte hochwertige Lebensmittel wie Wein, Brombeeren, Senf und andere Naturalien an die Klöster zu liefern und erhielt im Gegenzug Brot und Getreide. Mit der Ausbreitung der Städte im Spätmittelalter änderte sich die Situation kaum. Für die Masse der Bevölkerung standen hauptsächlich Brot und Getreidebrei mit gekochtem Schmalz, ergänzt durch Hülsenfrüchte und preiswertes Suppenfleisch älterer Nutztiere, auf dem Spei-

seplan. Der Adel versorgte sich dagegen mit Wild und frischem Saison-
gemüse, aber auch Gewürze und Eier standen diesen Kreisen zur Verfügung (Hirschfelder 2001).

Die Verwendung von Getreide als billiger Massenernährung zieht
sich wie ein roter Faden weiter über die Neuzeit bis heute, wenn in
den üblichen Ernährungspyramiden Getreideprodukte die breite Basis
bilden (DGE 2004b) oder sich beispielsweise kirchliche Organisationen den programmatischen Titel «Brot für die Welt» geben. Sie werben darum, dass Menschen in den sogenannten Entwicklungsländern
genügend Reis und Getreide zur Verfügung stehen sollten – eine vergleichsweise billige Forderung im Vergleich mit der teureren und
hochwertigeren «Qualität für die Welt», die eigentlich zu fordern
wäre. Als Bewohner einer der heutigen Industriestaaten sollte man
sich aber nicht zu früh auf der sicheren Seite wähnen. Die Ähnlichkeit
unseres derzeitigen Nahrungsangebots mit dem Sklavenessen im antiken Rom ist bei genauem Hinsehen größer als zunächst vermutet.
Während dort die Arbeiter immerhin Getreide erhielten, welches sie
selbst mahlen und zubereiten konnten, erhielten die Kettensklaven
keine Rohstoffe, sondern fertiges Brot, Oliven minderer Qualität und
in Essig eingelegtes Gemüse. Dieses Angebot erinnert sehr an die billi-
gen Backwaren, die relativ eintönige Auswahl an fad schmeckenden
Obst- und Gemüsesorten oder die Fertiggerichte, Konserven und das
Fleisch minderer Qualität in heutigen Supermärkten.

Es bleibt jedem selbst überlassen, historische und evolutionsbiologische Tatsachen zu ignorieren und auf andere Erkenntnisse zu warten,
die die beschriebenen Phänomene erklären bzw. Krankheiten und
Übergewicht endlich in den Griff bekommen. Auch kann man es vor-
ziehen, sich weiterhin auf offizielle Ernährungsempfehlungen zu verlassen, die offensichtlich das Ziel verfolgen, viele Menschen relativ günstig
zu ernähren und mit Quantität statt mit Qualität abzuspeisen, mit allen
negativen Folgen, die damit für die Gesundheit und die Lebensqualität
verbunden sind. Wir halten es jedoch für möglich und für vielverspre-
chender, die Erkenntnisse der Darwin'schen Evolutionstheorie und
moderner Forschung im Alltag positiv umzusetzen. Plakativ könnte
man diesen Ansatz als «PaläoPower» bezeichnen: die Anwendung der
erfolgreichen *Kraft* aus zwei Millionen Jahren Menschheitsentwicklung
seit der Altsteinzeit *(Paläolithikum).*

PaläoPower

Drei Fragen muss jede Ernährungstheorie beantworten: 1) *Was* soll ich essen? 2) *Wie viel* soll ich essen? 3) *Wie* soll ich essen? Die evolutionsbiologische Antwort auf die erste Frage ergibt sich aus zwei Komponenten: der altsteinzeitlichen Basis und individuellen Faktoren. Menschen sind Omnivoren («Allesfresser»), die je nach klimatischen, saisonalen und geographischen Umständen pflanzliche und tierische Nahrungsquellen in unterschiedlichen Anteilen aufgenommen haben. Die Zusammensetzung der heutigen Ernährung sollte sich, wie oben dargestellt, im Wesentlichen an der typischen paläolithischen Ernährung und ihrer Zusammensetzung orientieren: etwa ein Drittel tierische Nahrungsbestandteile, ca. zwei Drittel Pflanzenkost. Dies bedeutet einen Kohlenhydratanteil von ungefähr 40 Prozent (vor allem aus Gemüse und Obst, möglichst wenig aus Getreide und Zucker), einen Eiweißanteil von knapp 40 Prozent und einen Fettanteil von gut 20 Prozent, wobei auf ein optimales Verhältnis der mehrfach ungesättigten Fettsäuren geachtet werden sollte (Omega-6 zu Omega-3 im Verhältnis 2:1) (Eaton 1997).

Zusätzlich kommen noch individuelle Faktoren ins Spiel, da Menschen genetisch unterschiedlich ausgestattet sind, in unterschiedlichen Umwelten leben und verschiedene Lebensphasen durchlaufen. So gibt es beispielsweise schnelle oder langsame Entgiftungsenzyme für Koffein und Alkohol, es gibt Milchzucker-, Milchprotein- oder Getreide-(Un-)Verträglichkeiten, aber auch Allergien, die sich bei Bedarf mit Hilfe moderner Labordiagnostik ermitteln lassen. Je nach persönlicher Situation können beispielsweise Milchprodukte hinzugefügt werden, unter Umständen entfallen aber bestimmte Getreide- oder Obstsorten. Auch wenn die Jäger-und-Sammler-Ernährung die entscheidende Basis bleibt, ist also die konkrete Zusammensetzung letztlich ein Stück weit individuell. Schlagworte wie «Paläolithisches Essen für paläolithische Gene» sind daher als grober Anhaltspunkt hilfreich. Die differenzierte und sinnvolle Antwort auf die Frage, *was* wir essen sollten, lautet jedoch: eine *individuelle Jäger-und-Sammler-Ernährung*, die sowohl auf die allgemeinen Bedürfnisse des menschlichen Körpers als auch auf die persönlichen Besonderheiten abgestimmt ist.

Extremsituationen verlangen natürlich extreme Lösungsansätze – und so werden sich beispielsweise Astronauten nicht nach diesen Vorgaben ernähren können. Ihre Anforderungen in der Schwerelosigkeit sind andere als bei Menschen, die auf der Erde am Obststand stehen. Man fragt sich allerdings schon, welchen Anforderungen die übervollen Schütten der (Billig-)Bäcker oder die Obst- und Gemüsekarikaturen in manchen Supermärkten gerecht werden sollen. Das Angebot unserer jagenden und sammelnden Vorfahren war sicherlich nicht immer üppig, aber qualitativ deutlich hochwertiger als viele unserer heutigen Nahrungsquellen. Es gibt keinen Grund, diese Qualität nicht auch für die heute lebenden Menschen einzufordern. Ein entsprechendes «PaläoPower-Menü» ist dabei meist gut und einfach zu bereiten. Ein gutes Steak – von einem artgerecht gehaltenen Tier – mit einem großen knackigen Gartensalat erfüllt diese Anforderungen bereits und verlangt auch nicht allzu große Kochkünste. Wer Freude daran entwickelt, qualitativ hochwertige Zutaten aufzuspüren, merkt in der Regel schnell, welche Energie die individuelle Jäger-und-Sammler-Ernährung liefert und wie sich viele gesundheitliche Probleme auflösen.

Die zweite wichtige Frage lautet: *Wie viel* soll ich essen? Die Antwort auf diese Frage ist aus evolutionsbiologischer Sicht verhältnismäßig einfach zu geben. Wenn die Aufnahme von Energie nicht durch Mangelsituationen automatisch begrenzt und durch ständige Bewegung reguliert wird, führt die genetisch fixierte Präferenz für energiereiche Nahrung zu einem Energieüberschuss. Er wird im Körper als Fettgewebe gespeichert. Als Lösung des Problems bleibt nur, entweder regelmäßig Mangelsituationen selbst zu erzeugen (weniger Mahlzeiten pro Tag, Fasten über einen bestimmten Zeitraum, kleinere Portionen) oder in anderer Weise darauf zu achten, dass die aufgenommene und die verbrauchte Energie mengenmäßig ausgeglichen ist. Dies lässt sich durch regelmäßige Bewegung und Sport leichter und mit mehr Freude erreichen als durch akribisches Kalorienzählen.

Spannend ist auch hier wieder die Diskrepanz zwischen gängigen Ernährungsempfehlungen – etwa zur Häufigkeit und zum Zeitpunkt von Mahlzeiten – und unseren Vorlieben. Warum sollten beispielsweise generell drei Hauptmahlzeiten und zwei Zwischenmahlzeiten täglich aufgenommen werden? Das Argument, damit würde eine kontinuierliche Energiezufuhr ohne Spitzenbelastung ermöglicht, ignoriert, dass Menschen wie alle anderen Tiere über sehr gute Mechanismen zur Steuerung des Hungergefühls verfügen sollten und genetisch fixierte Programme haben, um mit Mangel- und Überflusssituationen umgehen zu können. Warum sollte man essen, auch wenn man keinen Hunger hat? Die zwanghafte Orientierung an solchen Regeln führt dazu, dass der biologische Steuerungsmechanismus und damit auch die Energiebalance aus den Fugen gerät.

Ein weiteres Beispiel für unplausible Ernährungsregeln ist das Predigen der Bedeutung eines umfassenden Frühstücks – meist auf Getreideproduktbasis wie Müsli und Brot. So beklagen Ernährungsexperten, dass 25 Prozent der Deutschen zwischen 14 und 24 Jahren ohne Frühstück aus dem Haus gehen. Selbst süße Schokoladenmüslis scheinen nicht gegen diese festsitzende Frühstücksunlust anzukommen – und inwieweit diejenigen, die frühstücken, dies nur aus Folgsamkeit und nicht mit Genuss tun, ist in einer solchen Statistik nicht einmal erfasst. Aber keiner der Experten stellt die Frage, ob die chronische Frühstücksunlust einem fest verankerten Programm folgen könnte, das nicht einfach mit Appellen zu ändern ist.

In diesem Zusammenhang ist ein Gedankenausflug in die Altsteinzeit hilfreich. Vermutlich zogen die Jäger und Sammler morgens nicht mit vollen Mägen los – die typische «Futternarkose» nach einer ausgiebigen Mahlzeit wäre für die Jagd und das Sammeln nicht sehr förderlich gewesen. Sie waren tagsüber ständig in Bewegung, vollbrachten oft größere körperliche Anstrengungen, um Tiere zu finden, zu jagen, Wurzeln aus dem Erdreich zu graben und die Beute zum Wohnplatz zu transportieren. Sie nutzten unterwegs einen Teil der Vorräte, um bei Kräften zu bleiben. Wahrscheinlich wurde dann abends die Beute gemeinsam und mit großem Genuss gegessen. Diesen Effekt kennen wir auch heute noch, wenn ein Steak nach dem Joggen oder der Kuchen am Ende einer langen Wanderung mit dem Gefühl, es sich verdient zu haben, besonders gut schmecken. Das Geheimnis der Energiebalance und der richtigen Menge liegt offenkundig darin, sich *erst* zu bewegen und *dann* zu essen – oder in den heutigen Alltag übersetzt: erst joggen, dann genießen!

Die dritte wichtige Frage lautet: *Wie* soll ich essen bzw. Nahrung auswählen? Für das Überleben und Wohlergehen eines Organismus sind vor allem die Vielfalt und die Qualität entscheidend. Die Nutzung einer *Vielfalt* von Nahrungsquellen war ein Überlebensvorteil für unsere Vorfahren. Sie stellte die ausreichende Versorgung mit allen benötigten Mikro- und Makronährstoffen sicher und ermöglichte die Aufnahme sekundärer Pflanzenstoffe mit gesundheitsförderlichen oder therapeutisch wirksamen Substanzen. Demgegenüber sind wir heute einer unglaublichen Verarmung ausgesetzt. Es gibt in der Regel eine Sorte Zucchini, eine Sorte Möhren, eine Handvoll Salatarten. Als einzigen Standardpilz erhält man den Champignon. Aber wer schon einmal selbst Pilze gesammelt hat, weiß um die Vielfalt in einheimischen Wäldern. Nicht anders sieht es bei anderen Nahrungsquellen aus. Gleichzeitig boomt der Verbrauch von Nahrungsergänzungsmitteln in der Hoffnung, Nährstoffmängel damit ausgleichen zu können. Die aktuellen Bemühungen, vom Aussterben bedrohte alte Tierrassen wieder einzukreuzen oder Wildkräuter und Urformen von Gemüsesorten anzubieten, sind ein erster Versuch, die Vielfalt in unseren Geschäften wieder etwas zu erhöhen.

Die *Hochwertigkeit* der zur Verfügung stehenden Proteine, Fette und Kohlenhydrate ist von besonderer Bedeutung, da sie nicht nur zur Energiegewinnung, sondern auch als Bausteine unserer eigenen Zellkomponenten und Organe dienen (z. B. Fette und Proteine für das Gehirn und die Muskeln). Es geht also nicht nur um die richtige Zusammensetzung der Speisen und die Vielfalt der Sorten, sondern auch um die Qualität. Woran aber lässt sich eine gute Qualität der nicht sichtbaren Nährstoffe erkennen? Im Wesentlichen an der Frische und der Intensität der Aromen (vorausgesetzt, diese wurden nicht durch technische Verfahren manipuliert) – also am guten Geschmack. Die Bedeutung dieses Auswahlkriteriums ist nicht zu unterschätzen, ebenso wenig wie die Versuche, es durch Gewöhnung an die Quantität von Billigprodukten zu ersetzen.

Schon der griechische Philosoph Epikur hatte bemerkt: «Wie er [der Weise] bei der Speise nicht einfach die größte Menge vorzieht, sondern das Wohlschmeckendste, so wird er auch nicht eine möglichst lange, sondern eine möglichst angenehme Zeit zu genießen trachten» (1983: 102). Auf die Frage, warum Epikurs menschenfreundliche Empfehlungen für ein gelungenes Leben im Diesseits von den christlichen Kirchen so erbittert bekämpft wurden und werden, kommen wir in *Evolutionäre Strategien* noch zu sprechen. Aber auch in den meisten offiziellen Ernährungsrichtlinien der heutigen Zeit geht es lediglich darum, die Menschen ausreichend mit Energie und Nährstoffen zu versorgen, während die ebenso wichtige Qualität meist übergangen wird. So verliert die *Deutsche Gesellschaft für Ernährung* in ihren «10 Regeln zur vollwertigen Ernährung» darüber kein Wort (DGE 2000). Es ist zwar löblich, dass die DGE zur schonenden Zubereitung rät, aber minderwertige Möhren werden auch bei schonender Zubereitung nicht hochwertiger. Schon vor mehr als 150 Jahren hat der Philosoph Ludwig Feuerbach auf die enorme Bedeutung der Nahrungsqualität hingewiesen: «Wollt ihr das Volk bessern, so gebt ihm statt Deklamationen gegen die Sünde bessere Speisen. Der Mensch ist, was er isst» (1850: 367).

Wie wichtig die vielfältigen Eigenschaften der Nahrung für die Bewertung ihrer Qualität sind, zeigt sich auch an der Tatsache, dass dabei alle unsere Sinne in Anspruch genommen werden. Die visuelle Wahrnehmung von Farben und Formen ermöglicht eine Beurteilung der Qualität und Vielfalt der Inhaltsstoffe. So wirkt üblicherweise ein knackiger rot-grüner Apfel attraktiver als ein schlaffer, bräunlich verfärbter Salatkopf. Auch das Gehör vermittelt wichtige Eindrücke – man denke nur an das Knacken von Nüssen oder einer rohen Paprika als Hinweis auf die Frische. Die Nase liefert wichtige Informationen zum einen über die Ungiftigkeit (verdorbene Nahrungsmittel verbreiten oft einen unangenehmen Geruch), zum anderen über die Art der Inhaltsstoffe, denn die flüchtigen Aromastoffe eines buttrigen Croissants oder Eigenaromen von Tomaten gelangen beim Kauen oder Schlucken an das Geruchsepithel.

Die Bedeutung des Geruchssinns zeigt sich bei einem Schnupfen. Uns vergeht buchstäblich der Appetit, denn wir können die Nahrung nicht mehr gut einordnen. In dieser Situation stehen uns nur noch die fünf Ausrichtungen des Geschmackssinns zur Verfügung: «süß» und «umami» (würzig) als Indikatoren für den Energie- und Proteingehalt, «bitter» als Hinweis auf eventuell giftige Nahrungsmittel, «sauer» als Schutz vor unreifen Früchten und verdorbenen Speisen und «salzig» als Auskunft zum Mineralstoffgehalt, insbesondere zum einzig lebensnotwendigen Salz für Menschen: Natriumchlorid (Kochsalz). Hinzu kommen noch die Rückmeldungen von Mechano-Rezeptoren, die einordnen, ob die Nahrung cremig (fettreich, also energiereich), faserig (ballaststoffreich) oder knackig (frisch) ist. Involviert ist auch der

Schmerzsinn, der von scharfen Gewürzen wie Pfeffer und Chili angesprochen wird, die nützliche Inhaltsstoffe gegen Bakterien enthalten,
und zugleich vor Verbrennungen bei der Aufnahme von erhitztem Essen oder heißen Getränken schützt. Er wird ergänzt durch den Tem-
peratursinn, der sowohl den Energiegewinn von warmem Essen registriert als auch kühlende Effekte von Substanzen wie Menthol (Breslin
2008). Wer jemals eine Weinprobe oder eine Schokoladenverkostung
miterlebt hat, weiß, dass dabei zur Qualitätsbeurteilung alle Sinne genutzt werden. Es gibt unerwartet viele Kriterien, nach denen beispielsweise eine Schokolade geprüft wird. Als kleine Auswahl seien erwähnt:
Farbe, Glanz, Oberfläche, Geschmeidigkeit, Schmelz, Knacken und
Beißgefühl, Aromatypen, Geruchsintensität, Nachhaltigkeit des Ge-
ruchs und des Geschmacks, Geschmacksintensität und Ausgewogen-
heit der Aromen. Schließlich hilft auch der Tastsinn, den Zustand der
Nahrung unmittelbar über die Hände zu bewerten – einer der Erfolgs-
faktoren von Fast-Food-Ketten, die in der Regel kein Besteck für ihre
Hamburger und Pommes frites anbieten.

Die Wahl einer bestimmten Nahrungsmittelgruppe wird zusätzlich
durch unsere *Emotionen* beeinflusst – d. h., der bevorzugte Gehalt an
bestimmten Makronährstoffen wird unterschiedlichen Anforderungen
angepasst. Bei negativen Emotionen wie Angst, Traurigkeit oder Stress
werden Nahrungsquellen mit hohem Fett- und Zuckergehalt (z. B.
Schokolade, Eiscreme) bevorzugt, die mit der Produktion von körper-
eigenen Opiaten und Serotonin verbunden sind – Substanzen, die gegen negative Emotionen wirken. Bei positiven Gefühlen – wie etwa
der Belohnung nach einer Anstrengung – werden Nahrungsquellen
mit eher wenigen Kalorien und hohem Proteinanteil bevorzugt, z. B.
Steak (Dubé 2005).

Beim Essen geht es also zunächst um die *ausreichende, richtig zusammengesetzte, vielfältige* und *hochwertige* Zufuhr von Energie und Nährstoffen. Dies sind unentbehrliche Voraussetzungen für das Überleben
und Wohlergehen eines Organismus. Die entsprechenden körperlichen, emotionalen und geistigen Fähigkeiten und Neigungen wurden
durch die natürliche Auslese perfektioniert. Darüber hinaus werden
unsere Vorlieben und Bedürfnisse durch die sexuelle Auslese bestimmt.
Erst wenn man auch diesen Aspekt, den wir in *Darwins Carmen* und
Die Biologie der Kunst noch ein weiteres Mal ansprechen werden, im

Auge behält, lässt sich verstehen, warum Menschen – aus biologischer Sicht völlig zu Recht – der Frage, *wie* man essen sollte, so große Bedeutung beimessen.

Bei der sexuellen Auslese geht es darum, zuverlässige und eindeutige Indikatoren für die Gesundheit und den genetischen Status eines potentiellen Reproduktionspartners zu finden. Aussagekräftig sind in diesem Zusammenhang zum einen körperliche Merkmale wie glatte Haut, glänzende Haare oder ein kraftvoller Körper. Diese Signale – die «Werbung», die eine Person oder ein Tier bei der Partnerwahl für sich macht – können aber mehr vorspiegeln, als sie halten. Vor allem Signale, die leicht zu senden sind, bieten sich zum Missbrauch an und verlieren deshalb auf Dauer an Bedeutung. So wird jeder einen erfolgreichen Sportler bewundern, es sei denn, es stellt sich heraus, dass seine Leistungen auf Doping beruhen. Durch die sexuelle Auslese haben sich daher Merkmale herausgebildet, die sich nur aufwändig oder schwierig produzieren lassen, verschwenderisch sind oder das Überleben des Individuums gefährden (wie das auffällige Gefieder der Paradiesvögel). Sie belegen damit die Echtheit des Signals.

Dabei dienen auch Merkmale, Objekte, Personen oder Tätigkeiten aus dem *direkten Umfeld* als solche Signale: z. B. handwerklich aufwändig erstellte Werkzeuge, scheinbar nutzloser Schmuck, teure Kleidung und besonders auch seltene, wohlschmeckende und kunstvoll zubereitete Speisen. Wie der Körper selbst sind sie Ausdruck der Fähigkeiten einer Person und lassen als solche Rückschlüsse auf seine oder ihre genetischen Qualitäten zu. In der Biologie spricht man in diesem Zusammenhang vom «erweiterten Phänotyp» oder dem «erweiterten Ich» eines Organismus («extended phenotype»; Dawkins 1982). Aus diesem Grund legen Menschen in allen Bereichen auf Qualität und auf Luxus Wert, weil sie so ihre genetischen Eigenschaften signalisieren wollen. Dies gilt im Besonderen bei einem der zentralsten Bereiche des Lebens – der Ernährung.

Das Bedürfnis nach Qualität und Luxus erstreckt sich dabei nicht nur auf die Speisen selbst, sondern – als Teil des erweiterten Ichs – auch auf die *Gerätschaften und Vorgänge*, die bei der Zubereitung und Präsentation ins Spiel kommen. Jeder gute Koch legt Wert auf hochwertige Messer und Schneidbretter, ein schönes Besteck wird in der Regel Plastikmessern und Plastikgabeln vorgezogen und ein Porzellanteller einem Teller aus Pappe. Die als Scherz formulierte Frage «Hast du den Kuchen selbst gebacken – oder selbst gekauft?», welche gerne bei Geburtstagsfeiern in Firmen gestellt wird, zeigt plakativ, dass einem selbstzubereiteten Essen eine höhere Wertigkeit zugeordnet wird als einem Fertigprodukt. In sehr kunstvoller Form wird dies in Asien als Grundprinzip gelebt. Mit sorgfältiger Auswahl der Zutaten, gewissenhafter Zubereitung und liebevoller Dekoration zelebriert man dort Genuss und Gesundheit als Einheit. Aber auch in den westlichen Ländern bedeuten ein besonders aufwändig bereitetes Essen und ein schön gedeckter Tisch, dass man den Gästen – und sich selbst – einen besonderen Wert zuordnet. Die vielfältige, qualitativ hochwertige Auswahl und Präsentation von Speisen und Getränken sind ein biologisch wichtiges Signal für die genetischen Anlagen und Fähigkeiten einer Person.

In diesem Zusammenhang zeigt sich auch die enorme *emotionale* und *soziale Bedeutung,* die Nahrung für die in Gruppen lebenden Menschen hat. Eine ihrer Besonderheiten ist, dass Nahrung nicht direkt an der Fundstelle verzehrt wird, sondern nach dem Sammeln und nach der Jagd zu einem gemeinsamen Lagerplatz transportiert, geteilt und gemeinsam gegessen wurde und wird. Es gibt verschiedene Interpretationen dieses Verhaltens. Zum einen kann der Tausch von Nahrung sicherstellen, dass man von anderen Gruppenmitgliedern Nahrung erhält, wenn man bei ihrer Beschaffung einmal selbst nicht so erfolgreich war (Gegenseitigkeitsprinzip); der Tausch stärkt so die soziale Bindung innerhalb der Gruppe. Aber es ist zu kurz gegriffen, darin lediglich eine Vorsorgemaßnahme für schlechte Zeiten zu sehen.

Das gemeinsame Sammeln und Jagen, Transportieren und Essen spiegeln eine gemeinsame Anstrengung und Belohnung wider. Die meisten Menschen genießen es deutlich mehr, in der Gruppe zu essen als alleine, vor allem auch als Belohnung für eine Kraftanstrengung. Und so verwundert es nicht, dass ein gemeinsames Abendessen am Ende eines arbeitsreichen Tages, nach einer langen Wanderung oder einer sportlichen Anstrengung ein Höhepunkt ist, auf den man nicht gerne verzichten möchte. Keine Party oder Geburtstagsfeier ist ohne einen besonderen Aufwand bei den gereichten Nahrungsmitteln und ihrer Präsentation denkbar. Dann werden besonders gute, falls möglich, auch schwierig zu beschaffende Speisen und Getränke aufgeboten. Meist wird die Inszenierung des Besonderen durch Musik, Tanz oder Vorführungen gesteigert.

Besonders eng verknüpft waren die physiologische, die soziale und die sexuelle Dimension der Ernährung in der Evolution der Menschheit vor allem bei der Jagd. Jagen war mit hohen Kosten verbunden, mit großem Energieaufwand, Verletzungs- und gar Todesgefahr. So konnte ein erfolgreicher Jäger sein Können und seine Tapferkeit demonstrieren und seinen sozialen Rang in der Gruppe erhöhen – mit positiven Folgen für die gegenseitige Kooperation und die Partnerwahl (Hawkes 2001). Gleichzeitig wurde Fleisch hoch geschätzt, weil es mehr Protein, Fett und Kalorien pro Portion als die meisten pflanzlichen Nahrungsquellen enthält und eine wichtige Aminosäurequelle für schwangere und stillende Frauen war (Stanford 2001). Eine ähnliche Wertigkeit galt für schwierig zu sammelnde Pflanzenkost oder eine aufwändige Präsentation der erbeuteten Nahrungsmittel.

Die Bedeutung von Qualität und Luxus des Essens für den sozialen Rang und damit auch für die Partnerwahl erklärt, warum es in diesem Zusammenhang so häufig zu exzessiven Übertreibungen kommt. Im Athen des vierten Jahrhunderts vor unserer Zeitrechnung gab es Aufseher, die kontrollierten, ob die Zahl der Gäste nicht überschritten wurde, in der römischen Republik galten Gesetze gegen Luxus bei Tisch, und König Eduard II. verfügte 1315, wie viele Gänge mit wie viel Fleisch zulässig waren. In manchen Ländern ist es heute noch üblich, ein bis zwei Jahresgehälter für eine Hochzeit oder eine Beerdigung zu investieren (Paczensky 1994).

Eine Alternative zu solchen Exzessen ist die gezielte Auswahl bestimmter Nahrungsmittel, die einen besonderen Zweck erfüllen, etwa bei einem Candle-Light-Dinner mit aphrodisierenden Bestandteilen, die die Lust steigern sollen: mit scharfem Curry oder Pfeffer, Austern und Garnelen, Spargel und Erdbeeren, aber auch Honig und Schokolade.

Vielfalt, Qualität, Sinnlichkeit und soziale Funktion des Essens sind also kein überflüssiger Luxus oder eine romantische Verirrung, sondern biologisch wichtige Elemente einer artgerechten Ernährung der Menschen. Sie dienen dem Individuum als Anzeichen für die Hochwertigkeit der Nahrung, sind ein Signal für die eigenen genetischen Qualitäten, verstärken emotionale Bindungen, regeln Rangbeziehungen innerhalb der sozialen Gruppe und sind ein starkes sexuelles Signal.

Nahrung ist mehr als reine Energie- und Nährstoffaufnahme! Es genügt nicht, die richtigen Inhaltsstoffe in ausreichender Menge zu sich zu nehmen, sondern um wirklich satt, d. h., zufrieden mit einer Mahlzeit zu sein, muss sie auch soziale und emotionale Bedürfnisse befriedigen. Sie sollte möglichst in Gesellschaft erfolgen, ästhetisch präsentiert sein und einen gewissen Wert ausstrahlen. Was aber geschieht, wenn dies nicht gegeben ist? Dann werden Menschen trotz ausreichender Nahrung keine Zufriedenheit empfinden und versucht sein, noch mehr zu sich zu nehmen. Ist dies ein Grund für das Übergewicht vieler Menschen? Werden sie trotz ausreichender Kalorienzufuhr nie wirklich satt, weil ihnen die Qualitätsaspekte des Essens fehlen und sie versuchen, diese durch Quantität zu ersetzen?

Der Philosoph Friedrich Nietzsche hat in seiner Autobiographie die Qualität der Ernährung zu einer Schlüsselfrage des Lebens gemacht: «Warum ich Einiges *mehr* weiß? Warum ich überhaupt so klug bin? Ich habe nie über Fragen nachgedacht, die keine sind [...]. Ganz anders interessirt mich eine Frage, an der mehr das ‹Heil der Menschheit› hängt, als an irgend einer Theologen-Curiosität: die Frage der *Ernährung*. Man kann sie sich, zum Handgebrauch, so formuliren: ‹wie hast gerade *du* dich zu ernähren, um zu deinem Maximum von Kraft, von Virtù im Renaissance-Stile, von moralinfreier Tugend zu kommen?› [...] In der That, ich habe bis zu meinen reifsten Jahren immer nur *schlecht* gegessen − [...] die ausgekochten Fleische, die fett und mehlig gemachten Gemüse; die Entartung der Mehlspeise zum Briefbeschwerer!» Und er formulierte ganz im Sinne von PaläoPower weiter: «So wenig wie möglich *sitzen*; keinem Gedanken Glauben schenken, der nicht im Freien geboren ist und bei freier Bewegung, − in dem nicht auch die Muskeln ein Fest feiern» (1888: 278−81).

Unsere für die Lebensweise der Jäger und Sammler optimierten Gene und die aktuelle Ernährungsweise passen in vielerlei Hinsicht nicht zusammen. Dies führt zu enormen gesundheitlichen Problemen und gravierenden Einbußen an Lebensqualität, die durch die industrialisierte Lebensmittelerzeugung und unangemessene Ernährungsrichtlinien weiter verschärft werden. Was ist zu tun? Prinzipiell gibt es drei Handlungsoptionen:

(1) Man ändert nichts an diesem Zustand. Auf diese Weise lässt sich eine möglichst große Zahl von Menschen vergleichsweise billig

ernähren. Die damit einhergehenden Krankheiten, körperlichen Mangelerscheinungen und der Verlust an Lebensfreude für die überwiegende Mehrheit der Menschen macht dies aber nicht zu einem erstrebenswerten Ziel.

(2) Man verändert die Gene oder wartet, bis sie sich im Lauf der nächsten Hunderttausende von Jahren durch natürliche Evolutionsprozesse an die neue Ernährungsform anpassen. Ersteres ist kaum realistisch, denn derzeit lassen sich weder mit Hilfe von Gentherapie alle notwendigen Gene verändern, noch ist das Wissen vorhanden, welche Auswirkungen dies hätte. Das Abwarten aber eines langwierigen evolutionären Prozesses in der Hoffnung auf eine Anpassung an die moderne Ernährung entspricht de facto der Handlungsoption eins – derzeit nichts zu verändern.

(3) Als dritte Option bleibt, die Umweltbedingungen zu verändern, konkret die Ernährungsweise und Nahrungsquellen, so dass sie wieder unseren biologischen Bedürfnissen entsprechen. Dies ist sowohl die praktikabelste als auch die sinnvollste und vor allem die menschenfreundlichste Option. Unter der Voraussetzung, dass man die evolutionsbiologischen Fakten beachtet, lassen sich damit nachweislich Gesundheit, Fitness und Lebensqualität erzielen.

Was ist zur Umsetzung dieses Programms zu fordern? Nichts weniger als ein radikaler Wechsel der Denk- und Handlungsweise. Weg von Ernährungsrichtlinien für billige und gesundheitsschädliche Massenernährung, hin zu qualitätvoller evolutionärer Ernährung, die den Bedürfnissen des menschlichen Körpers und des Lebens in sozialen Gruppen Rechnung trägt – und sie mit Genuss und Gesundheit verbindet. Wer die evolutionären Zusammenhänge kennt, weiß, wie eine natürliche und gesundheitsförderliche Ernährung aussieht, und macht sich unabhängig von unsinnigen Ernährungsempfehlungen und Diäten. Man legt dann Wert darauf, nicht billig abgespeist zu werden, sondern anstelle von derzeit meist angebotenen Nahrungsmittelkarikaturen wieder Zugang zu den hochwertigen Originalen zu erhalten. Ernährung ist im Grunde die einfachste und natürlichste Methode, die eigene Gesundheit und Lebensqualität zu beeinflussen und wichtige emotionale, soziale und sexuelle Bedürfnisse zu erfüllen. Voraussetzung ist: Man hat das Geheimnis evolutionärer Ernährung entschlüsselt und nutzt dieses Wissen konsequent.

2 Darwins Carmen und der Kampf um die sexuelle Selbstbestimmung

«Der Himmel ist offen, das Leben ungebunden,
als Heimat das ganze Universum,
als Gesetz dein eigener Wille
und vor allem das Berauschendste:
Die Freiheit! Die Freiheit!»
Georges Bizet, *Carmen* (1875)

Georges Bizets *Carmen* ist eines der erfolgreichsten und meistgespielten Stücke der Operngeschichte. Seine Hauptfigur, die Zigeunerin Carmen, fasziniert bis heute durch die Entschiedenheit, mit der sie über die traditionellen weiblichen Tugenden hinweggeht, die Liebhaber wählt und verlässt, ihre Rivalinnen notfalls auch mit dem Messer bekämpft und mit der sie schließlich ihre Freiheit bis in den Tod verteidigt. Einer ihrer größten Bewunderer war der Philosoph Friedrich Nietzsche: «Endlich die Liebe, die in die *Natur* zurückübersetzte Liebe! *Nicht* die Liebe einer ‹höheren Jungfrau›!» Sondern die Liebe, «die in ihren Mitteln der Krieg» der Geschlechter ist, die Liebe als Schicksal, als Verhängnis – «cynisch, unschuldig, grausam – und eben darin *Natur*!» (1888: 15). In der Figur der Carmen sah er das echte Wesen der Frauen verkörpert – ihre Freimütigkeit entlarvte das überkommene Bild der hingebenden, selbstlosen und prüden Gemahlin als Missverständnis und geschickte Inszenierung. Hat Nietzsche mit diesen Einschätzungen recht? Und gibt es tatsächlich eine *Natur der Liebe* zwischen Frauen und Männern, die durch einen tiefgreifenden Interessenkonflikt, einen Krieg der Geschlechter, geprägt ist?

Wenn man von allgemeinen Charakterzügen der Frauen – und ihrem Spiegelbild, den typischen Eigenheiten der Männer – spricht, wird man mit energischem Widerstand rechnen müssen. Zu pauschal und klischeebehaftet sind diese Zuordnungen, als dass sie etwas über reale Menschen aussagen könnten. Auf der anderen Seite sind Bücher und Zeitschriften, die davon berichten, wie Menschen der Biologie zufolge angeblich denken und fühlen, außerordentlich populär. So schal und unbefriedend es ist, immer wieder aufs Neue zu hören, dass Frauen und Männer nicht zueinanderpassen, dass Erstere kaum in der Lage sind, grundlegende Anforderungen des Straßenverkehrs zu bewältigen, und Letztere sich vor allem durch mangelhafte kommunikative Fähigkeiten auszeichnen, so unstillbar scheint das Bedürfnis nach entsprechenden Versicherungen zu sein.

Kann die biologische Forschung allgemeine Aussagen über die Natur der Frauen, der Männer und der Liebe machen? Ja und nein. Sie behauptet in der Tat, dass Begehren, Leidenschaft, Sexualität, Schwangerschaft und Sorge für den Nachwuchs auch bei Menschen von biologischen Anpassungen geprägt sind, die von der natürlichen Auslese auf maximalen Fortpflanzungserfolg selektiert wurden. Aber – und das ist der Unterschied zum traditionellen Rollenverständnis und zu den üblichen Klischees – sie beharrt auch darauf, dass es keine festgefügten Rollen, keine einheitlichen Verhaltensschemata gibt, sondern *vielfältige Strategien*, die sich je nach Geschlecht, Alter, sozialer Stellung und vielen anderen Faktoren unterscheiden und im Laufe des Lebens verändern können. Insofern ist der emotionale Widerstand bei verallgemeinernden Aussagen über das angeblich normale Verhalten «der» Frauen oder «der» Männer aus biologischer Sicht durchaus berechtigt. Sowenig die Biologie einer Diktatur des Geschmacks beim Essen das Wort redet, so wenig tut sie dies bei der Liebe. Was man aber erwarten muss, das sind Präferenzen für bestimmte Formen der Sexualität und der Fortpflanzung, so wie Menschen aufgrund ihrer biologischen Anlagen bestimmte Nahrungsmittel bevorzugen und andere ablehnen (vgl. *Steak und Schokolade*).

Aus Sicht der modernen Evolutionsbiologie ist Bizets *Carmen* ein Lehrstück über die Strategien der Partnerwahl bei Frauen. Das Spektrum der geschilderten Möglichkeiten reicht vom fleißigen und soliden Ehemann (Micaëla) über den jungen, heroischen Verliebten (Frasquita) und den älteren, aber reichen Verehrer (Mercédès) bis hin zum Wunsch nach vielen Liebhabern (Carmen). Der übergeordnete Wunsch, der von Carmen am stärksten repräsentiert wird, aber die

Oper ganz allgemein prägt, ist derjenige nach sexueller Selbstbestimmung. Wenn Frauen sich ihre Partner wählen, dann soll es nur ein Gesetz geben – den eigenen Willen. Dies mag fortschrittlich und erstrebenswert klingen, aber entspricht es den natürlichen Veranlagungen der Menschen?

Charles Darwin war dieser Meinung. Er hielt die weibliche Wahl («female choice») zwar nicht für den einzigen, aber für einen im Tierreich weit verbreiteten und außerordentlich wichtigen Evolutionsmechanismus. Bereits in seinem Hauptwerk *On the origin of species* (1859) hatte er diese These in ihren Grundzügen vorgestellt und im Jahr 1871, d. h. vier Jahre vor der Uraufführung der *Carmen*, belegte er sie im Detail. In *The descent of man, and selection in relation to sex* schilderte und diskutierte er die Wirksamkeit der sexuellen Auslese und der weiblichen Wahl auf mehr als 550 Seiten anhand einer Vielzahl von Beispielen aus allen Tiergruppen. Darwins Buch lässt sich ebenso als wissenschaftlicher Begleittext zu Bizets *Carmen* lesen, wie sich die Oper als künstlerische Umsetzung der evolutionsbiologischen Theorie der sexuellen Auslese verstehen lässt. Und dies, obwohl interessanterweise weder Darwin mit Bizets Oper vertraut gewesen zu sein scheint noch Letzterer mit der Evolutionstheorie.

Evolution durch Partnerwahl

Bei der Frage der sexuellen Selbstbestimmung der Frauen muss man dem oft als patriarchalisch gescholtenen 19. Jahrhundert also Gerechtigkeit widerfahren lassen – immerhin hat es die weibliche Wahl wissenschaftlich begründet und künstlerisch überhöht. In dieser Hinsicht ist Darwins Beitrag gerade deshalb so wertvoll, weil er sich weder von seinem Gerechtigkeitsgefühl noch von moralischen Motiven leiten ließ, sondern eine Lücke in seiner Theorie der natürlichen Auslese schließen wollte. Darwins Evolutionstheorie basiert auf der Überlegung, dass Individuen, die mehr *nützliche Eigenschaften* aufweisen als andere, im Durchschnitt eine größere Zahl an Nachkommen haben: «Wegen des Kampfes ums Leben wird jede Variation [...], wenn sie in irgendeinem Grade nützlich für ein Individuum [...] ist, dazu tendieren, dieses Individuum zu erhalten, und im Allgemeinen von seinen

Nachkommen ererbt werden» (1859: 61). Bei den meisten Merkmalen kann man diese Art der Nützlichkeit auch tatsächlich zeigen – aber nicht bei allen.

Wie lassen sich so beispielsweise die Unterschiede zwischen den Männchen und Weibchen einer Tierart erklären, wenn beide eine ähnliche Lebensweise haben? Wie soll man auffällige Bildungen und Verhaltensweisen wie das Gefieder eines Paradiesvogels, den Gesang einer Amsel, das Nest eines Webervogels, das riesige Geweih eines Hirsches oder das grellrote Gesäß eines Pavians durch die Nützlichkeit im Kampf ums Dasein erklären? Darwin hielt dies nicht für möglich und ergänzte die natürliche Auslese durch ein zweites Prinzip, *die sexuelle Auslese, den Kampf um einen Fortpflanzungspartner.* In diesem Fall geht es nicht darum, ob ein Individuum die grundlegenden Notwendigkeiten des Überlebens und der Fortpflanzung meistert, sondern um den Sieg über sexuelle Rivalen, um den Vorteil, «den bestimmte Individuen über andere Individuen des gleichen Geschlechts und der gleichen Art in ausschließlicher Beziehung zur Fortpflanzung haben» (1871, 1: 256).

Darwin unterschied zwei Formen der sexuellen Konkurrenz: 1) *Die Individuen eines Geschlechts (meist die Männchen) konkurrieren direkt miteinander («intrasexuelle Selektion»).* Da es sich dabei meist um körperliche Auseinandersetzungen handelt, kommt es zur Selektion von Merkmalen, die in diesen Kämpfen Vorteile bringen: zur Vergrößerung der Eckzähne, zur Erhöhung des Körpergewichts oder zu besonderer Aggressivität. Das andere Geschlecht (meist die Weibchen) hat dabei keinen Einfluss auf den Ausgang des Kampfes, sondern ist höchstens als passiver Zuschauer präsent und akzeptiert den Sieger als Fortpflanzungspartner. 2) *Die Individuen eines Geschlechts (meist die Weibchen) wählen einen Partner aus verschiedenen Bewerbern («intersexuelle Selektion»).* Die Bewerber konkurrieren hier, indem sie in unterschiedlicher Weise auf ihre Qualitäten aufmerksam machen – durch Gesang, schönes Aussehen, kunstvolle Nester, wertvolle Geschenke oder aufwändige Balzrituale. Die Rivalen müssen dabei nicht aufeinandertreffen, es ist aber auch nicht ausgeschlossen. Der entscheidende Punkt ist, dass ein Geschlecht sich den bevorzugten Partner gemäß den *eigenen Interessen* unter verschiedenen Anwärtern auswählen kann; dies muss keineswegs der Stärkste sein, sondern es kann sich auch um den Elegantesten, den Intelligentesten oder den Schönsten handeln. Je nach Tierart kommt es

Abb. 4: Großer Paradies-
vogel (Jacques Barraband,
1806). Das auffällige
Gefieder der Männchen
vieler Vogelarten und
andere auffällige Merk-
male entstehen nach
Darwin, wenn die Weib-
chen einen Partner aus-
wählen können («female
choice»).

so zur Selektion unterschiedlicher Merkmale und zu charakteristischen
evolutionären Veränderungen: «Ich kann keinen guten Grund sehen zu
zweifeln, dass weibliche Vögel eine ausgeprägte Wirkung hervorrufen
könnten, wenn sie während Tausender Generationen die melodiöses-
ten oder schönsten Männchen nach ihrem Standard von Schönheit
auswählen» (Darwin 1859: 89).

Die Unterschiede zwischen den beiden Formen der sexuellen Auslese lassen sich anhand verschiedener Sportarten verdeutlichen. Der
direkten Konkurrenz entsprechen Duelle wie Fechten oder Schach-
spielen, aber auch Mannschaftssportarten wie Fußball, bei denen die
Zuschauer und Schiedsrichter nur die Einhaltung der Regeln, nicht
aber das Ergebnis bestimmen. Der Partnerwahl hingegen ähneln Sportarten wie Eiskunstlauf oder Kunstturnen, bei denen die Wettbewerber

nicht direkt aufeinandertreffen, sondern die Sieger durch Punktrichter gekürt werden. Sowohl in der Biologie als auch im Sport gibt es zudem interessante Mischformen. Beim Boxkampf beispielsweise steht zwar die direkte Konfrontation im Vordergrund, bei einem ausgeglichenen Kampf entscheiden dann aber letztlich doch die Punktrichter. In ähnlicher Weise müssen sich die direkte Konkurrenz innerhalb eines Geschlechts und die Wahl durch das andere Geschlecht nicht ausschließen, sondern können sich in ihrer Wirkung ergänzen.

Theoretisch sind also vier Varianten der sexuellen Auslese (und ihre Kombinationen) möglich: 1) die *direkte Konkurrenz* der Männchen um die Weibchen bzw. 2) der Weibchen um die Männchen; 3) die Weibchen *wählen* zwischen mehreren männlichen Bewerbern bzw. 4) die Männchen wählen zwischen verschiedenen Weibchen. Bei Darwin stand der Kampf der Männchen (1) sowie die weibliche Wahl (3) im Vordergrund. In beiden Fällen konkurrieren die Männchen; dies ist in der Tat die in der Natur häufiger zu beobachtende Situation. Als Ausnahme von der Regel ging er zudem auf die Konkurrenz zwischen den Weibchen ein, sei es, dass diese darum kämpfen, das Männchen zu «besitzen» (2), sei es, dass bestimmte Weibchen von den Männchen bevorzugt werden (4) (1871, 2: 120–21). Darwin diskutierte diese Fragen mit bewundernswerter Offenheit und Sachlichkeit, und so kann man seine Texte noch heute mit Gewinn lesen. Zunächst aber erwies sich seine wissenschaftliche Unbestechlichkeit eher als Nachteil, zu sehr widersprachen seine Ergebnisse den weltanschaulichen Überzeugungen der Zeit; so ist zu erklären, dass sie für ein Jahrhundert nicht verstanden und weitgehend ignoriert wurden.

Der berühmte Verhaltensforscher Konrad Lorenz beispielsweise empfand die Wirkungen der sexuellen Auslese als «befremdlich und bei tieferem Nachdenken geradezu unheimlich» und er monierte, dass sie «den Interessen der Arterhaltung» völlig widersprechen können (1963: 62). Der bedeutende Biologe J. B. S. Haldane bemerkte, dass die sexuelle Auslese die «Art als Ganzes weniger erfolgreich in der Auseinandersetzung mit ihrer Umwelt» mache (1932: 68), und sein Kollege Julian Huxley hielt sie «alles in Allem für ein biologisches Übel» (1942: 484). Mit dem Kampf der Männchen konnten sich die Biologen noch vergleichsweise gut anfreunden, da manche der so selektierten Merkmale wie Kraft oder Aggressivität auch im Kampf ums Dasein von

Vorteil sein können. Wenig Gnade erfuhr aber die weibliche Wahl. So wurde die «extreme Ausbildung bunter Federn, bizarrer Formen usw. beim Männchen» von Lorenz als «Unsinn» geschmäht, der in «verderbenbringende Sackgassen» der Evolution führe (1963: 61–63). Die beiden letzten Optionen – Kampf der Weibchen und Wahl der Männchen – schließlich ignorierte man völlig (Bajema 1984; Cronin 1991).

Darwins Theorie der sexuellen Auslese war offensichtlich eine ungeheuerliche Provokation – warum? Ein Grund ist, dass sie bemerkenswerte und bis heute kaum gewürdigte Konsequenzen für das Verständnis menschlicher Gefühle, Eigenschaften und Verhaltensweisen hat. Um ihre Tragweite richtig einschätzen zu können, ist es notwendig, etwas genauer auf ihre Funktionsweise einzugehen.

Das Prinzip der *natürlichen Auslese* besagt, dass manche Individuen abhängig von ihren erblichen Anlagen (Genen) im Durchschnitt besser überleben und sich fortpflanzen. Dadurch sind in der nächsten Generation mehr dieser Gene vorhanden; über lange Zeiträume kommt es auf diese Weise zu großen evolutionären Veränderungen, aus den Dinosauriern wurden Vögel, aus Menschenaffen die Menschen usw. Darwin verdeutlichte die Wirkung der natürlichen Auslese durch den Vergleich mit der Züchtung von Pflanzen und Tieren. Im Prinzip handelt es sich um denselben Vorgang in kleinerem Maßstab, nur dass im Falle der Züchtung nicht die Umwelt eines Lebewesens darüber bestimmt, welche Gene besser sind, sondern die Züchter, indem sie Individuen mit den bevorzugten Eigenschaften auswählen. Die evolutionären Effekte der Züchtung sind durchaus beachtenswert; in wenigen zehntausend Jahren entstanden so beispielsweise aus Wölfen alle heutigen Hunderassen.

In der natürlichen Auslese bestimmt die Umwelt über die Eigenschaften einer Tierart, bei der Züchtung sind es Menschen und bei der sexuellen Auslese durch Wahl das jeweils andere Geschlecht. Wenn also bei einer Tierart beide Geschlechter den Fortpflanzungspartner auswählen, dann sind die Männchen in Bezug auf manche Merkmale Züchtungsprodukte der Weibchen und umgekehrt.

Darwin zufolge hat also nicht der Gott der Bibel die Menschen nach seinem Bilde erschaffen, sondern die Frauen haben im Laufe vieler hunderttausend Jahre die Männer nach ihren Interessen geformt. Dasselbe gilt auch für viele typische Eigenschaften der Frauen – sie sind Ausdruck männlicher Vorlieben. Wie wir sehen werden, ist dies keine metaphorische Redeweise, sondern die einzige wissenschaftliche Erklärung für eine ganze Reihe wichtiger körperlicher und geistiger Eigenschaften der Menschen. Und zwar solcher, die weder unmittelbar nützlich für das Überleben sind, d. h. der natürlichen Auslese unterliegen, noch bei der direkten Konfrontation mit sexuellen Rivalen Vorteile bringen.

Es wäre ein Missverständnis zu vermuten, dass die Partnerwahl in der Evolution der Menschen überwiegend bewusst erfolgt ist. Auch heute ist dies wohl nur zum geringsten Teil der Fall, und die wenigsten Menschen können genau benennen, warum sie sich in jemanden verlieben. Dies bedeutet aber nicht, dass es keine Ursachen gibt, sondern lediglich, dass diese unbewusst sind, weil sie beispielsweise von einem biologischen Programm («Instinkt») bestimmt werden. Dies war in der Vorzeit der Pflanzen- und Tierzucht auch kaum anders. Wie Darwin bemerkte, ist es nicht entscheidend, ob die Züchter bewusst vorgingen, sondern dass bestimmte Eigenschaften über längere Zeiten bevorzugt wurden (1859: 29–43). Genauso verhält es sich mit der sexuellen Auslese: Auch hier ist es für die Wirkung nicht ausschlaggebend, ob den einzelnen Individuen die Gründe für ihre Wahl vertraut sind. Relevant ist lediglich, ob es eine bevorzugte Tendenz gibt. Die Theorie der sexuellen Auslese besagt also, dass Tiere (und Menschen) die Evolution des jeweils anderen Geschlechts beeinflussen, wenn eine bestimmte Eigenschaft über viele Generationen kontinuierlich bevorzugt wird.

Darwin war überzeugt, dass sich auf diese Weise auch zahlreiche Eigenschaften erklären lassen, durch die sich die Menschen von anderen Tieren unterscheiden: «Ich persönlich folgere, dass von allen Ursachen, die zu den Unterschieden im äußeren Erscheinungsbild der Menschenrassen führten und zu einem gewissen Ausmaß zu denen zwischen Menschen und den niederen Tieren, die sexuelle Auslese mit Abstand die effektivste war.» Bei den Männern seien Bartwuchs, Größe, Stärke, Mut, Aggressivität, geistige Fähigkeiten und Erfindungsgeist wesentlich auf diese Weise entstanden; bei den Frauen auch die Haarlosigkeit des Körpers, süßere Stimmen und größere Schönheit. Alle diese Eigenschaften seien durch den Einfluss von Liebe,

Eifersucht, Bewunderung der Schönheit von Lauten, Farben oder Formen und durch die Möglichkeit der Auswahl erworben worden (1871, 2: 382–84). Auch bei unserer eigenen Art war die sexuelle Auslese Darwin zufolge also keine «verderbenbringende Sackgasse», sondern sie hat die Menschen in vieler Hinsicht erst zu dem gemacht, was sie sind.

Bevor wir näher auf die so entstandenen menschlichen Merkmale und die charakteristischen Unterschiede zwischen Frauen und Männern eingehen, ist es notwendig, drei Fragen zu klären:

(1) Woher kann man wissen, ob Frauen und Männer vor 500 000 oder vor 50 000 Jahren ihre Sexualpartner wählen konnten und wollten und, wenn ja, welche Partner sie bevorzugten? Könnte es sein, dass die Frauen gar keine Wahl hatten, weil sie die jeweils siegreichen Männer akzeptieren mussten? Vielleicht haben sich die Menschen der Vorzeit auch wahllos gepaart?

(2) Wie ist es zu erklären, dass im Tierreich überwiegend die Männchen um die Weibchen werben und kämpfen, während die Weibchen meist wählen?

(3) Welche Eigenschaften eines Fortpflanzungspartners werden als schön oder attraktiv empfunden? Gibt es hier allgemeine Prinzipien?

Geheime Strategien und extravagante Präsentationen

Die These, dass die Menschen der Altsteinzeit vor 50 000 oder vor 500 000 Jahren bei der Partnerwahl anspruchsvoll und differenziert vorgingen und dass ihre Gefühle und Gedanken den unseren durchaus ähnlich waren, wird auf Widerspruch und Unglauben treffen. Mit welcher Berechtigung kann man unsere heutige Situation in die Vorgeschichte zurückprojizieren? Woher können wir wissen, dass sich die Menschen schon damals von schönen Gesichtern und Körpern angezogen fühlten, dass sie Intelligenz, Humor, Umgänglichkeit, Verlässlichkeit und hohen sozialen Rang schätzten und dass beide Geschlechter auf vielfältige Weise um Partner mit diesen begehrten Eigenschaften kämpften und warben? Ist es nicht sehr viel wahrscheinlicher, dass bei den Steinzeitmenschen rohe Gewalt im Vordergrund stand, wie das populäre Filme und Bücher suggerieren?

Die Gefühle und das Werbeverhalten früherer Zeiten lassen sich mit archäologischen Mitteln kaum rekonstruieren, da sie nur wenige verwertbare und schwer zu interpretierende Spuren hinterlassen haben. Die ältesten erhaltenen Musikinstrumente beispielsweise stammen aus der Zeit von vor 30 000 Jahren. Es ist wahrscheinlich, dass Musik schon damals auch der Verführung diente, aber sicher kann man das nicht wissen. Müssen die verschiedenen Szenarien zur Evolution der Partnerwahl bei Menschen also notwendigerweise spekulativ bleiben? Glücklicherweise nicht. Zum einen stammen wir von einer ununterbrochenen Linie von Vorfahren ab, die als Partner geschätzt wurden und sich die richtigen Partner aussuchten. Wir sollten also instinktiv wissen, wie ein guter Reproduktionspartner aussieht und wie man sich als solcher präsentiert. Zum anderen gibt es durchaus aussagekräftige wissenschaftliche Indizien.

Wichtige Hinweise liefert beispielsweise die vergleichende Verhaltensforschung. Wenn sich bei anderen Tieren, vor allem bei anderen Primaten, männliche oder weibliche Wahl nachweisen lässt, dann darf man entsprechendes Verhalten auch bei den Menschen der Vorzeit vermuten. Inwieweit ist dies bei unseren nächsten Verwandten unter den Tieren, den Schimpansen, der Fall? Der erste Eindruck scheint hier für das genaue Gegenteil – Wahllosigkeit – zu sprechen. Schimpansen leben in sozialen Gruppen, die aus 20 bis mehr als 100 erwachsenen Tieren beiderlei Geschlechts bestehen und ein ausgeglichenes Geschlechtsverhältnis haben. Es gibt zwar sexuelle Konkurrenz zwischen den Männchen, aber ein empfängnisbereites Weibchen paart sich mit allen oder den meisten Männchen der Gruppe («promiskuitives Paarungssystem»). Der wohl wichtigste Grund für dieses Verhalten der Weibchen besteht darin, dass auf diese Weise die Vaterschaft verschleiert wird, was das Risiko des Infantizids (der Kindstötung) durch fremde Männchen senkt. Wenn Männchen mit einer gewissen Wahrscheinlichkeit selbst die Väter sind, verringert sich ihr aggressives Verhalten gegen die Jungen. Die Strategie der Weibchen macht es aber nicht nur den männlichen Schimpansen schwer, die genaue Vaterschaft zu erkennen, sondern auch den Biologinnen und Biologen – und so wurden genetische Vaterschaftstests eine unverzichtbare Ergänzung zu klassischen Verhaltensbeobachtungen (Constable et al. 2001).

Die Weibchen sind also zu demonstrativer Wahllosigkeit gezwungen, um ihren Nachwuchs zu schützen. Auf der anderen Seite sollten sie aber Männchen mit guten Genen bevorzugen. Anders gesagt, sie haben ein vitales Interesse zu wählen, können dies aber wegen des Infantizid-Risikos nicht offen tun. Wie lösen die Weibchen der Schimpansen dieses Dilemma? Neuere Studien zeigen, dass sie eine gemischte Strategie verfolgen: In der Zeit um den Eisprung, d. h., wenn die Empfängnis am wahrscheinlichsten ist, sind sie wählerisch, im Zeitraum davor und danach sind sie promiskuitiv (Stumpf & Boesch 2005). Diese Strategie funktioniert aber nicht perfekt, denn die jeweils benachteiligten Männchen versuchen, die Weibchen durch aggressives Verhalten einzuschüchtern und durch sexuellen Zwang zum Erfolg zu kommen. Diese Form männlicher Aggression gegen die Weibchen nimmt in der Zeit um den Eisprung zu (Muller et al. 2007).

Wie effektiv ist die Wahl der Weibchen in dieser Situation? Obwohl männliche Schimpansen durch ihre körperliche Kraft klar dominieren, können die Weibchen unerwünschte Kopulationen meist effektiv behindern und so die Wahrscheinlichkeit der Empfängnis durch einzelne Männchen steuern. Dafür nehmen sie beträchtliche Nachteile wie Stress oder Verletzungen in Kauf – die Wahlmöglichkeit muss also von großer biologischer Bedeutung sein. Letztlich haben auf diese Weise Männchen, die von den Weibchen bevorzugt werden, deutlich höhere Chancen auf Vaterschaft. Auch im scheinbar wahllosen, promiskuitiven Paarungssystem der Schimpansen ist die weibliche Wahl also ein effektiver Mechanismus.

Wir sind auf die Fortpflanzungsstrategien der Schimpansen nicht nur deshalb genauer eingegangen, um plausibel zu machen, dass die weibliche Wahl in der Evolution der Menschen eine große Rolle gespielt hat. Das Beispiel sollte auch zeigen, dass es nicht genügt, vom oberflächlichen ersten Eindruck auszugehen, sondern dass man mit einer ganzen Reihe schwer erkennbarer, verborgener Strategien rechnen muss. In den letzten Jahrzehnten ist die verborgene weibliche Wahl («cryptic female choice») ins Blickfeld der biologischen Forschung gerückt, und es zeigte sich, dass sie auch während und nach der Kopulation zum Einsatz kommt. Das weibliche reproduktive System gilt nicht mehr als passives Gefäß, sondern als ein aktives Organ, das bis zu einem gewissen Grad in der Lage ist, das Sperma verschiedener Männchen differenziert zu empfangen und weiterzuleiten und so eine weitere

Wahlmöglichkeit auszuschöpfen (Eberhard 1996; Dixson & Anderson 2001).

Sexuelle Selbstbestimmung ist also auch bei Tieren ein hohes Gut, für das sie beträchtliche Nachteile in Kauf nehmen und das sie sowohl gegen gleichgeschlechtliche Konkurrenten als auch gegen die Interessen des anderen Geschlechts verteidigen. Bei Menschen spielt noch ein weiterer Faktor eine große Rolle – die Verwandten. So haben Eltern bekanntermaßen ein enormes Interesse an der Fortpflanzung ihrer Kinder und scheuen sich oft nicht, massiven Einfluss auszuüben. Welche Emotionen dieser Generationenkonflikt auslösen kann, davon zeugen zahlreiche Beispiele aus der Literatur, am bekanntesten vielleicht Shakespeares *Romeo und Julia*. Der Konflikt entsteht, weil Eltern und Kinder zwar viele Gene gemeinsam haben, aber eben jeweils nur die Hälfte.

Die Vorstellung, dass die Frauen in der Vorzeit der Menschheit den Machtspielen der Männer oder den elterlichen Interessen ohnmächtig ausgeliefert waren, ist also aus Sicht der vergleichenden Verhaltensforschung höchst unwahrscheinlich. Was aber ist mit der These, dass überwiegend die Männchen um die Weibchen werben und kämpfen, während die Weibchen meist wählen? Darwin glaubte dies als den Normalfall im Tierreich beobachten zu können, er hatte aber keine Erklärung für diese Asymmetrie. Hat sich auch diese Differenz zwischen den Geschlechtern als sexistisches Vorurteil entpuppt? Die Antwort ist nein. Hier gibt es einen zwar nicht absoluten, aber doch deutlichen Unterschied. Warum?

In den 1970er Jahren konnte Robert Trivers zeigen, dass die Asymmetrien bei der Partnerwahl auf biologisch vorgegebenen Unterschieden im elterlichen Aufwand beruhen («parental investment»; Trivers 1972). Was bedeutet das? In fast allen Eigenschaften stimmen Frauen und Männer überein, müssen sie übereinstimmen, da sie in derselben Umwelt leben, dieselbe Nahrung zu sich nehmen, von denselben Parasiten und Krankheiten geplagt werden und übereinstimmende körperliche Bedürfnisse haben. Einen grundlegenden Unterschied aber gibt es, der alles Weitere bedingt – die Arbeitsteilung der Geschlechter bei der Fortpflanzung. Wie bei anderen Säugetieren stellen die Frauen nicht nur die nährstoffreichere Eizelle zur Verfügung, sondern sie ernähren und schützen den Embryo zudem während der Schwangerschaft und Stillzeit. Sie müssen also einen deutlich größeren Aufwand an Zeit und Energie in das Junge tätigen, während ein Mann mit einer minimalen Investition erfolgreich sein kann. Als Folge dieser biologischen Arbeitsteilung entstanden unterschiedliche Strategien, die Männer und Frauen bzw. Männchen und Weibchen zur Optimierung ihrer reproduktiven Fitness verfolgen.

Da Individuen des weniger investierenden Geschlechts (also meist die Männchen) ihren Fortpflanzungserfolg dadurch erhöhen können, dass sie nacheinander mit mehreren Weibchen Nachkommen zeugen, kommt es zu einem Missverhältnis zwischen größerer (männlicher) Nachfrage und konstantem (weiblichem) Angebot. Die Folge ist erhöhte Konkurrenz zwischen den Männchen und Wahlmöglichkeit der Weibchen. Oder allgemein: Je mehr ein Geschlecht im Vergleich zum anderen Geschlecht in den gemeinsamen Nachwuchs investiert, umso mehr kann und muss es *wählen*, je weniger es investiert, umso mehr kann und muss es *werben*. Das Prinzip des elterlichen Aufwandes ist an und für sich geschlechtsneutral und die Asymmetrie entsteht nur durch bestimmte Zusatzbedingungen (wie Schwangerschaft). Erhöht sich das Investment der Männchen, ändern sich Angebot und Nachfrage und dann kann sich die Situation auch anders darstellen.

Darwin war überzeugt, dass die Weibchen vieler Tierarten bestimmte Eigenschaften der Männchen bevorzugen und es so zur Evolution dieser Merkmale – schöner Federn, melodiöser Gesänge usw. – kam. Er konnte aber keine befriedigende Erklärung dafür geben, *welche Eigenschaften* von den Weibchen als schön und begehrenswert empfunden werden, und sprach von der Schönheit «um der Schönheit willen» (1866 [1959]: 371). Wenn der Pfauenschwanz dadurch entstand, dass er den weiblichen Pfauen gefiel, dann stellt sich die Frage, warum diese eine so extreme und für die Männchen so kostspielige Vorliebe entwickelt haben.

Grundsätzlich sollte ein Tier bei der Partnerwahl ein Interesse an guten Genen haben, denn schließlich hängt sein biologischer Erfolg nicht nur von der Zahl seiner Nachkommen ab, sondern auch von ihrer Qualität. Was aber haben ein verschwenderischer Federschmuck oder lauter Gesang mit guten Genen zu tun? Da die sexuelle Auslese wie ein Markt mit Angebot und Nachfrage funktioniert, kommt es nicht nur auf die Qualität des Produktes an, sondern auch auf geschicktes Marketing. Und so handelt es sich beim spektakulären Aussehen und Verhalten der Männchen vieler Tierarten um nichts anderes als um Werbung für ein Produkt – die Gene seiner Träger. Die Tendenz zu besonders extravaganten Präsentationen lässt sich dadurch erklären, dass eine Demonstration der körperlichen und geistigen Leistungsfähigkeit umso überzeugender wirkt, je schwieriger und aufwändiger sie ist. Nur dann ergeben sich Unterschiede zwischen den Individuen und aussagekräftige Kriterien für die Partnerwahl. So eignen sich beispielsweise glänzende Federn mit kräftigen Farben besonders gut, um den Gesundheitszustand eines Vogels anzuzeigen, da Federn bei Parasitenbefall schnell ihr schönes Aussehen verlieren.

Durch die sexuelle Auslese entstanden in der Evolution also spezielle Merkmale, die als Anzeiger für die Qualität der Gene ihrer Träger dienen. Die Qualität der Gene wiederum bemisst sich danach, ob sie das Überleben und den Fortpflanzungserfolg fördern. Da man die Zahl der fortpflanzungsfähigen Nachkommen eines Individuums auch als seine «biologische Fitness» bezeichnet, nennt man diese Merkmale auch «Fitnessindikatoren» (Miller 2000: 103). Im allgemeinen Sprachgebrauch steht «Fitness» für körperliche und geistige Leistungsfähigkeit, in der Biologie für erfolgreiche Reproduktion. Es handelt sich also um unterschiedliche Dinge, zwischen denen aber ein enger Zusammenhang besteht, da Fitness im Sinne von Leistungsfähigkeit meist eine wichtige Voraussetzung für biologische Fitness, d. h. Fortpflanzung, ist. Wenn ein Mensch seine körperliche oder geistige Fitness demonstriert, indem er oder sie besondere sportliche oder künstlerische Leistungen vollbringt, dann handelt es sich um ein Signal, das auf gute Gene hinweist. Ein mehrfacher Salto vom 10-Meter-Turm oder eine gewonnene Schachpartie sind also gleichermaßen Fitnessindikatoren. Damit aber sind sie wichtig. Und so erklärt sich das eigenartige Phänomen, dass in den Wettkämpfen und Rivalitäten von Freizeitsportlern, bei denen es um nichts Wichtiges zu gehen scheint, Betrügereien und Schummeleien ebenso häufig sind und von der Gruppe ebenso streng geahndet werden wie bei professionellen Athleten.

Fitnessindikatoren können, müssen aber keinen Nutzen im allgemeinen Kampf ums Dasein haben. In erster Linie sollen sie die Leistungsfähigkeit eines Individuums und die damit zusammenhängenden genetischen Qualitäten beweisen und sie können dies auch durch überflüssige Luxusbildungen erreichen (Handikap-Prinzip; Zahavi 1975). Wie bei einer aufwändigen und schönen Verpackung haben sie dann die Funktion, auf den verpackten Gegenstand aufmerksam zu machen und seinen Wert zu demonstrieren. Auf diese Weise ergänzen sie die direkten Anzeichen für Gesundheit und Leistungsfähigkeit. Während das werbende Geschlecht ein Interesse daran hat, dass die Werbung möglichst aufwändig aussieht und gleichzeitig möglichst wenig Energie kostet, muss das wählende Geschlecht auf *realem Aufwand* bestehen. Denn nur so ist gewährleistet, dass das Signal auch echt ist und dem äußeren Schein ein wirklicher Wert entspricht. Exzessive Luxusbildungen oder reale Risiken sind also kein ungewollter Nebeneffekt sexueller Wahl, sondern ihr eigentliches, weil fälschungssicheres Kriterium.

Stiefkinder und der versteckte Eisprung

Die Macht der sexuellen Auslese bei Menschen wird oft unterschätzt, weil es schwierig ist, sich vorzustellen, wie Männer und Frauen aussehen und sich verhalten würden, wenn es die gegenseitige Partnerwahl in der Evolution nicht gegeben hätte. Entsprechende hypothetische Menschenformen lassen sich aber biologisch recht gut rekonstruieren, da bei den verschiedenen Varianten der sexuellen Auslese jeweils andere charakteristische Merkmalskombinationen entstehen. Die Situation ist analog zur natürlichen Auslese, wo beispielsweise bei Tieren, die sich schnell im Wasser fortbewegen, ein stromlinienförmiges Äußeres erzwungen wird.

Wie würden Männer aussehen und sich verhalten, wenn sich ihre Chancen auf erfolgreiche Fortpflanzung überwiegend im direkten Kampf mit anderen Männern entschieden? Die Situation ähnelte dann derjenigen der mit den Menschen nahe verwandten Gorillas. Legt man die in der Gegenwart zu beobachtende Statur der Frauen als Orientierungspunkt für das Gedankenexperiment zugrunde, dann wären Männer durchschnittlich 2,15 Meter groß und hätten lange, vampirartige Eckzähne. Ihre Lebenserwartung wäre mit rund 55 Jahren deutlich kürzer als die der Frauen (80 Jahre). Zwischen den Männern gäbe es weder Kooperation noch Freundschaft, sondern sie

Abb. 5: Der imposante Körperbau und das aggressive Verhalten männlicher Gorillas zeigen nach Darwin, dass in erster Linie der Kampf mit anderen Männchen über ihre Paarungschancen entscheidet.

würden alleine oder höchstens zu zweit einen Harem aus mehreren Weibchen eifersüchtig bewachen. Wenn es einem der heranwachsenden Männer gelänge, einen solchen Harem in einer mörderischen Konfrontation zu erobern, würde er als Erstes alle Kinder töten, die noch gestillt werden.

Zum Geschlechtsverkehr käme es nur, wenn eines der Weibchen der Gruppe empfängnisbereit wäre. Während ein bis zwei Zyklen käme es dann für jeweils ein bis zwei Tage einige Male zur Paarung. Nach der Empfängnis begänne eine erneute Phase sexueller Enthaltsamkeit von drei bis fünf Jahren. Bei einer durchschnittlichen Haremsgröße von fünf Frauen hätte ein Mann, der so glücklich war, einen Harem zu erobern, etwa alle zehn Monate einige Male Geschlechtsverkehr, die Frauen etwa alle vier Jahre. Der erigierte Penis der Männer wäre 3 cm lang und mit einem Knochen versehen; der Geschlechtsverkehr würde etwa eine Minute dauern (Alexander et al. 1979; Short 1979). So weit zu einigen Konsequenzen, die man erwarten müsste, wenn Männer in erster Linie auf Erfolg in aggressiven Auseinandersetzungen selektiert worden wären und die Interessen der Frauen nur eine untergeordnete Rolle spielten.

Dieses Szenario dürfte für die wenigsten Menschen einen erstrebenswerten Idealzustand darstellen und viele Frauen (und Männer) würden unter solchen Bedingungen wohl gänzlich von einer Partnerschaft Abstand nehmen. Und man kann zu Recht einwenden, dass diese hypothetischen, gorillaartigen Männer eigentlich gar keine richtigen Menschen sind. Aber genau das sollte das Gedankenexperiment ja zeigen: 1) Es gibt tief verwurzelte, emotionale Vorstellungen bei Frauen darüber, wie ein männlicher Partner und das Zusammenleben mit ihm auszusehen hat. Und dazu gehören beispielsweise weder tödliche Aggression gegenüber kleinen Stiefkindern noch ein auf die Fortpflanzung reduziertes Sexualleben. 2) Einige der Eigenschaften, die uns erst zu Menschen machen, lassen sich *nicht* durch die gleichgeschlechtliche Konkurrenz (oder die natürliche Auslese) erklären.

Bei aller Erleichterung darüber, dass Männer nicht dem oben gezeichneten Bild entsprechen, sollte man aber nicht übersehen, dass eine gewisse Ähnlichkeit trotz allem besteht. Männer sind zwar nicht 2,15 Meter groß, aber sie sind größer als Frauen. Es gibt Aggression zwischen Männern und gegenüber Stiefkindern. Männliche Jugendliche kommen später in die Pubertät und sie sterben häufiger als weibliche. Und schließlich altern Männer schneller und leben kürzer als Frauen. Mit anderen Worten, aggressive körperliche Auseinandersetzungen zwischen Männern haben in der Evolution eine wichtige Rolle gespielt, aber sie waren nicht der einzige und nicht der dominierende Faktor.

Darwins Alternative war die weibliche Wahl. Erklärt sie die oben genannten charakteristischen Eigenschaften der Männer, beispielsweise die außergewöhnliche Toleranz gegenüber Stiefkindern? Biologisch gesehen ist diese in zweifacher Hinsicht bemerkenswert. Zum einen gibt es bei weniger als 10 Prozent der Säugetierarten überhaupt männliche Fürsorge für die Jungen. Diese geringe Zahl wird meist dadurch erklärt, dass die Männchen nicht wissen, ob es sich um den eigenen Nachwuchs handelt. Hohe Vaterschaftswahrscheinlichkeit alleine genügt aber noch nicht, um die Männchen zu väterlicher Fürsorge anzuhalten. Bei vielen Arten ist sie auch dann nicht vorhanden, wenn die Weibchen in monogamen Paaren oder in einem Harem relativ gut zu kontrollieren sind. Als zweiter Faktor muss noch hinzukommen, dass die Weibchen nicht in der Lage sind, ihren Nachwuchs ohne die Unterstützung und den Schutz der Männchen aufzuziehen. Unter diesen Umständen sind die Männchen aus eigenem genetischen Interesse zu väterlicher Fürsorge gezwungen. Dies ist wohl einer der Gründe, warum bei Primaten, bei denen die Aufzucht der Jungen wegen der vergleichsweise großen Gehirne besonders aufwändig ist, in immerhin 40 Prozent der Gattungen direkte väterliche Fürsorge vorkommt.

Auch bei Gorillas lässt sich männliches Fürsorgeverhalten in Ansätzen beobachten. Es gibt zwar kaum aktive Beteiligung an der Aufzucht des eigenen Nachwuchses, aber eine Art freundlicher Toleranz. Diese steht in auffälligem Widerspruch zu ihrem Verhalten Stiefkindern gegenüber. Man schätzt, dass rund ein Drittel aller Todesfälle von Gorillakindern auf fremde Männchen zurückzuführen ist. Der Grund dafür ist, dass ein Weibchen nach dem Tod ihres Jungen aufhört, Milch zu produzieren, und wieder paarungsbereit wird. Ein Männchen, das ein fremdes einjähriges Junges tötet, kann sich also zwei Jahre früher fortpflanzen, als wenn es dieses am Leben lässt. Aus Sicht der Männchen ist Infantizid fremder Kinder eine biologisch sinnvolle Strategie; für die Weibchen sind aber fast nur Nachteile damit verbunden, da sie den bereits geleisteten elterlichen Aufwand wieder verlieren. Ähnliches lässt sich beispielsweise bei Löwen beobachten, aber hier können die Weibchen ihren Nachwuchs manchmal erfolgreich verteidigen.

Warum also sind Männer Stiefkindern gegenüber so tolerant? Ein Grund könnte sein, dass sie indirekt mit den Kindern verwandt sind. Die eigenen Kinder tragen zwar 50 Prozent der Gene eines Mannes, aber bei Nichten und Neffen sind es immerhin noch 25 Prozent. Da in den ursprünglichen Jäger-und-Sammler-Gruppen ein hohes Maß an Verwandtschaft bestand, kann eine biologische Toleranz der Männer gegenüber Stiefkindern entstanden sein, weil es sich bei diesen häufig zugleich um ihre Nichten, Neffen usw. gehandelt hat. Dieser Mechanismus hat sicher eine gewisse Rolle gespielt, er kann aber kaum ausschlaggebend gewesen sein, denn bei Schimpansen, die ähnlich zusammengesetzte Verwandtschaftsgruppen bilden, ist Infantizid nicht gerade selten.

Das Beispiel der Löwinnen zeigt, dass die Infantizidrate auch davon abhängt, ob eine Frau (gemeinsam mit ihren Verwandten) die Macht hat, einen neuen Partner daran zu hindern, die Kinder aus ihren früheren Beziehungen zu töten. Hierzu gibt es aufschlussreiche experimentelle Beobachtungen an Meerkatzen. Dabei wurde ein Männchen zusammen mit einem fremden Kind durch Glasscheiben, undurchsichtige Wände bzw. Einwegspiegel von der Mutter des Kindes getrennt. Es zeigte sich, dass die Männchen freundlich zu den Kindern waren, wenn die Mutter hinter der Glasscheibe zu sehen war, aber unfreundlich, wenn dies nicht der Fall war. Konnten die Mütter ihrerseits durch einen Einwegspiegel sehen, dass die Männchen unfreundlich zu ihren Kindern waren, wurden sie selbst unfreundlich zu den Männchen (Paul & Küster 1993: 112–13). Diese Versuche legen nahe, dass es sich bei männlicher Fürsorge an fremden Kindern um Werbung um das Weibchen handelt. Sie wird nur bei Arten vorkommen, bei denen die Männchen Paarungsaufwand treiben und werben müssen, d. h. bei weiblicher Wahl. Dann aber können sich freundschaftliche Beziehungen zu Mutter *und* Kind für die Männchen in erhöhten Paarungschancen auszahlen.

Die emotionale Bindung zwischen Männern und Stiefkindern ist meist nicht so intensiv wie zwischen Vätern und ihren eigenen Kindern. Die Chance, dass ein Kind von einem Stiefvater misshandelt oder getötet wird, ist sogar deutlich erhöht. Aber auf einer Skala, die vom sicheren Infantizid auf der einen bis zu intensiver Fürsorge auf der anderen Seite reicht, tendieren Stiefväter beim Menschen doch deutlich zur fürsorglichen Seite. Nicht wenige Männer kümmern sich sogar rührend um die Kinder ihrer Partnerinnen von anderen Vätern, ohne dass dies einen gezwungenen Eindruck macht. So wie es aussieht, waren die Frauen in der Evolution der Menschheit also keineswegs ein machtloser Spielball männlicher Interessen. Indem sie über viele Generationen bei einem Wechsel des Partners diejenigen Männer bevorzugten, die weniger aggressiv und fürsorglicher gegenüber ihren Kindern aus früheren Beziehungen waren, züchteten sie gute Stiefväter. Das Ergebnis mag aus weiblicher Perspektive nicht perfekt sein, aber die Männer haben sich in dieser Hinsicht doch recht weit von ihren biologischen Verwandten, den Gorillas, entfernt.

Die Macht weiblicher Wahl zeigt sich auch an einigen körperlichen Eigenschaften der Männer. Eines der Merkmale, durch die sie sich am auffälligsten von anderen Primatenmännchen unterscheiden, ist die ungewöhnliche Länge (Ø 15 cm), Dicke (Ø 4 cm) und Flexibilität des erigierten Penis. Die Tatsache als solche ist in der Biologie seit Langem bekannt. Schwieriger ist die evolutionsbiologische Erklärung. Kann dieses Merkmal durch die natürliche Auslese entstanden sein? Eine unmittelbare Überlebensdienlichkeit ist kaum vorstellbar, aber erschwert oder verhindert ein kürzerer oder dünnerer Penis die Paarung? Da entsprechende Schwierigkeiten bei den anderen Menschenaffen mit ihren sehr viel kleineren Penissen nicht auftreten, kann man diese Möglichkeit sicher ausschließen. Orang-Utans beispielsweise sind trotz ihres nur 4 cm langen Penis zu beachtlicher Paarungsakrobatik in der Lage.

Was ist mit dem direkten Kampf der Männer? Es ist nicht völlig von der Hand zu weisen, dass die Penisgröße in dieser Hinsicht eine gewisse Rolle spielte. Verglichen mit breiten Schultern, kräftigen Armen oder tödlichen Waffen stellt ein erigierter Penis aber eine eher bescheidene Drohkulisse dar. Ebenso wenig eignet sich der menschliche Penis für andere Arten direkter männlicher Konkurrenz. Bei Tierarten, bei denen die Weibchen innerhalb kurzer Zeit mit vielen Männchen kopulieren, ist der Penis oft mit Kratzern, Schaufeln oder Geißeln versehen, um das Sperma der Rivalen zu entfernen. Der menschliche Penis weist aber keine solchen Vorrichtungen auf, was zusammen mit anderen anatomischen Tatsachen (z. B. der relativen Hodengröße) dagegen spricht, dass seine spezielle Form durch den «Krieg der Spermien» bedingt ist (Baker 1997; Dixson & Anderson 2001; Junker 2008: 69–72).

Und so bleibt als Erklärungsmöglichkeit die sexuelle Auslese durch weibliche Wahl. Warum aber haben Frauen Männer mit größeren, dickeren und flexibleren Penissen bevorzugt, obwohl dies für die Fortpflanzung überflüssig, reiner Luxus, ist? Wie wir oben gezeigt haben, sind Luxusbildungen bei den Männchen vieler Tierarten zu beobachten; sie werden als Signale für Leistungsfähigkeit und genetische Qualitäten aufgefasst. Analog dazu wäre der Penis des Mannes also nicht nur ein Organ zum Transport von Samenzellen, sondern zudem ein Fitnessindikator, d. h. ein Merkmal, das es den Frauen ermöglicht, den Gesundheitszustand und die Leistungsfähigkeit eines Mannes zu beurteilen. Ist dies überzeugend?

Der Penis des Menschen ist in der Tat in einer Weise konstruiert, die eine Erektion schwieriger und damit aussagekräftiger macht. Im Unterschied zu den meisten anderen Primaten fehlt ihm ein Knochen.

Abb. 6: Traditioneller Messerkampf der Männer bei den Nuba von Kau. Einige typisch männliche Merkmale in Körperbau und Verhalten zeigen, dass aggressive körperliche Auseinandersetzungen zwischen Männern in der Evolution der Menschen eine wichtige Rolle spielten.

Die Erektion beruht stattdessen ausschließlich auf einer funktionierenden Blutzufuhr, wodurch sie störungsanfälliger ist und leichter ausbleiben kann. Sie verrät so nicht nur etwas über die Gene, das Alter, den Ernährungszustand und die Gesundheit, sondern auch etwas über die Lebensumstände, das Selbstvertrauen und den Stresslevel eines Mannes. Gerade weil eine Erektion manchmal ausbleibt, eignet sie sich als Fitnessindikator.

Welchen Vorteil aber ziehen die Männer aus dieser Situation, warum ist der Penisknochen in der Evolution verschwunden? Ausschlaggebend war hier offensichtlich das Interesse der Frauen an der Echtheit des Signals, das bei einem Knochen als Erektionshilfe nicht gewährleistet wäre. So haben sie Männer bevorzugt, die bewiesen, dass sie auch ohne Penisknochen zu einer Erektion in der Lage waren. Und tatsächlich gibt es ein weiteres typisches Merkmal des menschlichen Penis, das diese Form der Ehrlichkeit demonstriert – der Unterschied zwischen dem Zustand der Schlaffheit und der auffälligen Größen- und Form-

veränderung bei einer Erektion: «Es ist nicht unplausibel, dass die diagnostischen Fähigkeiten der Frauen durch die natürliche Auslese so weit
verfeinert wurden, dass sie aus dem Aussehen und der Steifheit seines
Penis alle Arten von Hinweisen auf die Gesundheit eines Mannes und
auf die Stärke seiner Fähigkeit, mit Stress umzugehen, herauslesen
konnten» (Dawkins 1989: 307).

Die «diagnostischen Fähigkeiten der Frauen» beziehen sich aber
nur zum Teil auf die optischen Eigenschaften des Penis, sondern sehr
viel wichtiger sind die Berührungsreize während des Geschlechtsverkehrs. Bei vielen Tierarten endet die weibliche Wahl nicht mit dem
Beginn der Kopulation, sondern erst wenn die Eizelle tatsächlich be-
fruchtet wurde. Der Geschlechtsverkehr ist dann nicht das Ende der
Werbung um das Weibchen, sondern eine weitere, besonders intensive
Phase. Bei Menschen wurde die Werbephase durch eine physiologische Veränderung noch um ein Vielfaches verlängert und erweitert.
Im Gegensatz zu den Weibchen anderer Tierarten signalisieren Frauen
kaum ihren Eisprung, d. h. ihre fruchtbaren Tage. Eine Folge des ver-
steckten Eisprungs ist, dass es meist erst nach wiederholtem Geschlechtsverkehr zur Empfängnis kommt. Dadurch aber gewinnt eine
Frau neue Wahlmöglichkeiten. So kann sie nach ein oder zwei unbe-
friedigenden Erlebnissen mit einem Mann auf weitere Begegnungen
verzichten und seine Chancen auf gemeinsamen Nachwuchs mini-
mieren. Geschlechtsverkehr während der Schwangerschaft oder der
Stillzeit sind weitere Gelegenheiten, Kandidaten auf ihre Qualität zu
testen. Die Erektion ist dabei nur einer von vielen Indikatoren, wichtig sind auch die Haut, die Körperbewegungen, die Geschicklichkeit
und das Einfühlungsvermögen.

Häufigkeit und Intensität des Geschlechtsverkehrs bei Menschen
lassen sich nicht durch die Notwendigkeiten der Fortpflanzung erklären. Ginge es ausschließlich darum, würde das oben geschilderte ma-
gere Sexualleben der Gorillas ausreichen. Es ist richtig, dass Menschen
häufigen Geschlechtsverkehr haben, weil sie diesen als lustvoll erleben,
aber damit ist noch keine echte Erklärung gewonnen. Dafür muss auch
gezeigt werden, *warum* ein bestimmtes Verhalten von einem Tier oder
Menschen als lustvoll erlebt wird, welcher Selektionsvorteil damit verbunden ist. Das Lust-Unlust-Prinzip ist ja nichts anderes als der biologische Mechanismus, mit dem ein Tier oder Mensch dazu motiviert

Abb. 7: Nach Beendigung der Messerkämpfe findet ein Tanzfest statt. Die Männer müssen fast bewegungslos warten, bis sie von einem der Mädchen gewählt werden. Eine ganze Reihe von körperlichen und geistigen Merkmalen von Männern lassen sich als evolutionäre Folge weiblicher Wahlmöglichkeit erklären.

wird, sich im Sinne der Verbreitung der eigenen Gene richtig zu verhalten.

Häufiger Geschlechtsverkehr ist also eine biologisch sinnvolle Erweiterung des Werbeverhaltens. Warum aber führen Menschen im Gegensatz zu anderen Tieren dieses Verhalten auch nach der Empfängnis fort? Einer Erklärung zufolge dient die sexuelle Lust beim Geschlechtsverkehr der Paarbindung, die wiederum wegen der zunehmend aufwändigen Sorge um den Nachwuchs notwendig wurde. Diese Erklärung ist sicher plausibel, aber vielleicht nicht vollständig. Es könnte sich zudem um eine weitere Verlängerung des Werbeverhaltens handeln. Häufiger und intensiver Geschlechtsverkehr in einer Paarbindung wäre dann ein Dauertest der Gefühle und der Vitalität des Partners, d. h. ein evolutionär entstandenes, diagnostisches Instrumentarium für den Zustand einer Partnerschaft.

Viele männliche Leser werden mit Erstaunen registriert haben, wie sehr ihr Körper, Fühlen, Denken und Verhalten durch die Vorlieben und Wünsche vieler Generationen von Frauen geprägt wurden. Was aber ist mit den Frauen? Wie sind deren typische Eigenschaften zu erklären? Die bisherigen Faktoren – männliche Konkurrenz und weibliche Wahl – helfen hier nicht weiter, da sie nur die Merkmale der Männer erklären: Kraft und Aggression, aber auch Fürsorge und Sinnlichkeit. Zur sexuellen Auslese und damit zur Evolution ihres Aussehens und Verhaltens kommt es, weil Männer direkt oder indirekt konkurrieren. Gibt es auch eine Konkurrenz der Frauen und eine Wahl der Männer?

Warum Frauen schön sind

Wenn bei einer Tierart ein Geschlecht (z. B. das Männchen) keine Wahl trifft, sondern unterschiedslos jede Kandidatin akzeptiert, dann hat dies gravierende Auswirkungen sowohl auf die Wahrnehmung und Urteilskraft der Männchen als auch auf das Aussehen und Verhalten der Weibchen. Dieser Fall kann eintreten, wenn das elterliche Investment der Männchen auf den Zeugungsakt beschränkt ist. Dann können alle Weibchen gleichermaßen an den begehrtesten Männchen teilhaben und diese können unterschiedslos alle Bewerberinnen akzeptieren. Darwin hielt dies bei Vögeln für den Normalfall; hier sei das Männchen meist «so erpicht, dass es jedes Weibchen akzeptieren wird und nicht das eine dem anderen vorzieht, soweit wir das beurteilen können» (1871, 2: 121).

Wie würden die Frauen einer hypothetischen Menschenart aussehen, bei denen es keine Konkurrenz zwischen den Frauen und daher auch keine sexuelle Auslese gäbe? Da die natürliche Auslese für überlebensdienliche, nützliche Merkmale sorgt und alle Formen der Verschwendung und des Luxus unterbindet, wäre ihr Erscheinungsbild unauffällig und funktional. Sie hätten beispielsweise weder lange Kopfhaare noch eine glatte, weiche, nackte Haut. Ihr Körper hätte nicht die Form einer Sanduhr mit Busen, Taille und runden Hüften, sondern wäre kastenartig. Sie hätten kein Verlangen nach schönen Kleidern, Schmuck oder Kosmetik und sie wären nicht eifersüchtig. Sie hätten weder Interesse an regelmäßigem Geschlechtsverkehr noch am Orgasmus. Stattdessen würden sie alle paar Jahre ihren Eisprung deutlich signalisieren, um ein Männchen zur Kopulation mit dem ausschließlichen Ziel der Fortpflanzung zu animieren.

Alles in allem fällt es schwer, sich diese hypothetischen, gorillaartigen Frauen als Menschen, geschweige denn als Objekte männlichen Begehrens vorzustellen. Wie anders sieht doch glücklicherweise die Realität aus. Wenn sie die Möglichkeit haben, setzen die meisten Frauen alles daran, gerade nicht unauffällig zu sein. Sie verzieren ihre Gesichter und Körper mit Farben und Schmuck, bemühen sich um kunstvolle Frisuren und kleiden sich aufwändig. Einiges davon mag anerzogen sein. Wie der Zoologe Desmond Morris in seinem Buch *The naked woman* (2004) überzeugend gezeigt hat, verraten aber auch die biologisch gegebenen, körperlichen Merkmale der Frauen ein Bemühen um Schönheit und Aufwand. Nachdem er die verschiedenen Bereiche des weiblichen Körpers von den Haaren bis zu den Füßen in 22 Kapiteln detailliert besprochen hat, kommt er zu dem Ergebnis, dass es keine einzige sichtbare Stelle des Frauenkörpers gibt, die nicht im Dienste der Werbung für die Qualitäten ihrer Besitzerin steht.

Der Körper der Frauen entspricht offensichtlich den Federn der Paradiesvögel. Dies bedeutet aber, dass Frauen um Männer konkurrieren und Männer wählen. Wie wir gesehen haben, kann ein Geschlecht *wählen*, wenn es mehr als das andere Geschlecht in den gemeinsamen Nachwuchs investiert, und es muss *werben*, wenn es weniger investiert. Und so ist die Schlussfolgerung unausweichlich, dass die Männer in der Evolution ein beträchtliches elterliches Investment geleistet haben, was ihnen die Möglichkeit eröffnete, ihrerseits zu wählen.

Auf welche Weise konkurrieren Frauen? Wie bei den Männern gibt es theoretisch zwei Möglichkeiten: 1) den direkten Kampf der Frauen und 2) die Wahl durch die Männer. Ersteres gibt es dem traditionellen Frauenbild zufolge nicht, Letzteres widerspricht einem verbreiteten Klischee, dem zufolge Männer in ihrem sexuellen Verhalten mehr oder weniger wahllos sind. Wie unser Gedankenexperiment gezeigt hat, kann dies aber nicht der Realität entsprechen.

Die literarische Carmen verschmähte den direkten Kampf keineswegs und schreckte auch nicht davor zurück, eine ihrer Konkurrentinnen aus dem Felde zu schlagen, indem sie ihr mit dem Messer ein X in die Wangen ritzte. Normalerweise sind aggressive körperliche Auseinandersetzungen zwischen Frauen aber eher selten, jedenfalls deutlich seltener als zwischen Männern. Neuere Untersuchungen deuten darauf hin, dass Frauen und Männer sich kaum in der Stärke ihrer negativen Emotionen unterscheiden. Frauen sind aber besser in der Lage, ihre Aggressionen zu kontrollieren, und sie greifen meist nicht zu potentiell tödlichen Waffen. Dieser Unterschied könnte evolutionsbiologisch durch die größeren Risiken zu erklären sein, die eine Eskalation für eine Frau bedeutet. Während der Tod der Mutter oft fatale Folgen für das Überleben ihrer Kinder hatte, ließ sich der Tod des Vaters eher kompensieren.

Auch im Tierreich gibt es Beispiele für Aggression zwischen Weibchen. Eine interessante Variante wurde kürzlich von Meerkatzen berichtet. Das umkämpfte Gut war in diesem Fall nicht ein begehrter Partner, sondern ausreichende Nahrung für den Nachwuchs. Das Beispiel zeigt aber eindrucksvoll, mit welchen Mitteln Weibchen kämpfen. Bei den Meerkatzen werden dominante Weibchen anderen Weibchen gegenüber zunehmend aggressiv, wenn sie selbst trächtig sind. Durch ständige Angriffe und Schikanen zwingen sie die rangniedrigeren Weibchen sogar, die Gruppe zeitweilig zu verlassen. Durch die Attacken und die Vertreibung kommt es beim unterlegenen Weibchen zu massiven Stresssymptomen, die eine Empfängnis behindern und regelmäßig Fehlgeburten nach sich ziehen (Young et al. 2006).

Bei Menschen würde man in so einem Fall wohl von Mobbing sprechen. Die Mittel mögen subtiler sein und sich auf Klatsch, üble Nachrede, abfällige Blicke oder gezielte Desinformation beschränken; die Auswirkungen sind aber ähnlich, wenn es auf diese Weise gelingt, eine Konkurrentin kaltzustellen oder zu vertreiben. Und schließlich rivalisieren Frauen durch ihr Aussehen. Durch auffällige Frisuren, Schmuck oder teure Kleidung machen sie sicher auch die Männer auf sich aufmerksam. In vielen Fällen gewinnt man aber den Eindruck, dass die Adressaten des Signals eher andere Frauen sind, die auf diese Weise eingeschüchtert werden sollen. Jedenfalls ist häufig zu beobachten, dass Frauen die Aufmachung ihrer Konkurrentinnen kritischer kommentieren als Männer.

Wie entsteht der Eindruck, dass Männer in ihren sexuellen Beziehungen wahllos sind? Dies kann nicht der Realität entsprechen, weil der weibliche Körper deutliche Zeichen männlicher Wahl zeigt. Männer machen aber einen Unterschied zwischen flüchtigen sexuellen Abenteuern und längerfristigen Bindungen. Viele Frauen wissen aus Erfahrung, dass es relativ leicht ist, einen Mann zu Ersterem zu bewegen, aber ungleich schwerer, ihn für Letzteres zu begeistern. Männer sind also durchaus nicht wahllos, aber sie werden erst in dem Moment besonders wählerisch, wenn es um längerfristige Bindungen geht. Aus diesem Grund konkurrieren Frauen in der Regel auch nicht darum, wer mit den meisten Männern geschlafen hat, sondern wer mit den begehrtesten Männern eine Beziehung hatte.

Wären Männer wirklich wahllos gewesen, dann wären die Frauen nicht schön, dann hätten sie keine Busen, keine langen Kopfhaare, keine Taille, keine runden Hüften, keine ebenmäßigen Gesichter oder sinnlichen Lippen. Diese Merkmale sind nicht willkürlich, sondern sie entstanden als verlässliche Hinweise auf Gesundheit, Fruchtbarkeit, Leistungsfähigkeit und Jugend. Gilt dies auch für eine der rätselhafteren Eigenschaften, den weiblichen Orgasmus?

Wir haben gezeigt, dass der erigierte Penis nicht nur zum Transport der Samenzellen dient, sondern einer Frau reichliche Informationen über die Fitness und Gefühle eines Mannes zur Verfügung stellt. Zum Großteil handelt es sich dabei um Berührungsreize an den weiblichen Genitalien. Aus Sicht der Frau sind Klitoris und Vagina also Sinnesorgane, die ihr helfen, die richtige Entscheidung bei der Partnerwahl zu treffen. Angenehme Gefühle und die Lust beim Orgasmus zeigen, dass sie sich richtig im Sinne der Gene verhält. Dasselbe gilt aber umgekehrt für Männer. Aus Sicht der Frau ist der erigierte Penis also ein Fitnessindikator, der im positiven Fall Lust verspricht. Für einen Mann aber ist er ein Sinnesorgan. Und so werden Klitoris, Vagina und weiblicher Orgasmus ihrerseits zum Indikator für die Fitness und die Gefühle einer Frau (Miller 2000: 238−41; Beck 2006).

Wenn dies stimmt, dann haben Männer in der Evolution Frauen bevorzugt, die sinnlich waren und sexuelle Lust verspürten. Schönheit und Jugend einer Partnerin versprechen einem Mann gute Gene und erfolgreiche Fortpflanzung − warum aber haben sie sinnliche Frauen bevorzugt? Eines der größten Probleme der Männer bei der Fortpflanzung ist die Unsicherheit bei der Vaterschaft. Eine Möglichkeit, damit umzugehen, ist die Bewachung der Frauen, wie dies die Gorillamännchen tun. In den gemischten Gruppen der frühen Menschen war dieses Verhalten aber schlecht durchführbar, und so mussten die Männer versuchen, sich anders zu behelfen. Sexuelle Lust ist ein Garant für die Zufriedenheit des Partners; ist diese gegeben, so steigt für einen Mann auch die Wahrscheinlichkeit, wirklich der Vater zu sein. Sinnliche Frauen geben Männern ein höheres Maß an Vertrauen und können ihrerseits auf ein größeres männliches Investment hoffen.

Der Freiheitswille und seine Feinde

Die sexuelle Auslese beruht auf der Konkurrenz innerhalb eines Geschlechts, auf dem Kampf um einen Fortpflanzungspartner. Dies klingt martialisch und kann es auch sein, wenn es dabei zur direkten Konfrontation der Rivalen oder Rivalinnen kommt. Dann werden Verhaltensweisen wie offene und versteckte Aggression, Rücksichtslosigkeit sowie Eifersucht evolutionär gefördert. Erfolgt die Konkurrenz hingegen indirekt und werden die Sieger durch die Wahl des anderen Geschlechts ermittelt, dann ist die Evolution gänzlich anderer Eigenschaften die Folge. Dann werden nicht nur körperliche Kraft und Mut, sondern auch Geschicklichkeit, Eleganz, ein angenehmes Äußeres, Zuvorkommenheit und vieles andere mehr im Vordergrund stehen. Es ist kein Zufall, dass gerade diejenigen Eigenschaften, die man an einer Frau oder einem Mann besonders schätzt, durch die Partnerwahl entstanden sind. Denn dies ist ihr eigentlicher Zweck: Wenn Männer fürsorglich und sinnlich oder Frauen schön und anmutig sind, dann wollen sie ja gerade gefallen.

Sexuelle Auslese, Kampf der Rivalen und Partnerwahl gibt es bei allen Tieren. Eher ungewöhnlich, aber durchaus nicht einzigartig sind Menschen in einer anderen Hinsicht: Bei ihnen gibt es nicht nur die weibliche Wahl, sondern auch eine sorgsame Wahl der Männer. Charakteristisch für Menschen ist also die *gegenseitige Partnerwahl*. Auf diese Weise haben nicht nur die Frauen während vieler Zehntausender von Jahren die Männer nach ihren Wünschen geformt, sondern sie wurden auch selbst in ihrem körperlichen Aussehen und in ihrem Verhalten zu einem Ausdruck männlicher Vorlieben. Die Interessen und Wünsche der Geschlechter sind aus biologischen Gründen nicht identisch; deshalb entstanden Unterschiede in der Form der Körper und bei einigen Verhaltensweisen. Neben der wichtigen, aber nicht ausschließlich dominierenden Arbeitsteilung bei der Fortpflanzung gibt es aber viele gemeinsame Lebensbereiche. Entsprechend bevorzugen beide Geschlechter gleichermaßen gesunde, angenehme, intelligente, wissbegierige, mutige, erfinderische Partner mit Sinn für Schönheit, Kunst und Lebensfreude.

Wenn die sexuelle Auslese durch gegenseitige Partnerwahl so wichtig für die Evolution der Menschen war, wie ist dann zu erklären, dass sie so misstrauisch verfolgt, so abfällig kommentiert und durch rigide Regeln beschränkt wird? Die unmittelbaren Opfer sind meist die Frauen, aber indirekt trifft es die Männer mit gleicher Unbarmherzigkeit. In vielen traditionellen Gesellschaften haben Frauen kaum die Möglichkeit der Partnerwahl, in anderen wird die lebenslange Einehe gefordert, was die Wahlmöglichkeiten auf ein Minimum beschränkt. In wieder anderen werden die Frauen durch grausame Verstümmelung der Genitalien (beschönigend «Beschneidung» genannt) in ihren sexuellen Empfindungen in einer Weise geschädigt, dass von einer Partnerwahl durch wechselseitige Freude an der Sexualität nicht mehr die Rede sein kann.

Wenn man Menschen (und Tieren) die Möglichkeit der Partnerwahl nimmt, dann bedeutet dies, dass jemand anderer diese Wahl treffen möchte. Wer aber hat ein Interesse daran? Wie wir gesehen haben, muss man aus biologischer Sicht vor allem an vier Kandidaten denken: das andere Geschlecht, gleichgeschlechtliche Konkurrenten, die Verwandten sowie weitere Mitglieder der Gruppe. Auf die beiden ersten Punkte sind wir bereits eingegangen, ihre Ausdrucksformen sind sexuelle Eifersucht bzw. die Einschüchterung der Rivalen bzw. Rivalinnen. Auch bei einem mörderischen Kampf zwischen gleichgeschlechtlichen Konkurrenten bleibt dem anderen Geschlecht nichts mehr zu wählen.

Warum aber haben sich die Alphamänner in der Evolution der Menschheit kein Beispiel an den Gorillamännchen genommen und ihre Nebenbuhler getötet oder vertrieben? Es wäre naiv zu glauben, dass dies etwas mit moralisch bedingter Zurückhaltung zu tun hat. Es muss vielmehr einen wichtigen biologischen Grund geben, der die jeweils stärksten Männer aus eigenem Interesse daran hinderte, eine sexuelle Dominanz auszuüben. Der wichtigste Grund ist aller Wahrscheinlichkeit nach, dass sie auf Verbündete sowohl innerhalb der Horde als auch gegenüber anderen Gruppen angewiesen waren (de Waal 1982). Es spricht viel dafür, dass die frühen Menschen, ähnlich wie heutige Schimpansen, gemeinsam ein Territorium mit Nahrung und anderen Ressourcen gegen rivalisierende Horden verteidigen mussten. Eine ähnliche Situation ergab sich, wenn Menschen sich hauptsächlich durch die Jagd auf Großwild ernährten. In beiden Fällen hatte auch der stärkste Mann alleine keine Überlebenschance, sondern nur in Kooperation mit anderen Männern. Dadurch konnten diese einen annähernd gleichberechtigten Anspruch auf die Gunst der Frauen erheben. Die Machtbalance zwischen den Männern wiederum eröffnete den Frauen ungeahnte Möglichkeiten der Wahl.

Dass die Notwendigkeiten der Kooperation der Männer eine entscheidende Voraussetzung für die weibliche Wahl ist, zeigt die Geschichte der letzten 10 000 Jahre. Als nach der Neolithischen Revolution einzelne Familien und Personen durch Arbeitsteilung und stehende Heere eine nie zuvor gekannte Machtfülle gewannen, kündigten die neuen Herrscher die Zurückhaltung früherer Führerpersönlichkeiten auf, legten sich einen Harem zu oder nutzten ihre Macht in anderer Weise, um ihre biologische Fitness zu fördern. Dies war in Ägypten nicht anders als in China, im Osmanischen Reich kaum anders als in Sachsen. Benachteiligt werden dadurch in erster Linie die von der Fortpflanzung ausgeschlossenen Männer, in zweiter Linie diejenigen Frauen, deren Wahlfreiheit verloren geht.

Auf das Interesse der Eltern (und anderer Verwandter) an der Partnerwahl der Kinder haben wir bereits verwiesen; es ist im Wesentlichen dadurch zu erklären, dass jedes Individuum auch die Gene seiner Verwandten in sich trägt. Als vierter und letzter Kandidat mit einem Interesse daran, die Freiheit der Partnerwahl zu beschneiden, sind die anderen Gruppenmitglieder zu nennen. Da bei den Jägern und Sammlern Überleben und Wohlergehen von der ganzen Gemeinschaft abhing, gab es sicher schon damals Einflussnahmen. Und noch heute werden eine Vielzahl mehr oder weniger berechtigter ökonomischer oder gesellschaftspolitischer Gründe angeführt, um die Partnerwahl und die Fortpflanzung der Bürgerinnen und Bürger durch finanzielle Vergünstigungen oder andere Anreize bzw. Vorschriften in die eine oder andere Richtung zu steuern. Man sollte hier nicht nur an die (religiöse)

Sexualmoral denken, sondern auch an scheinbar fernerliegende Dinge wie Erbschaftsgesetze, Kindergeld oder Krippenplätze.

Welche Folgen haben diese Einschränkungen? Für das Individuum ist die Freiheit der Partnerwahl einer der höchsten Werte überhaupt, denn an ihm hängt die Zukunft seiner Gene. Aus diesem Grund kämpfen schon die Schimpansenweibchen für sie. Auch Menschen sind biologisch darauf programmiert, ihre Partner zu wählen; nimmt man ihnen diese Möglichkeit, dann zerstört man ihr mögliches Lebensglück. Es gibt nicht wenige Gesellschaften, in denen diese Form der Vergewaltigung und das dadurch verursachte Leiden vieler Menschen durch übergeordnete Werte gerechtfertigt werden. Aus biologischer Sicht sollte man eines nicht vergessen: Wir haben beschrieben, wie Männer und Frauen aussehen und sich verhalten würden, wenn es die wechselseitige Partnerwahl in der Evolution nicht gegeben hätte. Genauso gut können diese Merkmale aber auch wieder verschwinden, nicht plötzlich, aber über viele tausend Jahre. Vielleicht werden die Menschen einer zukünftigen Gesellschaft, die glaubte, ohne sexuelle Selbstbestimmung leben zu können, dies anders empfinden. Gorillas leiden ja vermutlich auch nicht unter ihrer Situation. Aber aus heutiger Sicht wäre dies wohl ein Albtraum, denn dann gäbe es kaum mehr einen Grund, warum Menschen schön, charmant, phantasievoll oder anmutig sein sollten, angenehme Umgangsformen und einen Sinn für Schönheit oder Kunst hätten.

3 Helden und Terroristen

«Ehre ward euch und Sieg, doch der Ruhm nur kehrte zurück,
Eurer Taten Verdienst meldet der rührende Stein:
‹Wanderer, kommst du nach Sparta, verkündige dorten, du habest
Uns hier liegen gesehn, wie das Gesetz es befahl.›
Ruhet sanft, ihr Geliebten! Von eurem Blute begossen,
Grünet der Ölbaum, es keimt lustig die köstliche Saat.»
Friedrich Schiller, Der Spaziergang (1795)

Als jüngster Sohn einer wohlhabenden Familie wächst er in einem
der vornehmeren Viertel von Kairo heran. Der Vater ist Rechtsanwalt, die beiden älteren Schwestern studieren Botanik bzw. Medizin.
Auch er strebt eine akademische Laufbahn an. Nach dem erfolgreichen Studium der Architektur arbeitet er zunächst für einige Jahre als
Stadtplaner. Um seine beruflichen Chancen zu verbessern, entschließt
er sich aber bald zu einem Auslandsaufenthalt. Seine Wahl fällt auf
Deutschland, wo er von 1993 bis 1999 an der Technischen Universität
in Hamburg-Harburg Stadtplanung studiert. Seine deutschen Dozen-
ten und Bekannten beschreiben ihn als zurückhaltend, pflichtbewusst
und ehrgeizig; er fällt weder durch Drogenkonsum noch durch kriminelle Eskapaden oder psychische Störungen auf. In einem offiziellen Dokument der US-Regierung wird er als «sehr intelligent und
recht angenehm», als «charismatisch, überzeugend, wenn auch abwei-
chenden Überzeugungen gegenüber wenig tolerant» geschildert und
seine ausgezeichneten Deutschkenntnisse werden gelobt. In der Di-
plomarbeit beschäftigt er sich mit Problemen, die als Folge der Mo-
dernisierung in der Altstadt des syrischen Aleppo auftraten. Die Arbeit wird mit der Note 1,7 bewertet, in den mündlichen Prüfungen
erhält er eine glatte Eins. Wenig später wendet er sich mit demselben
Eifer und Pflichtbewusstsein einem neuen Projekt zu: der Ermor-
dung einer möglichst großen Zahl unvorbereiteter und unbeteiligter

Zivilisten – als führender Kopf der Anschläge vom September 2001 lenkt er persönlich das erste Flugzeug in das architektonische Wahrzeichen von New York, das World Trade Center.

Wie charakteristisch ist die Biographie von Mohammed Atta für einen Selbstmordattentäter? Ist es denkbar, dass ein normaler Mensch eine Tat von so außerordentlicher Brutalität plant und ausführt, dass er so rücksichtslos über das eigene Leben und das seiner Opfer hinweggeht? Ist es nicht sehr viel wahrscheinlicher, dass dem eine außergewöhnliche Verkettung extremer Ereignisse vorangegangen sein muss: zerrüttete Familienverhältnisse, verzweifelte Lebensumstände, die aus bitterer Armut oder Krieg erwuchsen, religiöser Fanatismus, der durch systematische Gehirnwäsche verstärkt wurde, oder eine psychische Erkrankung mit suizidalen Tendenzen?*

Erste Untersuchungen schienen in diese Richtung zu weisen, als man dann aber eine größere Zahl von Täterbiographien auf entsprechende Faktoren überprüfte, um ein Profil zu erstellen, zeigte sich, dass die anfänglichen Vermutungen unzutreffend gewesen waren. Seit Mitte der 1980er Jahre hat die Zahl der Selbstmordattentate stark zugenommen, und da sie als Waffe in unterschiedlichen politischen Konflikten dienten, wurde es möglich, die Daten und Einzelbiographien von mehreren hundert Tätern statistisch auszuwerten.

Und die Ergebnisse bestätigen das eingangs gezeichnete Bild: Die Normalität der Attentäter ist kein Einzelfall, sondern typisch. Sie kommen meist aus wohlhabenderen Mittelklassefamilien, haben oft eine bessere Ausbildung als die Mehrheit der Altersgenossen ihres Heimatlandes und sie sind nicht von bitterer Armut bedroht, sondern stehen höchstens vor dem Problem, eine sozial respektierte und angemessen bezahlte Stelle zu finden. Vor den Anschlägen sind sie weder durch kriminelle Aktivitäten aufgefallen noch durch psychische Erkrankungen oder suizidale Tendenzen. Sie zeichnen sich auch nur zum Teil durch religiösen Fanatismus aus. Wenn das Auffälligste an den Selbstmordattentätern aber ihre Normalität ist, wie ist dann ihr Verhalten zu erklären?

---

* Zur Biographie von Mohammed Atta, geb. am 1. September 1968 in Kafr el Sheikh (Ägypten), gest. am 11. September 2001 in New York, vgl. *National Commission 2004:* 160–61; Pape 2006: 220–26.

Der Kontrast zwischen der Ungeheuerlichkeit der Aktionen und der Normalität der Akteure ist zweifellos irritierend und schockierend. Umso wichtiger ist es, ihre Motive und Handlungen wissenschaftlich zu untersuchen, zu verstehen und auf diese Weise zu entmystifizieren. Damit ergeben sich zum einen verbesserte Möglichkeiten, zukünftige Anschläge zu verhindern. Zum anderen wirkt es dem angestrebten terroristischen Effekt entgegen, der darauf abzielt, maximale Angst zu erzeugen. Denn auch real begründete Angst erfährt eine inadäquate Verstärkung, wenn unberechenbare Situationen und scheinbar irrationales Verhalten ein Gefühl von Hilflosigkeit und Lähmung hinterlassen.

Wie bei jeder anderen Verhaltensweise kommt es darauf an, zum einen die Umweltbedingungen zu beachten, unter denen sie auftreten. Ebenso wichtig aber ist es, die ererbten Anlagen in Betracht zu ziehen, die wesentlich mitbestimmen, wie ein Mensch seine Erfahrungen verarbeitet und in Handlungen umsetzt. Bestimmte Neigungen haben sich im Laufe der Evolution unter dem Einfluss der natürlichen Auslese durchgesetzt, weil diejenigen von unseren Vorfahren, die sich so verhielten, besser überlebten und mehr Nachkommen hinterließen. Der biologische Sinn ihrer Handlungen ist Menschen vielfach nicht bewusst und manchmal werden sie ihn sogar vehement leugnen. Für die biologische Erklärung ist eine bewusste Motivation jedoch zweitrangig, hier zählt nur, inwieweit eine Verhaltensweise einen positiven oder negativen Effekt auf die Verbreitung der Gene eines Individuums hat. Welchen Selektionsvorteil aber soll es einem Menschen bringen, wenn er sich selbst tötet?

Bevor wir uns dieser Frage zuwenden, ist es zunächst notwendig, einen genaueren Blick auf das Verhalten selbst, seine Entstehung und seine Effekte, zu werfen. In welchen Situationen sprengen sich Menschen in mörderischer Absicht in die Luft, welche Ziele verfolgen sie damit und wer greift zu diesem Mittel? Zu diesen Fragen werden wir einige der wichtigsten Ergebnisse vorstellen, die sich aus den statistischen Untersuchungen terroristischer Anschläge der letzten Jahrzehnte ergaben (Merari 2000; Atran 2003; Pape 2006).

Die militärische Logik der Selbstmordattentate

Unter einem Selbstmordattentat versteht man einen gewaltsamen Angriff, bei dem der Attentäter den eigenen Tod bewusst herbeiführt. In der Wahl der feindlichen Ziele unterscheidet es sich nicht grundlegend von anderen militärischen Aktionen. Entweder sollen gegnerische Soldaten, Politiker, Polizisten oder Zivilisten getötet werden, oder es werden symbolträchtige bzw. militärisch oder anderweitig wichtige Objekte wie Kriegsschiffe, Militäranlagen, Botschaften, Busse oder Märkte angegriffen.

Selbstmordattentate haben eine lange Tradition und eine neuere Geschichte, die ihren Anfang im Libanon der 1980er Jahre nahm. In einer Serie von mehr als dreißig Anschlägen wurden hier zwischen 1982 und 1986 mehr als 700 Menschen getötet. Allein den zwei verheerenden Anschlägen der Hisbollah vom Oktober 1983 fielen fast 300 amerikanische und französische Soldaten zum Opfer, was beide Länder zum Abzug ihrer Truppen aus dem Libanon veranlasste. Dieser Erfolg inspirierte andere Guerilla-Organisationen wie die Tamil Tigers, die im Norden von Sri Lanka für einen eigenen Staat kämpfen. In den 1990er Jahren verübten sie rund die Hälfte aller weltweit bekannt gewordenen Selbstmordattentate. So sprengte sich 1991 eine ihrer Attentäterinnen zusammen mit dem indischen Premierminister Rajiv Gandhi in die Luft. Im israelisch-palästinensischen Konflikt wurden Selbstmordattentate ab 1993 von verschiedenen Organisationen verübt. Nach der dauerhaften Stationierung amerikanischer Truppen in Saudi-Arabien und in anderen Ländern der Golfregion im Zuge des ersten Irakkrieges (1990/91) griffen Attentäter aus den Reihen von al-Qaida verschiedene US-amerikanische Ziele an, u. a. im September 2001 das World Trade Center und das Pentagon. Nach der Besetzung Afghanistans (2001) und der Invasion im Irak (2003) kam es zu zahlreichen Anschlägen auf die fremden Truppen und auch Zivilisten aus den beteiligten Staaten gerieten ins Visier der Aufständischen (Bali 2002, Madrid 2004, London 2005). Seit dem Jahr 2000 verübten zudem tschetschenische Rebellen Attentate auf russische Ziele. Diese Aufzählung soll nur einen ersten groben Überblick ermöglichen und erhebt keinen Anspruch auf Vollständigkeit (eine detaillierte Liste findet sich in Pape 2006: 265–81).

Mittlerweile lässt es die schiere Menge an Vorfällen im Irak kaum mehr der Rede wert erscheinen zu erwähnen, wer hier gegen wen kämpft und welche Ziele mit den Anschlägen verfolgt werden. Da sich auf der anderen Seite der Konflikt in Sri Lanka nach dem Waffenstillstand von 2001 entspannt hat, entsteht der Eindruck, es handle sich um ein Problem der islamischen Länder, das in erster Linie durch religiösen Fanatismus verursacht werde. Religion ist ein wichtiger Faktor, wie wir sehen werden, aber die einfache Identifizierung des Islam mit Selbstmordattentaten ist sicher nicht richtig. Was lässt sich über die allgemeinen Ursachen sagen, wenn man die Aktionen der letzten Jahrzehnte, Puzzlesteinen gleich, zu einem konsistenten Bild zusammenfügt?

1. Bis auf wenige Ausnahmen werden Selbstmordattentate nicht von isolierten Einzeltätern begangen, sondern sie stellen eine militärische Option dar, die in längerfristigen Guerillakriegen zum Einsatz kommt. Meist sind sie Teil einer Serie von Attentaten, die von einer Organisation strategisch geplant wird und mit der ein konkretes politisches Ziel verfolgt wird. Wenn dieses Ziel erreicht wurde oder die Strategie nicht den angestrebten Effekt erzielt, werden die Kampagnen eingestellt. So hörten die Selbstmordattentate nach dem Abzug der amerikanisch-französisch-israelischen Truppen aus dem Libanon auf, die Hisbollah wandelte sich in eine politische Partei um und beteiligte sich an Wahlen.

2. Selbstmordattentate werden nur von der jeweils schwächeren Seite verübt. Der extreme persönliche Einsatz soll den Mangel an moderner Waffentechnik ausgleichen. In Bezug auf den angerichteten Schaden und die Zahl der Opfer erwies sich diese Taktik als vergleichsweise erfolgreich. Obwohl Selbstmordattentate zwischen 1980 und 2003 nur 3 Prozent aller terroristischen Anschläge ausmachten, führten sie zu 73 bzw. 48 Prozent aller Opfer, je nachdem, ob man die Anschläge vom September 2001 einbezieht oder nicht (Pape 2006: 6).

3. Bei den Konflikten, in denen Selbstmordattentate als Waffe dienen, handelt es sich ohne Ausnahme um den Kampf nationaler Befreiungsbewegungen gegen eine fremde militärische Besatzung bzw. gegen die eigene Regierung, wenn in der Bevölkerung der Eindruck besteht, dass diese fremden Interessen dient. Dies lässt sich beispielsweise an der Tatsache erkennen, dass Selbstmordattentäter aus dem Nahen Osten,

die westliche Truppen oder zivile Ziele in den USA und Europa angreifen, bis auf wenige Ausnahmen aus mit diesen verbündeten bzw. von ihnen besetzten Ländern stammen. Ihre Herkunftsländer sind Saudi-Arabien, Ägypten, Marokko, Jordanien, Pakistan, Libanon, Afghanistan und der Irak (seit 2003), nicht dagegen die sogenannten Schurkenstaaten – Libyen, Iran, Irak (bis 2003) und der Sudan – oder islamisch geprägte Staaten im Allgemeinen.

Nationale Befreiungsbewegungen greifen aber (abgesehen von der kurdischen PKK) nur dann zum extremen Mittel des Selbstmordattentats, wenn große kulturelle, vor allem religiöse Unterschiede zu den Besatzungstruppen bestehen. So hat beispielsweise weder die baskische ETA noch die nordirische IRA diese Taktik angewandt. Der entscheidende Faktor ist also nicht die spezielle Religion an sich, sondern die *Unterschiedlichkeit der Religionen:* In Sri Lanka kämpfen Hindus gegen Buddhisten. In Indien wiederum wollen Sikhs (im Punjab) und Moslems (in Kaschmir) ihre Unabhängigkeit von der hinduistischen Mehrheit erstreiten. In Russland stehen islamische Tschetschenen gegen christlich-orthodoxe Russen, im Nahen Osten islamische und christliche Palästinenser und Libanesen gegen jüdische Israelis. In Saudi-Arabien, im Irak, in Afghanistan und in anderen islamischen Ländern der Region schließlich haben christliche Amerikaner und Europäer große Truppenverbände stationiert. Interessanterweise ist die religiöse Differenz auch relevant, wenn eine oder beide Seiten weitgehend säkular sind, so beispielsweise im palästinensisch-israelischen oder im tschetschenisch-russischen Konflikt.

4. Die für die Attentate verantwortlichen Organisationen bemühen sich oft erfolgreich um eine breite Zustimmung der Bevölkerung der betroffenen Länder. Dies ist nicht nur für die Durchführung der Aktionen, sondern auch für weitere Rekrutierungen und das Selbstverständnis der Attentäter wichtig. Es handelt sich überwiegend um Freiwillige, die sich als Soldaten für eine gerechte Sache, als Märtyrer, sehen. Sie sind stolz auf ihre Tat und legen Wert darauf, dass ihre Botschaften im Internet und auf Bekennervideos verbreitet werden. Von der jeweiligen Organisation werden sie als Helden aufgebaut, die sich für ihr Land aufopfern. Dies kann bis zur Benennung von Straßen und speziellen Feiertagen nach besonders erfolgreichen Attentätern gehen.

5. Selbstmordattentäter sind überwiegend unverheiratete Männer zwischen 20 und 30 Jahren. Säkulare palästinensische und libanesische Organisationen, die kurdische PKK, tschetschenische Rebellen und die Tamil Tigers haben aber auch einen hohen Prozentsatz an Frauen eingesetzt. Da die Angriffe auf westliche Länder vor allem von fundamentalistischen islamischen Gruppen getragen werden, ist der unzutreffende Eindruck entstanden, dass Frauen keine oder eine geringere Bereitschaft für extreme Formen der Selbstaufopferung zeigen. Der Unterschied besteht eher in der Art der ihnen zugedachten Aufgabe: Frauen haben die nächste Generation von Kämpfern auszutragen und dabei wird auf ihr persönliches Wohlergehen ebenso wenig Rücksicht genommen wie auf das der Männer.

6. Im Gegensatz zum klassischen Selbstmord sehen Selbstmordattentäter ihre Tat nicht als Flucht, sondern als Pflicht. Es geht gerade nicht um die Interessen des Individuums, das in auswegloser Situation oder bei Schmerzen ein unerträglich gewordenes Leben beendet. Der eigene Tod wird vielmehr als notwendiges Mittel in Kauf genommen, weil das übergeordnete Ziel, die Verteidigung der eigenen Gruppe, nur so möglich erscheint. Während der «egoistische» Selbstmord in vielen Kulturen und Religionen unter Strafe steht, wird der «altruistische» Selbstmord im Dienst einer gemeinsamen Sache in denselben Kulturen und Religionen verehrt (Durkheim 1897). Es besteht also eine ähnliche Ambivalenz wie beim Mord, der dem Einzelnen innerhalb der Gruppe untersagt ist, in kriegerischen Auseinandersetzungen aber gefordert wird. Insofern hat ein Selbstmordattentat ebenso viel und ebenso wenig mit einem normalen Selbstmord gemeinsam wie ein gewöhnlicher Mord mit der Tötung eines feindlichen Soldaten im Krieg.

Aus Sicht des Individuums handelt es sich bei einem Selbstmordattentat also um eine extreme Form der Aufopferung für die eigene Gruppe, verbunden mit maximaler Aggression gegenüber Fremden. Aus Sicht der Gruppe handelt es sich um ein notwendiges Mittel zum Zweck, wenn die Selbstbehauptung aufgrund der eigenen militärischen Schwäche anders nicht möglich erscheint. Die Religion ist vor allem als religiöser Unterschied von Bedeutung, da er das Gefühl von Fremdheit verstärkt.

Soldaten und Märtyrer

Wenn diese allgemeinen Überlegungen zutreffen, dann kann es sich nicht um ein neues Phänomen handeln, sondern ähnliche Ereignisse müssen in der Geschichte der Menschheit häufiger vorgekommen sein. Dies ist auch der Fall. Das bekannteste Beispiel aus der jüngeren Vergangenheit sind die japanischen Kamikaze-Spezialtruppen im Zweiten Weltkrieg. Nachdem sich die militärische Situation rapide verschlechtert hatte, begann die japanische Armee im Juli 1944 amerikanische Schiffe im Pazifik mit speziellen Flugzeugen und bemannten Torpedos anzugreifen, indem sie die eigene Maschine beim Aufprall zur Detonation brachten. Innerhalb des folgenden Jahres kamen fast 4000 Selbstmordpiloten zum Einsatz, versenkten 375 Schiffe und töteten mehr als 12 000 amerikanische Soldaten. Aber auch diese Ereignisse liegen nur wenige Jahrzehnte zurück und sie spielten sich im fernen Asien ab, in einer uns fremden Kultur, wie man einwenden könnte. Schon ein oberflächlicher Blick auf die Geschichte des Abendlandes belehrt hier eines Besseren. Lässt man nur einige berühmte historische Mythen und Legenden Revue passieren, so wird schnell deutlich, dass auch in unserer eigenen Kultur Taten, die den modernen Selbstmordattentaten analog sind, eine enorme Bedeutung zugeschrieben wurde und wird.

Das vielleicht früheste überlieferte Selbstmordattentat wird aus der Zeit von vor 3000 Jahren aus Gaza berichtet. Zu dieser Zeit befanden sich die Israeliten in einem langwierigen Kampf mit fremden Seevölkern, den Philistern, die an der Küste Palästinas siedelten und den Gott Dagon anbeteten. Das Kriegsglück schwankte hin und her, aber für eine Weile schienen die Israeliten dank ihres Anführers Samson die Oberhand zu gewinnen. Unglücklicherweise verliebte sich Samson in die Philisterin Delila, die ihm das entscheidende militärische Geheimnis, den Grund seiner Stärke, entlockte: «Und sie ließ ihn einschlafen in ihrem Schoß und rief einen, der ihm die sieben Locken seines Hauptes abschnitt.» Mit den Haaren verlor Samson auch seine Stärke. Er wurde überwältigt, man stach ihm die Augen aus und warf ihn in einen Kerker.

Als die Philister einige Zeit später ein großes Fest veranstalteten,

Abb. 8: Eines der frühesten überlieferten Selbstmordattentate wird Samson zugesprochen, dem Anführer der Israeliten im Krieg gegen die Philister. Vor 3000 Jahren soll er den Tempel der Philister zum Einsturz gebracht haben, um möglichst viele Feinde zu töten und obwohl dies seinen eigenen Tod bedeutete. Kupferstich von Philipp Galle nach Maarten van Heemskerck, 1559.

wurde Samson als Siegestrophäe vorgeführt. Inzwischen waren seine Haare (und damit seine Stärke) wieder nachgewachsen, geblendet wie er war, konnte er aber nur noch zu einer Verzweiflungstat greifen: «Er umfasste die zwei Mittelsäulen, auf denen das Haus ruhte, [...] stemmte sich gegen sie und sprach: Ich will sterben mit den Philistern! Und er neigte sich mit aller Kraft. Da fiel das Haus auf die Fürsten und auf alles Volk, das darin war, *so dass es mehr Tote waren, die er durch seinen Tod tötete, als die er zu seinen Lebzeiten getötet hatte*» (Richter 16,4–30). Noch im heutigen Israel steht Samsons heroische Tat für die nationale Selbstbehauptung. So wird der Einsatz der (offiziell nicht zugegenen) Atomwaffen Israels im Falle einer drohenden Vernichtung als «Samson-Option» bezeichnet.

Auch am Anfang der humanistischen Tradition des Abendlandes steht eine legendäre militärische Selbstaufopferung. In den Jahren 480 und 479 v. u. Z. gelang es den Griechen, das zahlenmäßig weit überlegene Heer des Perserkönigs Xerxes in den siegreichen Schlachten von Salamis und Plataiai zurückzuschlagen und ihre Unabhängigkeit zu verteidigen. Bis heute wird der Sieg der Griechen in den Perserkriegen von Historikern «als eines der großen Wunder der Weltgeschichte» bezeichnet: «Dass die griechische Kultur in voller innerer und äußerer Freiheit den Aufstieg zu jenen Leistungen finden konnte, die das Abendland als die unerreichten klassischen Vorbilder in der bildenden Kunst, im Drama, in der Geschichtsschreibung verehrt, das verdankt Europa den Kämpfern von Salamis und Platää» (Bengtson 1965: 68–69). Als wichtige Voraussetzung für diese Siege gilt die Schlacht an den Thermopylen vom August 480 v. u. Z. Der Überlieferung zufolge verteidigte der Spartanerkönig Leonidas diesen Engpass zusammen mit 300 Spartanern und weiteren griechischen Soldaten, um den Abzug des Hauptheeres zu decken, obwohl dies ihren sicheren Tod bedeutete. Das «exemplarische Heldentum» von Leonidas und seinen Soldaten hat nicht nur Friedrich Schiller größte Bewunderung abverlangt (Albertz 2006).

Und schließlich gibt es enge historische Verbindungen zwischen der vielleicht frühesten *Serie von Selbstmordattentaten* und der Entstehung des Christentums. Im ersten Jahrhundert v. u. Z. dehnten die Römer ihre Herrschaft auf die östlichen Mittelmeerländer aus. In Palästina leisteten die Juden daraufhin jahrzehntelang hartnäckigen Widerstand gegen die Fremdherrschaft. Treibende Kraft waren die Zeloten, die die Römer in einem zermürbenden Guerillakrieg aus dem Land zu vertreiben suchten (Maccoby 1973). Eine ihrer Strategien war es, römische Besatzer und jüdische Kollaborateure in aller Öffentlichkeit zu ermorden, was einem Selbstmordattentat gleichkam, da sie mit großer Wahrscheinlichkeit gefasst und hingerichtet wurden. Der Aufstand der Zeloten mündete schließlich in den Jüdischen Krieg (66 bis 70 u. Z.), der mit der Niederlage der Juden und der Zerstörung von Jerusalem endete. Einige Zeloten konnten sich nach dem Fall der Stadt in die Bergfestung Masada zurückziehen, wo sie sich noch drei Jahre der römischen Belagerung widersetzten.

In dieser historischen Situation entstand auch das Christentum. Immerhin fünf der zwölf Apostel von Jesus kamen aus den Reihen der Zeloten. Wie diese strebten die Jesus-Anhänger ein Ende der römischen Herrschaft an, sie glaubten aber nicht an eine militärische Lösung, sondern richteten ihre Hoffnungen auf ein wunderbares Ereignis. Und sie waren ähnlich opferbereit wie die Zeloten. Der Überlieferung zufolge nahm ihr Religionsstifter im Jahr 30 u. Z. seine Hinrichtung bewusst in Kauf, um die Menschheit zu erlösen. Im Zentrum des christlichen Glaubens steht seither die Selbstaufopferung des Individuums, versinnbildlicht durch den selbstgewählten Tod ihres Messias. Im dritten Jahrhundert schrieb der Kirchenlehrer Tertullian: «Das Blut der Märtyrer ist der Same der Kirche», und noch heute sieht die katholische Kirche den «eigentlichen und tiefsten Sinn des Lebens» der Menschen darin, den Religionsstifter nachzuahmen und ihr «Leben für die Brüder hinzugeben» (Johannes Paul II. 1995: 49, 51). Von den beiden Elementen eines Selbstmordattentats – der Aufopferung des Individuums für die Gruppe und der nach außen gerichteten Aggression – wird im zentralen Mythos des Christentums nur Ersteres betont. Dass auch der zweite, aggressive Aspekt mobilisierbar ist, haben die Kreuzzüge und andere Kriege im Zeichen des Kreuzes gezeigt.

Lässt man diese historischen Beispiele Revue passieren, so finden sich alle oben genannten Kriterien: Selbstmordattentate werden von der militärisch schwächeren Seite in nationalen Verteidigungs- oder Befreiungskriegen eingesetzt, in denen es große kulturelle und religiöse Unterschiede zu den Angreifern bzw. Besatzern gibt. In dieser Situation opfern einige Individuen ihr Leben für die soziale Gruppe und werden von ihr dafür als Helden erinnert und verehrt. Wenn dieses Verhalten aber zu unterschiedlichen Zeiten und in verschiedenen Kulturen auftritt, dann ist es nicht unplausibel anzunehmen, dass ihm eine biologische Anlage zugrunde liegt.

Die evolutionäre Logik der Selbstmordattentate

Auf den ersten Blick scheint eine Erklärung der Selbstmordattentate durch das Prinzip der natürlichen Auslese ein Widerspruch in sich selbst zu sein. Denn dies würde ja bedeuten, dass ein Individuum seine Fortpflanzungschancen dadurch verbessert, *dass es sich nicht fortpflanzt*. Tatsächlich aber lässt sich dieses zunächst höchst seltsam anmutende Verhalten in einigen der erfolgreichsten Tiergruppen sogar bei der überwiegenden Zahl der Individuen beobachten: So produziert bei den sozialen Ameisen, Bienen, Wespen und Termiten nur eine einzige Königin (und einige Männchen) Nachwuchs, während Hunderttausende oder Millionen von Arbeiterinnen steril sind.

Als Darwin erstmals auf dieses Phänomen stieß, sah er sich vor einer unüberwindlichen Schwierigkeit und befürchtete, dass sie dem Prinzip der natürlichen Auslese den Todesstoß versetzen würde (1859: 236). Nach der Selektionstheorie existieren Lebewesen letztlich nur, um das Überleben und die Verbreitung ihrer Gene sicherzustellen, was normalerweise durch die Fortpflanzung erreicht wird. *Alle Organismen* sind auf dieses Lebensziel programmiert, und zwar aus dem einfachen Grund, weil sie ohne Ausnahme von Vorfahren abstammen, die sich entsprechend verhalten haben. Da Individuen sich aber nur fortpflanzen können, wenn sie überleben, sind sie zudem darauf programmiert, für ihr eigenes Überleben und Wohlergehen zu sorgen.

Ein Märtyrertod scheint in doppelter Hinsicht dem zu widersprechen, was nach der Darwin'schen Theorie zu erwarten ist, da er sowohl das persönliche Überleben und Wohlergehen als auch die weitere Fortpflanzung verhindert. Entsprechende Gene dürfte es – von seltenen Neumutationen abgesehen – also gar nicht geben. Tatsächlich handelt es sich aber um einen scheinbaren Widerspruch und um einen biologisch bedingten Denkfehler. Wie die meisten Säugetiere sind Menschen in erster Linie darauf programmiert, eigene Kinder zu bekommen, und so übersieht man leicht, dass dies nur eine von verschiedenen Möglichkeiten ist, wie ein Organismus seine Gene verbreiten kann.

Wie sorgt eine sterile Arbeiterin bei den Ameisen (oder eine menschliche Selbstmordattentäterin) für die Verbreitung ihrer Gene? 1964 zeigte William D. Hamilton, dass der reproduktive Erfolg eines Individuums (seine «inklusive Fitness») sowohl davon abhängt, wie viel Nachwuchs es selbst produziert, als auch davon, wie viel seine Verwandten hervorbringen. Wenn sich ein Tier also seinen Verwandten gegenüber altruistisch verhält, ihnen Nahrung verschafft oder sie beschützt, nützt es zugleich den eigenen Genen.

Der entscheidende Punkt ist demnach, dass ein Mensch nicht selbst Kinder zeugen oder austragen muss, da seine Gene auch in seinen Verwandten vorhanden sind, und zwar umso mehr, je enger die Verwandtschaft ist. Am höchsten – 100 Prozent – ist die Übereinstimmung bei eineiigen Zwillingen. Als Vater oder Mutter hat man die Hälfte seiner Gene mit einem Kind gemeinsam, ebenso im Durchschnitt mit Geschwistern. Zwischen Großeltern und Enkeln halbiert sich die Identität der Gene auf ein Viertel, ebenso zwischen Tanten bzw. Onkeln und ihren Nichten und Neffen. Daraus ergeben sich zwei unterschiedliche

Strategien: 1) die *direkte Fortpflanzung*, bei der ein Individuum selbst Kinder zeugt bzw. austrägt; 2) die *indirekte Fortpflanzung*, bei der ein Individuum seinen Verwandten hilft, wodurch diese mehr Kinder aufziehen können, als ohne diese Hilfe möglich wäre. Jede dieser beiden Fortpflanzungsstrategien führt alleine zum Erfolg; sie können sich aber auch ergänzen.

In sehr allgemeiner Form wurde der Gedanke, wie Selbstaufopferung durch die natürliche Auslese entstehen kann, bereits von Darwin formuliert, ohne dass er dabei Berechnungen über Genhäufigkeiten vornahm. Sterile Arbeiterinnen werden von Ameisenkolonien produziert und geopfert, ein Stier wird aus einer Herde ausgesucht und geschlachtet, aber ihre Gene existieren in den überlebenden Verwandten weiter: Man sollte sich daran erinnern, «dass die Auslese ebenso auf die Familie wie auf das Individuum angewandt werden kann und so das erwünschte Ziel zu erreichen ist. […] Rinderzüchter wünschen das Fleisch und Fett gut durchwachsen – das Tier ist geschlachtet worden, aber der Züchter wendet sich voller Vertrauen wieder zur selben Familie» (1859: 237–38). Da die natürliche Auslese in diesen Fällen nicht am Individuum, sondern an einer Gruppe nahe verwandter Organismen angreift, spricht man von «Verwandtenselektion» («kin selection»).

Im Prinzip ist die indirekte Fortpflanzung *eine mögliche Strategie aller Lebewesen*, sie führt aber nur dann zur Selbstaufopferung, wenn die Individuen in sozialen Verbänden mit ihren engsten Verwandten zusammenleben und diese als solche erkennen. Die Überlegenheit der sozialen Arten beruht letztlich auf der Arbeitsteilung bei der Fortpflanzung, die auch eine Arbeitsteilung in anderen Bereichen ermöglicht. Dies wird bei territorialen Auseinandersetzungen und bei der Konkurrenz um Futter am deutlichsten. So können die sterilen Arbeiterinnen bei den Ameisen aggressiver in Auseinandersetzungen gehen als einzeln lebende Wespen, da sie ersetzbar sind und ihre Gene in der aus ihren engsten Verwandten bestehenden Kolonie weiterleben. Die einzelne Arbeiterin pflanzt sich sowieso nicht selbst fort, und wenn sie umkommt, wird sie schnell von einer ihrer Schwestern ersetzt, solange die Königin Eier legt. Eine einzeln lebende Wespe hat diese Möglichkeit nicht, wird sie getötet oder verletzt, so kann dies das Ende ihrer Fortpflanzungschancen bedeuten.

Tatsächlich sind Ameisen bereit, zur Verteidigung der Kolonie Selbstmord zu begehen. Auf besonders eindrucksvolle Weise tun dies die Arbeiterinnen zweier *Camponotus*-Arten aus den Regenwäldern Malaysias, wie Eleonore und Ulrich Maschwitz in den 1970er Jahren entdeckten. Diese Ameisen besitzen zwei riesige Drüsen, die mit giftigen Sekreten gefüllt sind. Wenn sie von feindlichen Ameisen oder anderen Angreifern bedrängt werden, ziehen sie ihre Bauchmuskeln so heftig zusammen, dass ihre Körperwand aufbricht – explodiert – und die Sekrete freisetzt. Die «platzenden Arbeiterinnen» sind in ihrer Anatomie und in ihrem Verhalten darauf programmiert, als lebende Bomben Feinde abzuwehren: «Es handelt sich dabei eindeutig um einen aktiven und damit ‹gewollten› Vorgang, der von den [Arbeiterinnen] selbst durch Muskelkontraktion hervorgerufen wird. Ihr sozialer Opfertod ist ein extremer Fall von Altruismus.» Der «Selbstmordangriff» hat «stets den Tod des Verteidigers zur Folge und dient ausschließlich der Erhaltung der Sozietät» (1974: 293–94).

Bis in die 1970er Jahre waren die Biologen davon überzeugt, dass sich extreme Formen reproduktiver Arbeitsteilung nur bei Insekten ausgebildet haben. Umso größer war die Überraschung, als man sehr ähnliche soziale Strukturen bei Säugetieren entdeckte, bei verschiedenen Arten von Sandgräbern aus dem östlichen und südlichen Afrika. Sandgräber sind rattenartige Nagetiere, wie Maulwürfe leben sie unter der Erde und einige Arten sind sozial. Am bekanntesten wurden die Nacktmulle, eine fast haarlose und blinde Art, deren Kolonien von bis zu über 300 Tieren in kilometerlangen unterirdischen Bauten leben. Nur ein einziges Weibchen ist für die Fortpflanzung zuständig, sie paart sich mit bis zu drei Männchen und agiert als Königin der Kolonie. Die anderen Weibchen werden durch heftige Stöße so sehr unter Stress gesetzt, dass sie unfruchtbar bleiben.

Beim Tod der Königin kommt es zu heftigen Kämpfen, bis sich ein neues dominantes Weibchen durchgesetzt hat. Die meisten Individuen pflanzen sich aber niemals selbst fort, obwohl sie physiologisch dazu in der Lage wären. Da die Kolonien aus den Nachkommen eng verwandter Würfe bestehen, wird auf indirekte Weise aber auch die Weitergabe der Gene der sich nicht paarenden Individuen gewährleistet. Nacktmulle haben zudem eine außergewöhnlich hohe Inzestrate, was zur Folge hat, dass die Tiere einer Kolonie zu 80 Prozent genetisch identisch sind. Eine mögliche Erklärung für das bei Säugetieren höchst seltene Sozialverhalten der Nacktmulle ist ihr Lebensraum. Es handelt sich um sehr trockene Regionen, in denen sich nur die kurze Regenzeit zum Graben eignet. Dann aber muss die Kolonie innerhalb kürzester Zeit sämtliche Arbeitskräfte mobilisieren, um genügend Futter für die restlichen Monate aufzuspüren. Auf diese Weise können sie in Gegenden überleben, die Einzelgänger überfordern (Sherman et al. 1991).

Indirekte Fortpflanzung bei Menschen?

Unter bestimmten Umweltbedingungen ist die indirekte Fortpflanzung also eine biologisch sinnvolle Strategie sozialer Lebewesen. Und sie führt zu Begleiterscheinungen, die auch für menschliche Selbstmordattentäter charakteristisch sind: zur Aufopferung der (sterilen) Individuen für die Gruppe und zu erhöhter Aggressivität nach außen. Wenn aber eine enge Beziehung zwischen der Tendenz zur Selbstaufopferung und der indirekten Fortpflanzung besteht, dann müsste sich Letzteres auch bei Menschen nachweisen lassen – bei bestimmten Individuen oder in bestimmten Lebensphasen.

Ist es realistisch anzunehmen, dass Menschen bereit sind, sich wie die Arbeiterinnen der Ameisen oder der Nacktmulle auf die Strategie der indirekten Fortpflanzung einzulassen? Psychologische und biologische Beobachtungen sprechen gleichermaßen dafür, dass es sich dabei nicht um ihre erste Präferenz handelt – dazu ist das Interesse der meisten Menschen an sexuellen Kontakten zu intensiv und auch der weitverbreitete Kinderwunsch ist wohl nicht nur anerzogen. Könnte es sich aber um eine Notfallstrategie handeln, die zum Tragen kommt, wenn die Chancen auf eigenen Nachwuchs schwinden? Für diese These sprechen zwei Beobachtungen:

1) Bei weiblichen Selbstmordattentätern ist der Anteil der über 24-Jährigen deutlich größer als bei männlichen, die zu mehr als 60 Prozent im Alter zwischen 19 und 23 Jahren sind. Eine mögliche Erklärung ist, dass sich die Heiratschancen von Frauen in traditionellen Gesellschaften nach diesem Zeitpunkt stark verringern. Von einigen weiblichen Attentätern der Tamil Tigers wird zudem berichtet, dass sie Opfer von Vergewaltigungen durch singhalesische oder indische Soldaten gewor-

den waren, ein Makel, der ihre Hoffnungen auf eine eigene Familie zerstörte (Pape 2006: 208–09, 230).

2) Für heranwachsende Männer in den arabischen Ländern könnte die noch vorkommende kulturelle Tradition der Polygamie zu Frauenmangel führen. In beiden Fällen würde also die Strategie der indirekten Fortpflanzung durch spezielle Umweltbedingungen, die wiederum wesentlich kulturell und gesellschaftlich verursacht sind, aktiviert.

Es gibt aber noch eindeutigere Belege für die These, dass die indirekte Fortpflanzung bei Menschen eine biologische Option darstellt – Homosexualität und Menopause. Der Streit darüber, ob es sich bei der Homosexualität um eine genetisch determinierte Verhaltensweise handelt oder ob sie durch die Umwelt und die Erfahrungen des Individuums bedingt wird, ist noch nicht entschieden. Es gibt aber deutliche Hinweise, dass dieses Verhalten im biologischen Sinn normal ist und als wichtiges Element der frühen Sozialstruktur der Menschen entstand. Die Theorie der indirekten Fortpflanzung würde erklären, warum dieses tendenziell reproduktionsverhindernde Verhalten genetisch (mit-)bedingt sein kann. Indem ein homosexuelles Individuum zum Wohlergehen der Kinder seiner Verwandten beiträgt, werden auch die eigenen Gene und damit die Anlage zur Homosexualität weitergegeben.

Eindrucksvoller noch ist das Beispiel der Menopause. Um das fünfzigste Lebensjahr hören bei Frauen innerhalb weniger Jahre die Menstruationszyklen und damit die Fruchtbarkeit auf. Die Menopause ist kein einfaches Resultat des Alterns, denn zu diesem Zeitpunkt hat eine Frau noch eine durchschnittliche Lebenserwartung von mehreren Jahrzehnten. Es handelt sich vielmehr um ein regelrechtes Abschalten der direkten Fortpflanzung, das charakteristisch für Menschen ist und offensichtlich als Anpassung an die Besonderheiten unserer Fortpflanzungsbiologie entstand. So ist bei unserer Art nicht nur die Schwangerschaft außergewöhnlich belastend, sondern ein Kind benötigt zudem über viele Jahre Nahrung und Schutz. Wenn eine Frau immer weiter Kinder austrägt, auch wenn ihr Körper an Leistungsfähigkeit verliert, dann verringert sie damit die Chancen dieser Kinder, gesund heranzuwachsen. In dieser Situation hatten diejenigen Frauen einen Selektionsvorteil, die auf eigene Kinder verzichteten und ihre Bemühungen auf ihre Enkel und andere Verwandte konzentrierten. Dies würde auch erklären, warum es bei Männern keine analoge Veränderung gibt. Da die gesundheitlichen Gefahren bei der Zeugung für einen Mann sehr viel geringer sind als die Risiken einer Schwangerschaft, gab es keinen Selektionsdruck, der die Zeugungsfähigkeit verhindert hätte. Die Menopause ist also als Strategiewechsel von der direkten zur indirekten Fortpflanzung zu verstehen (Williams 1957; Hawkes 2003).

Pseudofamilien

Die biologische Erklärung von Altruismus und Selbstaufopferung ist in sich schlüssig und wird durch eine ganze Reihe von Beobachtungen bestätigt. Und doch scheint sie für das Verständnis der modernen Selbstmordattentate kaum geeignet. Die Strategie der indirekten Fortpflanzung beruht ja darauf, dass ein Individuum *seine Verwandten* bei deren Reproduktion unterstützt. Außerhalb des engsten Verwandtschaftskreises reduziert sich die genetische Übereinstimmung so stark, dass sie kaum mehr einen Effekt hat: «Echter Altruismus – instinktgeleitete Hilfs- und Opferbereitschaft, die keine persönliche Entschädigung erwartet – existiert wahrscheinlich nur unter engsten Familienmitgliedern» (Hölldobler & Wilson 2001: 115–16). Die Selbstmordattentäter opfern sich aber nach ihrem Selbstverständnis für größere Verbände auf – für Nationen, für religiöse und politische Organisationen oder für die ganze Menschheit. Diese Gruppen bestehen aber oft aus vielen Millionen von Mitgliedern, die untereinander nicht näher verwandt sind. Bedeutet dies, dass die evolutionäre Erklärung an ihre Grenzen stößt? – Nicht unbedingt, aber zwei wichtige Punkte müssen noch geklärt werden.

1) Inwiefern profitieren die Familien der Attentäter von deren Tod? Aus dem palästinensisch-israelischen Konflikt ist bekannt, dass die Familien von den ausführenden Organisationen und aus Spenden ganz beträchtliche Zuwendungen erhalten. Auf der anderen Seite zerstört die israelische Armee systematisch ihre Häuser. Beide Konfliktparteien erkennen also dadurch, dass sie die Familien in positive oder negative «Sippenhaft» nehmen, die biologische Logik an. Man kann davon ausgehen, dass die direkten und indirekten Vorteile, beispielsweise sozialer Status, für die Familien der Attentäter auch in anderen Konflikten sehr viel größer sind, als das normalerweise bekannt wird.

Die Geheimhaltung entsprechender Zuwendungen ist dadurch zu erklären, dass den Familien andernfalls Repressalien durch die gegnerische Seite drohen.

2) Woran erkennt ein Individuum seine Verwandten? Eine funktionierende Verwandtenerkennung («kin recognition») ist die unerlässliche Voraussetzung dafür, dass sich altruistisches Verhalten herausbilden kann. Da ein Organismus aber keinen Gentest machen kann, ist er auf indirekte Hinweise angewiesen. Diese sind jedoch für Täuschungen anfällig und können manipuliert werden. Wie schwierig die Unterscheidung zwischen eigen und fremd sein kann und dass sie nicht selten zu fehlerhaften Entscheidungen führt, zeigen die vielfältigen Störungen unseres Immunsystems. Auf der einen Seite werden eigene Zellen als fremd identifiziert und angegriffen, was zu den verbreiteten Autoimmunkrankheiten führt; auf der anderen Seite werden fremde Zellen wie Bakterien und andere Krankheitserreger nicht als solche erkannt und folglich nicht abgewehrt, was schwerwiegende Infektionen hervorrufen kann.

An welchen Hinweisen erkennen Menschen, ob es sich um ihre Verwandten handelt? Der biologischen Forschung zufolge gehen sie instinktiv von genetischer Übereinstimmung aus, wenn sie folgende Situationen bzw. Merkmale antreffen: a) räumliche Nähe und persönliche Vertrautheit (vor allem während der Kindheit und Jugend), b) Ähnlichkeit, c) an die Familie erinnernde Gruppenstrukturen und d) vielfältige Zeichen, die Verwandtschaft symbolisieren (Holmes & Sherman 1983; Hepper 1991). Wenn eine Organisation ihre Mitglieder also zur Selbstaufopferung bewegen will, wird sie versuchen, diese Hinweise zu imitieren. Auf diese Weise wird es möglich, das nur im engsten Verwandtschaftskreis biologisch sinnvolle Verhalten auch in Gruppen aus nichtverwandten Individuen abzurufen. Entsprechend werden die Organisationen bestrebt sein, das Zusammenleben in gemeinsamen Wohnungen, Klöstern oder Kasernen zu intensivieren. Dann werden sie durch Uniformen, Abzeichen oder Haartrachten für äußere Ähnlichkeiten sorgen. Und sie werden eine an die Familie erinnernde hierarchische Gruppenstruktur herstellen, in der sich die Mitglieder als Brüder und Schwestern ansprechen, während für die Anführer Bezeichnungen wie Vater, Mutter oder großer Bruder reserviert sind (Qirko 2004). Sie werden, um es auf den Begriff zu bringen, eine Pseudofamilie bilden («fictive kin group»).

Wie gut dieser Mechanismus funktioniert und wie vergleichsweise leicht es ist, Menschen auf diese Weise zur Identifikation mit einer Gruppe zu bewegen, kann man auch an eher harmlosen Beispielen wie Sportvereinen, Jugendgruppen oder Paaren («Partnerlook») beobachten. Ähnliches findet sich in Armeen, Firmen, Parteien, Staaten («Landesvater») und Religionsgemeinschaften. In diesen Verbänden werden dem Einzelnen oft beträchtliche Opfer für eine Gruppe aus nichtverwandten Personen abverlangt, was durch die Herstellung einer Pseudofamilie erreicht wird. Selbst in den Fällen, in denen die Individuen echte Vorteile durch die Gemeinschaft haben, bleibt doch oft ein Rest Manipulation und (Selbst-)Täuschung.

Warum aber lässt sich die Verwandtenerkennung bei Menschen so leicht manipulieren? Ein Grund ist die relative Neuheit der großen Verbände. Bis vor rund 10 000 Jahren, d. h. bis zur Neolithischen Revolution, lebten alle Menschen mit ihren Verwandten in überschaubaren Jäger-und-Sammler-Gruppen. Und auch heute ist die Verbindung von räumlicher Nähe und Verwandtschaft in den Familien meist noch gegeben. Unter diesen Bedingungen lässt sich der Verwandtschaftsgrad an Kriterien wie Vertrautheit und Ähnlichkeit relativ eindeutig ablesen. Seit der Neolithischen Revolution entstanden aber zunehmend größere Einheiten wie Städte und Staaten, in denen die Menschen auch mit zahlreichen Nichtverwandten zusammenleben. Diese Entwicklung erfolgte offensichtlich zu schnell, um die altsteinzeitlichen Instinkte der Verwandtenerkennung an die neue Situation anzupassen. Die Folge ist eine typische Fehlanpassung: Eine Verhaltensweise, die in einer bestimmten Umwelt (der Altsteinzeit) von Vorteil war, wird unter der neuen Bedingung (der Zivilisation) zu einem Überlebens- und Fortpflanzungsnachteil.

Anderseits sind Menschen darauf programmiert, für ihr eigenes Wohlergehen und Überleben zu sorgen, und es erfordert ein beträchtliches Maß an Manipulation und Zynismus, jemanden dazu zu bringen, freiwillig altruistischen Selbstmord für eine Pseudofamilie zu begehen. In diesem Zusammenhang kommt den kulturellen Erfahrungen, ob man sie nun Erziehung, Indoktrination oder Gehirnwäsche nennt, große Bedeutung zu. Die Psychologie erklärt den Mechanismus, *wie* eine soziale Gruppe die altruistische Anlage ihrer Mitglieder bis zur Selbstzerstörung steigern kann, sie sagt aber nicht, *warum* Menschen in

Abb. 9: Durch äußere Ähnlichkeiten wie Uniformen oder Haartrachten werden Menschen in ihrer Verwandtenerkennung getäuscht. Dadurch lassen sich Verhaltensweisen, die nur im engsten Verwandtschaftskreis biologisch sinnvoll sind, auch in Gruppen aus nichtverwandten Individuen («Pseudofamilien») abrufen.

dieser Weise erziehbar sind und warum es die altruistischen Tendenzen überhaupt gibt.

Sind Menschen in ihrer Fähigkeit, andere so zu manipulieren, dass sie gegen ihre eigenen vitalen Interessen handeln, einzigartig? Die Antwort ist Nein: Vergleichbare Strategien der Täuschung werden von Ameisen seit Millionen von Jahren perfektioniert. Einige Arten haben sich darauf spezialisiert, andere Ameisen zu versklaven, man spricht in diesem Zusammenhang von Sozialparasitismus. Dabei überfällt eine Kolonie benachbarte, schwächere Kolonien derselben oder einer anderen Ameisenart, tötet die Königin, nimmt jüngere Arbeiterinnen gefangen, raubt die Larven und zieht diese im Nest der Eroberer auf, wo sie weiterleben und arbeiten.

Und hier kommt nun die interessante Parallele zu menschlichen Selbstmordattentätern und Märtyrern. Uns erscheinen die gefangenen Arbeiterinnen als Sklaven. Sie selbst aber handeln, als seien sie frei, d. h., sie benehmen sich, als ob sie in ihrem eigenen Nest wären. Sie arbeiten, verteidigen das Nest und in manchen Fällen unterstützen sie ihre Sklavenhalter sogar bei weiteren Kriegszügen (Hölldobler & Wilson 2001: 86, 156–57). Die gefangenen Ameisen tun dies, weil sie in ihrer Verwandtenerkennung getäuscht werden, die auf chemischen Signalstoffen beruht. Ameisen sind darauf programmiert, aus dem Geruch des Nestes, in dem sie aufgezogen werden, auf genetische Verwandtschaft zu schließen. Dieses starre, instinktive Verhalten nutzen die Sklavenhalter aus. Obwohl ihre Gefangenen sich verhalten, als seien sie frei, haben sie mit ihrer Königin die eigene Fortpflanzungsfähigkeit und damit den Sinn ihres Lebens verloren.

Zu Mängeln in der Verwandtenerkennung kann es aber auch in der anderen Richtung kommen. Bei Autoimmunkrankheiten greift das Immunsystem eigene Zellen an; Amokläufer richten ihre Aggression meist gegen Personen aus der eigenen Familie oder Pseudofamilie, gegen Mitschüler, Lehrer oder Arbeitskollegen. Ähnlich wie Selbstmordattentäter sind Amokläufer in der Regel wenig auffällig und gelten bis zu ihrer Tat als normal. Von ihrem sozialen Umfeld fühlen sie sich aber ausgegrenzt und erschaffen sich in der Phantasie eine neue Gemeinschaft, für die sie sich opfern (Vossekuil et al. 2002). So schrieb der Amokläufer, der im April 2007 an der Virginia Tech University mehr als 30 Studenten und Professoren tötete, in seinem «Testament», dass er seine Tat nicht für sich selbst, sondern für «seine Kinder, seine Brüder und Schwestern» begangen habe. Soweit bekannt wurde, hatte er aber nur eine einzige Schwester und weder Brüder noch Kinder.

Darwins Selektionstheorie ist also nicht nur in der Lage zu erklären, warum und unter welchen Bedingung sich Individuen als Selbstmordattentäter oder Märtyrer für ihre Verwandten aufopfern, sondern sie zeigt auch, wie es zu biologisch kontraproduktivem Verhalten kommen kann – durch Manipulation der Verwandtenerkennung in Pseudofamilien. Diese Ableitung ist in sich stimmig, wird durch vergleichende Beobachtungen an anderen biologischen Arten bestätigt und macht die meisten statistischen Daten über moderne Selbstmordattentäter verständlich – mit einer Ausnahme: Wenn es um einen Strategiewechsel von der direkten zur indirekten Fortpflanzung geht, dann sollten – wie am Beispiel der Menopause diskutiert – eher ältere Gruppenmitglieder dieses Opfer auf sich nehmen. Dies ist aber bei männlichen Selbstmordattentätern nicht der Fall. Es sprengen sich ja nicht die graubärtigen

Großväter in die Luft, sondern junge Männer zwischen 20 und 30 Jahren, d. h. im besten reproduktiven Alter.

Die bisherige Erklärung ist also offensichtlich nicht vollständig und wir werden auf die zweite Möglichkeit verwiesen, durch die in der Evolution kooperatives Verhalten entstehen kann. Seltener und störungsanfälliger, aber nicht ungewöhnlich ist die Zusammenarbeit zwischen Organismen, die nicht näher miteinander verwandt sind. Hierzu zählen alle Formen von Symbiosen zwischen verschiedenen Arten oder auch die Kooperation eines Paares bei der Aufzucht der gemeinsamen Kinder. Grundlage dieser Form der Zusammenarbeit ist das Gegenseitigkeitsprinzip, d. h., die Vorteile beider Seiten müssen gewahrt sein («reziproker Altruismus»; Trivers 1971). Ein Individuum wird also unter Umständen beträchtliche Opfer auf sich nehmen, wenn es etwas Adäquates zurückbekommt. Welche Gegenleistung aber kann ein junger Selbstmordattentäter erwarten?

Paradise now

In der Literatur stößt man häufig auf die These, dass Menschen durch individuelle Belohnungen zu diesen Aktionen motiviert werden. So wird in der populären Presse und in großen Teilen der Bevölkerung die bloße Hoffnung auf die Freuden des Paradieses bereits als ausreichende Begründung akzeptiert. Besonderer Beliebtheit erfreuen sich in diesem Zusammenhang die blumigen Ausführungen im Koran. Die Märtyrer für den Islam, so heißt es dort, gehen unmittelbar nach ihrem Tod ins Paradies ein: «Wer für die Religion Allahs kämpft, mag er umkommen oder siegen, wir geben ihm großen Lohn» (Sure 4, Vers 74). Die Märtyrer werden in «wonnevollen Gärten» wohnen, wo sie «auf Kissen ruhen, welche mit Gold und edlen Steinen geschmückt sind [...]. Jünglinge in ewiger Jugendblüte werden [...] sie mit Bechern, Kelchen und Schalen voll fließenden Weines umkreisen, der den Kopf nicht schmerzen und den Verstand nicht trüben wird, und mit Früchten, von welchen sie nur wählen, und mit Fleisch von Geflügel, wie sie es nur wünschen können. Und Jungfrauen mit großen schwarzen Augen, gleich Perlen, die noch in ihren Muscheln verborgen sind, bekommen sie als Lohn ihres Tuns» (Sure 56, Verse 12−25).

Meist werden diese reichlich phantastischen Vorstellungen im Westen mit Spott bedacht, aber analoge Versprechungen finden sich auch in den christlichen Religionen und sollen auch hier die Gläubigen mit der Selbstaufopferung versöhnen. Die Wahrscheinlichkeit, dass diese Versprechungen tatsächlich eintreffen, mag vor dem Hintergrund eines säkularen Weltbildes eher gering einzuschätzen sein, aus Sicht eines Gläubigen ist sie aber wohl größer als Null. Insofern kann man ihr Verhalten als Hochrisikostrategie beschreiben. Welchen Vorteil hat ein Lebewesen davon, hohe Risiken einzugehen? Auf den ersten Blick sollte man vermuten, dass es sinnvoller ist, unnötige Risiken möglichst zu vermeiden, und in den meisten Situationen tun Tiere dies auch. Es gibt aber interessante Ausnahmen von dieser Regel – die sexuellen Signale. So locken die Männchen vieler Tierarten mit lautem Gesang, bunten Farben oder auffälligen Präsentationen nicht nur die Weibchen, sondern auch Raubtiere an.

Die Entstehung dieser Risikomerkmale wird in der Biologie mit dem Handikap-Prinzip erklärt, das Amotz Zahavi auf der Basis von Darwins Prinzip der sexuellen Auslese entwickelt hat: «Viele, wenn nicht alle sexuellen Signale gefährden ihre Darsteller. Viele von ihnen scheinen sogar speziell zu diesem Zweck gebaut zu sein. [...] Weil Vögel von guter Qualität größere Risiken eingehen können, ist es nicht verwunderlich, dass sexuelle Signale in vielen Fällen evolutionär entstanden sind, um Qualität zu beweisen. Sie zeigen, welches Risiko ein Vogel eingehen kann und dabei trotzdem überlebt» (1975: 211).

Psychologische Untersuchungen haben gezeigt, dass sowohl Männer als auch Frauen Personen als Sexualpartner und als Freunde bevorzugen, die bereit sind, größere Risiken einzugehen. Dies gilt vor allem, wenn ihr Mut und ihre Risikofreude anderen zugute kommen, d. h. einem sozialen Ziel dienen. Aber auch wenn das nicht der Fall ist, bei riskanten Sportarten beispielsweise, fördert entsprechendes Verhalten das Ansehen in einer Gruppe gleichgeschlechtlicher Freunde (Farthing 2005). Dass vor allem jüngere Männer bereit sind, beträchtliche Risiken auf sich zu nehmen, lässt sich jedes Frühjahr auf deutschen Landstraßen beobachten. Allein im März und April 2007 kam es in Baden-Württemberg, Bayern und Hessen zu mehr als 120 tödlichen Unfällen von Motorradfahrern. Und dies ist ja nur eine von vielen Risikosportarten. Ein anderes Beispiel ist das Bergsteigen: Die Zahl der Opfer geht hier weit in die Zehntausende und an einem einzigen Berg in den Alpen, dem Montblanc, sind auf diese Weise schon mehr als 1000 Menschen umgekommen (Treml 2006: 14).

Es spricht also viel dafür, dass sich Mut und die Bereitschaft, Risiken einzugehen, in der Evolution der Menschen ausgezahlt haben. Sei es, dass dieses Verhalten zu unmittelbaren Erfolgen führte, sei es, dass es im Sinne des Handikap-Prinzips als Qualitätssignal bei der Partnerwahl diente. Die Gegenleistung waren zwar nur selten 72 Jungfrauen, aber letztlich hat dieses Verhalten zu höherem Reproduktionserfolg geführt. Dies erklärt auch, warum die modernen Selbstmordattentäter so großen Wert auf soziale Anerkennung legen und sich auf Bekennervideos darstellen. Aus biologischer Sicht haben sie aber zu hoch gepokert – was immer sie im Jenseits erwarten mag, hier auf der Erde haben sie die Chance auf eigenen Nachwuchs vertan.

Ein zwiespältiges Erbe

Auf den ersten Blick scheinen die modernen Selbstmordattentäter in ihrer Rücksichtslosigkeit und Brutalität aus einer fremden Welt zu stammen. Entsprechend weit verbreitet ist die Überzeugung, dass es sich um psychopathologische, kriminelle oder irrationale Aktionen handelt, die Ausdruck eines nur für andere Religionen charakteristischen Fanatismus sind. Auch das in den Medien gerne verwendete Schlagwort vom «islamistischen Terror» suggeriert diese Sichtweise. Wie wir gezeigt haben, führen diese Zuordnungen in die Irre. Der Islam ist durch seine Geschichte zwar besonders anfällig für Dschihad (Heiliger Krieg) und Märtyrertum – er war von Anfang an eine kriegerische Religion, die sich nie wirklich einer kritischen Reflexion wie das Christentum durch die Aufklärung stellen musste –, aber er ist damit nicht einzigartig. Analoge Phänomene wie das Märtyrertum spielen sowohl in anderen Religionen als auch in säkularen Kulturen eine wichtige Rolle. Auch die Normalität vieler Täterbiographien widerspricht dieser Ansicht. Und schließlich hat die biologische Betrachtung gezeigt, dass altruistische Selbstmorde nicht nur bei Menschen vorkommen.

All dies spricht gegen eine rein kulturelle Verursachung («Gehirnwäsche») und für eine genetische Anlage. Zu ihrer Erklärung haben wir zwei sich ergänzende Mechanismen herangezogen, die auch allgemein für altruistisches und kooperatives Verhalten gelten: 1) die Theorie der Verwandtenselektion, die Altruismus Familienmitgliedern gegenüber verständlich machen; 2) das Gegenseitigkeitsprinzip, durch das sich hohe individuelle Risiken auszahlen können. Beide Verhaltensweisen waren in den ursprünglichen Jäger-und-Sammler-Gruppen sinnvoll und sind noch heute, unter veränderten Umständen, aktivierbar. Unter den Bedingungen der Zivilisation laufen beide Strategien aber vielfach ins Leere und werden von den neu entstandenen Organisationen («Pseudofamilien») ausgenutzt.

Aus biologischer Sicht sind die meisten Formen von Selbstaufopferung also Fehlanpassungen. Möglich werden sie durch die enorme Vergrößerung der sozialen Verbände, die Mängel im Verwandtenerkennungssystem der Menschen verstärkt und manipulierbar macht. In ähnlicher Weise wird die durch die sexuelle Selektion entstandene Tendenz zu riskantem und mutigem Verhalten ausgenutzt, indem sich die Gegenleistungen auf unüberprüfbare Versprechungen beschränken und in eine Phantasiewelt verlagert werden. Durch diese doppelte Manipulation ist es möglich, Individuen zu einem Verhalten zu bewegen, das ihren Überlebens- und Fortpflanzungsinteressen objektiv schadet. Dies gilt aber nicht für die ausführenden Organisationen; für diese kann es sich um eine erfolgversprechende und rationale Kriegsstrategie handeln. Wie auch immer man Selbstmordattentate bewertet, ob man sie als Terrorismus verdammt oder als Heldentum verehrt, eines ist deutlich: Es handelt sich um ein Verhalten, das in der biologischen Natur der Menschen angelegt ist.

Wir betrachten Selbstmordattentate heute meist mit einer eigenartigen Ambivalenz aus Grauen und Faszination. Rein positive Begriffe wie «exemplarisches Heldentum» jedenfalls wird man in diesem Zusammenhang im Westen kaum antreffen. Dies war bis weit ins 20. Jahrhundert hinein noch ganz anders. So schrieb Darwin: «Es ist die nobelste aller Eigenschaften der Menschen, die sie ohne einen Moment des Zögerns dazu führt, ihr Leben für ein Mitgeschöpf zu riskieren oder ihr Leben nach reiflicher Überlegung – einfach durch das tiefe Gefühl von Recht und Pflicht gezwungen – für irgendeine größere Sache zu opfern» (1871, 1: 70). Noch Ende der 1970er Jahre bekannte der Soziobiologe Edward O. Wilson: «Wir sind fasziniert von extremen Formen der Selbstaufopferung.» Ein «altruistischer Selbstmord ist ein höchster Akt der Tapferkeit und er verdient uneingeschränkt die größten Ehren des Landes» (1978: 149–50).

Der Sinneswandel der letzten Jahrzehnte, weg von der Bewunderung der Helden und hin zur Verdammung der Terroristen, hat viel damit zu tun, dass wir in den modernen asymmetrischen Kriegen die potentiellen Opfer dieser Täter sind und nicht von ihrem Einsatz profitieren. Die Ambivalenz hat aber auch eine biologische Basis: Menschen ähneln in vielen Aspekten ihres Soziallebens den Ameisen und anderen sozialen Insekten. Wie jene führen sie Kriege, versklaven fremde Völker, domestizieren andere Tiere und gehen bei der Verteidigung ihrer Verwandten bis zum Selbstmord. Abgesehen von den Nacktmullen sind Menschen die vielleicht sozialsten Säugetiere und eine ihrer strategischen Optionen ist die indirekte Fortpflanzung mit allen ihren Konsequenzen. Nichtsdestoweniger sind Menschen in erster Linie Säugetiere, und dieses evolutionäre Erbe hat zur Folge, dass sie die eigene Fortpflanzung und damit das persönliche Überleben und Wohlergehen bevorzugen. Dies erklärt, warum wir bei bedingungslosen Akten der Aufopferung für die Familie und ihre modernen Surrogate mit instinktivem Grauen und Abscheu auf die damit einhergehende Auslöschung des Individuums reagieren.

Menschen sind altruistisch genug, um von militärischem Heldenmut, von Selbstmordattentaten und Märtyrertoden fasziniert zu sein, aber sie sind egoistisch genug, um die Schattenseiten dieser Aktionen zu sehen, und sie tolerieren sie nur unter außergewöhnlichen Umständen. Die Religionen erzeugen dieses Verhalten mit ihren Paradies-Versprechungen nicht, aber sie nutzen die Macht der Phantasie und des Wunschdenkens und sie vertrauen auf die Unmöglichkeit, sich den eigenen Tod vorzustellen. Auf der anderen Seite verringern Aufklärung und eine attraktive säkulare Alternative die Bereitschaft zur Selbstzerstörung. Der Effekt lässt sich in Europa beobachten, wo die Religion viel von ihrem Einfluss auf die Menschen verloren hat; nicht weil ihre Versprechungen und Drohungen geringer geworden sind, sondern weil sie nicht mehr geglaubt werden. Dieser kulturelle Fortschritt ist wohl in erster Linie eine Folge der verbesserten Lebensqualität (und kann mit ihr wieder verschwinden). Steigen die Chancen auf ein erfülltes Leben im Diesseits, dann verliert die extreme Hochrisikostrategie der Selbstmordattentäter und Märtyrer viel von ihrer Attraktivität. Ihr instinktiver, biologischer Anteil lässt sich in den immer noch gefährlichen, aber in ihren gesellschaftlichen Kosten akzeptablen Risikosportarten ausleben.

II. Geheimwaffe Kunst

4 Das Erfolgsgeheimnis der modernen Menschen

Es war «nichts Zwangsläufiges am Erfolg der modernen Menschen
oder am Aussterben der Neandertaler
und eine andere Kombination von Umständen hätte
zu einem völlig anderen Ergebnis führen können».
Chris Stringer, *The evolution of modern humans* (2001)

Es ist eines der großen Rätsel der Menschheitsgeschichte. Für fast un-
ermessliche Zeiten – 300 000 Jahre und mehr – hatten sie allen Gefahren und Härten des eiszeitlichen Klimas getrotzt. Ihre Vorfahren waren
aus Afrika nach Europa gekommen, wurden hier heimisch und eta-
blierten sich neben furchteinflößenden Höhlenlöwen, Hyänen und
Bären an der Spitze der Nahrungskette. Als Jäger von Mammuts, Woll-
nashörnern, Riesenhirschen, Wisenten und Pferden waren die Neandertaler unübertroffen. Sie schienen unbezwingbar und doch verschwanden sie gegen Ende der letzten Eiszeit. Erst im 19. Jahrhundert
kamen wieder Zeugnisse ihres Lebens – Knochen, Werkzeuge, Waffen
– ans Licht. Diese Funde ließen nicht nur erkennen, dass Menschen in
einer bis dahin unvorstellbaren Frühzeit gelebt hatten, sondern auch,
dass sie sich von den jetzt lebenden Menschen in ihrem Aussehen, vielleicht auch im Verhalten und den geistigen Eigenschaften unterschieden. Und schließlich wurde erst vor wenigen Jahren deutlich, dass die
heutigen Europäer überwiegend oder sogar ausschließlich von späteren
Einwanderern aus Afrika abstammen, die vor rund 45 000 Jahren nach
Europa kamen.

Warum verschwanden die Neandertaler? Starben sie aus, vermisch-
ten sie sich mit den Neueinwanderern oder entwickelten sie sich zu
den modernen Europäern weiter? Diese Themen werden nicht nur in
der Wissenschaft leidenschaftlich diskutiert. Direkt oder indirekt
schwingt dabei immer auch die Frage mit, welchen Anteil unsere Vor-

fahren an ihrem Schicksal hatten. Welche Fähigkeiten hatten sie, die den Neandertalern fehlten? Wie phantasieanregend das Zusammentreffen unterschiedlicher Menschenformen in Europa während der letzten Eiszeit ist – 40 000 bis 25 000 Jahre vor heute –, lassen auch die zahlreichen künstlerischen Deutungsversuche erahnen. In einer eigenen Literaturgattung, den Paläo-Fiction-Romanen, werden die unterschiedlichsten Szenarien auf oft beachtlichem Niveau durchgespielt. Da sich auf diese Weise auch die Gedanken, Hoffnungen und Ängste unserer eigenen Zeit aufzeigen lassen, konnten nicht nur berühmte Literaten wie William Golding (*Die Erben*, 1955), sondern auch renommierte Wissenschaftler wie Gustav Riek (*Die Mammutjäger vom Lonetal*, 1934), Björn Kurtén (*Der Tanz des Tigers*, 1978) oder Jean Courtin (*Die vergessene Höhle*, 1998) der Versuchung historischer Spekulation nicht widerstehen.

Vom Überleben der Neandertaler

Wäre es möglich, dass die Neandertaler *nicht* ausstarben, sondern nur verschwanden, weil sie sich zu den heutigen Europäern weiterentwickelten? Zu Beginn des 20. Jahrhunderts hatte der Straßburger Anatom Gustav Schwalbe eine entsprechende evolutionäre Folge postuliert und noch vor wenigen Jahrzehnten wurde dieses Szenario als ernst zu nehmende Theorie diskutiert. Inzwischen gilt sie als widerlegt. Warum?

Zum einen gibt es relativ deutliche körperliche Unterschiede zwischen heutigen Menschen und den Neandertalern. Letztere lassen sich gut an dem längeren und flacheren Schädel, den kräftig ausgeprägten Wülsten über den Augen, dem robusteren Körperbau und einer ganzen Reihe weiterer anatomischer Besonderheiten erkennen. In den letzten Jahren gelang es zudem, Erbmaterial (DNA) aus den Knochen von Neandertalern zu isolieren. Diese Untersuchungen begannen mit kurzen DNA-Abschnitten aus Zellorganellen (den Mitochondrien), aber für die nahe Zukunft hat das «Neanderthal Genome Project» des Leipziger *Max-Planck-Instituts für evolutionäre Anthropologie* unter Leitung von Svante Pääbo eine erste vorläufige Sequenz des gesamten Neandertalergenoms angekündigt. Nach bisherigen Schätzungen finden sich zwischen Neandertalern und heutigen Menschen rund zwei-

Abb. 10: Neandertalerin nach einer modernen Interpretation der Reiss-Engelhorn-Museen, Mannheim. Neandertaler und moderne Menschen sind zwei nahe verwandte Menschenformen, die sich in einigen körperlichen und (wahrscheinlich) geistigen Eigenschaften unterschieden.

bis dreimal so viele genetische Abweichungen wie zwischen jetzt lebenden Menschen.

Die anatomischen und genetischen Unterschiede würden einer Evolution von den Neandertalern zu modernen Menschen nicht unbedingt widersprechen, wenn da nicht noch eine andere Beobachtung wäre: Zu der Zeit, als die Neandertaler entstanden, gab es bereits Menschen, die sich von heutigen anatomisch kaum unterscheiden. Entsprechende Fossilien, die Richard Leakey bereits in den 1960er Jahren in Äthiopien gefunden hatte (Omo I und II), konnten mit neueren Methoden auf ein Alter von rund 195 000 Jahren datiert werden. Etwa genauso alt sind frühe Funde typischer Neandertaler. Wenn die Neandertaler nicht unsere Vorfahren waren, wer war es dann und woher kommen die Neandertaler?

Neueren Theorien zufolge lebten die gemeinsamen Vorfahren von Neandertalern und modernen Menschen vor mehr als 600 000 Jahren in Afrika. Während man früher vom «archaischen *Homo sapiens*» sprach, wird diese Menschenform heute meist als eine eigene Art – *Homo heidelbergensis* – aufgefasst. Der Name geht auf einen rund 400 000 Jahre alten, gut erhaltenen Unterkiefer zurück, der im Jahr 1907 in Mauer bei Heidelberg entdeckt wurde. Der Name ist insofern missverständlich, als es sich um eine hauptsächlich in Afrika beheimatete Menschenart handelt. Vor rund 500 000 Jahren erreichten einige Gruppen von *Homo-heidelbergensis*-Menschen Südeuropa, Frankreich, Deutsch-

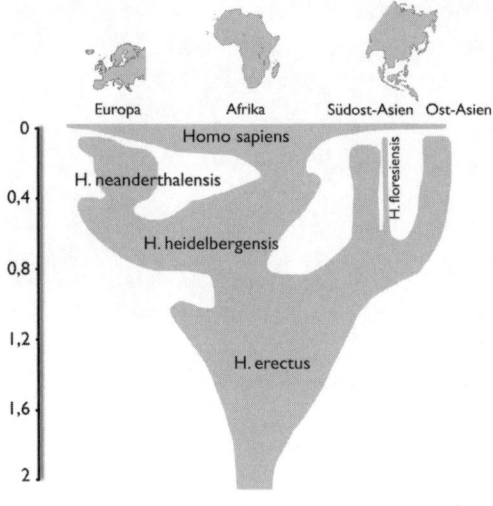

Abb. 11: Stammbaum der Menschen (Zeitskala: Millionen Jahre). Alle Menschenformen stammen von den vor rund zwei Millionen Jahren in Afrika entstandenen ersten echten Menschen *(Homo erectus)* ab. Die letzten gemeinsamen Vorfahren von Neandertalern und modernen Menschen lebten vor rund 660 000 Jahren in Afrika *(Homo heidelbergensis)*.

land und England, wo sie eindrucksvolle Spuren hinterließen (Wagner et al. 2007). Dieses Szenario stimmt recht gut mit Modellrechnungen überein, die auf DNA-Analysen beruhen und in denen die Aufspaltung der Linien zu den Neandertalern bzw. zu den modernen Menschen auf rund 660 000 Jahre vor heute datiert wird (Green et al. 2008).

Während sich einige Populationen von *Homo heidelbergensis* in Europa ausbreiteten und vor rund 250 000 Jahren zu den Neandertalern weiterentwickelten, war der wohl größere Teil – die Vorfahren der heutigen Menschen – in Afrika zurückgeblieben. Wo und wann dort die ersten modernen Menschen entstanden, ist noch unsicher. Fossilfunde und molekulare Daten sprechen aber für die Gebiete südlich der Sahara oder für Ostafrika und dafür, dass sich dieser Prozess vor rund 200 000 Jahren ereignete. Beide Menschenformen hatten nach der Trennung vor mehr als 600 000 Jahren wenig oder keinen Kontakt. Belege für eventuelle Begegnungen gibt es erst wieder aus der Zeit von vor 110 000 bis 50 000 Jahren. Damals besiedelten Neandertaler und moderne Menschen abwechselnd dieselben Gebiete im Nahen Osten, wobei unsere Vorfahren anscheinend in den wärmeren und trockeneren Zeiten (wahrscheinlich aus Afrika) kamen, während sich die Neandertaler auf den Höhepunkten der Eiszeiten aus Europa in den Süden zurückzogen. Dass sie dabei aufeinandertrafen, wurde bisher nicht nachgewiesen und es gilt auch nicht als wahrscheinlich.

Ganz anders sieht es in Europa aus. Hier lebten Neandertaler und moderne Menschen für Tausende von Jahren in denselben Regionen und hatten mit großer Wahrscheinlichkeit Kontakte. Wie sahen diese aus? Bekämpften oder liebten sie sich? Die lange Zeit der Koexistenz macht es sehr wahrscheinlich, dass es zu sexuellen Kontakten kam. Wenn daraus eine nennenswerte Zahl von fruchtbaren Nachkommen entstand, wären die Neandertaler nicht ausgestorben, sondern nur als deutlich unterscheidbare Menschenform verschwunden, weil sie in der neuen Mischbevölkerung aufgingen. Ihre Gene, die u. a. für die typischen körperlichen Merkmale verantwortlich sind, wären erhalten geblieben, als Teil eines größeren, gemischten Genpools, aber bei einem heutigen Menschen nur noch selten deutlich erkennbar. Besonders stark wäre dieser Effekt, wenn die Gruppen der Neandertaler kleiner waren als diejenigen der Neueinwanderer und sie entsprechend weniger zum Genpool beitrugen.

Haben die heutigen Europäer Neandertalergene in sich? Der wichtigste paläontologische Beweis für eine solche Vermischung – das Skelett eines vierjährigen Kindes aus der Zeit von vor 24 500 Jahren, das in Portugal gefunden wurde und eine gemischte Anatomie aufweisen soll – ist umstritten. Auch die Untersuchungen an Erbmaterial haben bisher keine eindeutige Antwort erbracht. Erste Ergebnisse aus den 1990er Jahren hatte man dahingehend interpretiert, dass die Neandertaler keinen Beitrag zum heutigen menschlichen Genpool geleistet haben. Inzwischen sind die Paläogenetiker aber von einer sicher bewiesenen, vollständigen Verdrängung abgerückt und haben zugestanden, dass es sich um eine unzulässige Verallgemeinerung handelte. Genetische Beiträge müssen nach Zehntausenden von Jahren im Genpool der heutigen Menschen nicht mehr zwangsläufig nachweisbar sein. Neueren Modellrechnungen zufolge ist deshalb ein Anteil der Neandertaler am Genpool der vor 30 000 Jahren lebenden modernen Menschen von bis zu 25 Prozent möglich. Anderseits gibt es bisher aber auch keinen eindeutigen Beleg für ein solches Szenario (Serre et al. 2004).

Sollte sich herausstellen, dass der Genfluss zwischen den beiden Gruppen tatsächlich völlig unterbrochen oder sehr selten war, so würde man von unterschiedlichen Menschenarten sprechen – *Homo neanderthalensis* und *Homo sapiens*. Kam es dagegen häufiger zu erfolgreicher Fortpflanzung, handelte es sich um Unterarten oder Populationen (Rassen) einer gemeinsamen Art; die Neandertaler würden dann zu unserer eigenen Art *Homo sapiens* gehören. Da bisher nicht eindeutig geklärt werden konnte, ob es zu Genfluss kam, lässt sich auch nicht sagen, welche Benennung biologisch korrekt ist. Aus diesem Grund verwenden wir die Eigennamen «Neandertaler» bzw. «moderne Menschen» und sprechen von «Menschenformen» statt von Arten oder Unterarten. Die modernen Menschen, die Europa zur Zeit der Neandertaler besiedelten (während des Jungpaläolithikums, 40 000 bis 10 000 Jahre vor heute), werden nach einem Fundort in Frankreich auch als «Cro-Magnon-Menschen» bezeichnet.

Vom Aussterben der Neandertaler

Die Mehrheit der Paläoanthropologen vertritt heute die Ansicht, dass die Neandertaler vor rund 25 000 Jahren ausstarben und sich – wenn überhaupt – nur wenige ihrer Gene bei heute lebenden Menschen erhalten haben. Nimmt man ihre Vorfahren – späte *Homo-heidelbergensis*-Menschen – hinzu, so besiedelten sie für mehr als 300 000 Jahre weite Teile Europas und Westasiens – von England und Spanien im Westen bis nach Palästina im Süden und nach Usbekistan im Osten. Die Neandertaler waren eine ausgesprochen erfolgreiche Menschenform und doch schien ihr Schicksal besiegelt, als die ersten modernen Menschen ihren Siegeszug in Europa antraten. Es gab zwar keine rapide Ersetzung, aber nach spätestens 10 000 bis 15 000 Jahren waren sie auch aus ihren letzten Zufluchtsorten im Süden Spaniens verschwunden. An die Stelle der Neandertaler traten die modernen Menschen – aber waren sie auch die Ursache für ihr Verschwinden? Oder haben die Neandertaler zu der Zeit, als die modernen Menschen nach Europa kamen, aus anderen Gründen einen Bevölkerungseinbruch erlebt?

Als mögliche alternative Ursache gelten Klimaveränderungen und ihre Folgen. Drei Varianten werden hierzu diskutiert: Den Neandertalern sollen entweder intensive und lang andauernde Kaltphasen (wie vor rund 30 000 Jahren), relativ stark und schnell ansteigende Warmphasen (wie vor 27 000 bis 28 000 Jahren) oder in rascher Folge auftretende Temperaturschwankungen (vor 60 000 bis 25 000 Jahren) zum Verhängnis geworden sein. Für diese These lassen sich allgemeine biologische Überlegungen anführen. Klimaveränderungen beeinflussen die Lebensbedingungen von Tieren und Pflanzen in vielfältiger Weise. Da sich Lebewesen oft nicht schnell genug anpassen oder in günstigere Regionen zurückziehen können, kommt es zu lokalem Verschwinden oder generellem Aussterben einer Art. Neandertaler ernährten sich vor allem von großen Pflanzenfressern wie Ren, Wisent und Mammut; während der raschen Klimawechsel soll ihnen diese Spezialisierung zum Verhängnis geworden sein. Ihr Aussterben wäre also letztlich klimatisch bedingt.

Auf der anderen Seite hatten die Neandertaler und ihre Vorfahren aber bereits die unterschiedlichsten Klima- und Umweltbedingungen bewältigt. Sollte man nicht eher erwarten, dass die erst kurz zuvor aus Afrika eingewanderten, modernen Menschen Probleme mit der eiszeitlichen Kälte hatten und nicht die Neandertaler, die an das europäische Klima und seine Schwankungen angepasst waren? Eine Gleichzeitigkeit zwischen der Einwanderung moderner Menschen und dem Aussterben der Neandertaler ohne kausalen Zusammenhang ist theoretisch möglich. Plausibel erscheint sie aber nur auf den ersten Blick und solange man diese Ereignisse isoliert betrachtet. Die Neandertaler waren aber nicht die einzige biologische Art (bzw. Unterart), die am Ende der letzten Eiszeit ausstarb – zur selben Zeit verschwanden auch viele große Landsäugetiere wie Höhlenlöwen, Wollnashörner und Mammuts.

Was spricht für die alternative Erklärung, der zufolge das Klima nur eine untergeordnete Rolle spielte und das Aussterben der Neandertaler eine unmittelbare Folge der Einwanderung moderner Menschen war? Auch hierfür lassen sich allgemeine biologische Beobachtungen anführen. Darwin hielt die Konkurrenz zwischen Arten und zwischen den Individuen einer Art für den in vielen Fällen entscheidenden Faktor. Der Kampf ums Dasein sei zwischen den «miteinander am nächsten verwandten Formen» am härtesten, weil «sie fast die gleiche Struktur, Konstitution und Verhaltensweisen haben». Aus diesem Grund wird «jede neue Varietät oder Art im Laufe ihrer Entstehung ihre nächstverwandten Formen bedrängen und dazu tendieren, sie auszulöschen». Darwin hat auch betont, dass «oft die geringste Kleinigkeit einem organischen Wesen den Sieg über ein anderes verleihen» kann und Arten oft allmählich seltener werden, bevor sie schließlich endgültig verschwinden (1859: 110, 73).

Theoretisch ist eine ganze Reihe solcher «Kleinigkeiten» denkbar, die letztlich den entscheidenden Unterschied ausmachten. So wäre es möglich, dass die modernen Menschen Krankheitserreger mitbrachten, gegen die die Neandertaler nicht immun waren. Für die fatale Wirkung neu eingeschleppter Krankheiten gibt es zahlreiche historische Belege. Da die Neandertaler nicht plötzlich, sondern über einen Zeitraum von mehreren Jahrtausenden hinweg langsam verdrängt wurden, ist ein Massensterben aufgrund einer Epidemie auszuschließen. Möglich wäre aber, dass sie ein neuer Krankheitserreger in ihrer Gesundheit beeinträchtigte, wodurch sich auf längere Sicht die Sterblichkeit erhöhte oder die Fruchtbarkeit reduzierte. Für ein solches Szenario gibt es aber bisher keine Belege.

Ebenso wenig lassen sich ein oder mehrere Völkermorde an den Neandertalern nachweisen. Auf der anderen Seite sind gewaltsame Konflikte aber auch nicht auszuschließen. Führt man sich die zahlreichen historischen und aktuellen Beispiele für die Intoleranz moderner Menschen fremden Völkern gegenüber vor Augen, so verlief das Aufeinandertreffen vielleicht nicht sehr friedlich. Entsprechende archäologische Beispiele gibt es – sie stammen aber sämtlich aus Zeiten, als die Neandertaler schon lange ausgestorben waren. Ein besonders spektakulärer Fund wurde in Talheim bei Heilbronn gemacht. Anfang der 1980er Jahre entdeckte man dort ein rund 7000 Jahre altes Massengrab mit den Skelettresten von 34 Personen – neun Männer, sieben Frauen, zwei Erwachsene unbestimmten Geschlechts sowie 16 Kinder. Es kann sich also durchaus um die komplette Bevölkerung eines Dorfes gehandelt haben. Bei genauer Untersuchung der Skelette konnten u. a. zahlreiche unverheilte Schädelverletzungen nachgewiesen werden, die von zeittypischen Geräten und Waffen wie Hacken, Pfeilspitzen, Keulen und Schleudersteinen herrühren. Die meisten Opfer wurden von hinten angegriffen bzw. erschlagen, was dafür spricht, dass sie zu fliehen versuchten. Die Toten waren auch nicht in der für diese Zeit üblichen Hockstellung begraben, sondern wurden achtlos in die Grube geworfen (Wahl 2006: 252–58).

Ob und wie häufig es zwischen Neandertalern und modernen

Menschen zu gewaltsamen Auseinandersetzungen kam, lässt sich aufgrund der geringen Fundzahlen schwer beurteilen. Bisher gibt es nur vereinzelte Hinweise auf entsprechende Schädelverletzungen. Eine aktive und planmäßige Ausrottung der Neandertaler lässt sich also nicht beweisen – aber auch nicht ausschließen.

Der von Darwin betonte Kampf ums Dasein kann die unterschiedlichsten Formen annehmen. Oft steht die indirekte Konkurrenz um eine begrenzte Ressource im Vordergrund, um Nahrung, Wasser, Rohstoffe, Lagerplätze usw. Viele Anthropologen sind davon überzeugt, dass die Neandertaler in dieser indirekten Weise unterlagen. Ihre Knochen werden oft in der Nähe gröberer Steinwerkzeuge (Moustérien) gefunden. Feinere Werkzeuge (Aurignacien) tauchen dagegen erst mit den modernen Menschen auf. Man kennt von Neandertalern auch kaum Geräte aus schwerer zu bearbeitenden organischen Materialien – Knochen, Geweih und Elfenbein –, während Cro-Magnons diese zahlreich hinterlassen haben.

Anderseits waren schon die Vorfahren der Neandertaler, die *Homo-heidelbergensis*-Menschen, erfolgreiche und geschickte Jäger. Das haben die spektakulären Funde von Bilzingsleben in Thüringen und von Schöningen in Niedersachsen aus der Zeit von vor rund 400 000 Jahren eindrucksvoll bewiesen. In Bilzingsleben fand man tonnenweise zerschlagene Knochen und Gebisse von Säugetieren. Bevorzugtes Jagdwild waren hier Wald- und Steppennashörner sowie Hirsche, häufig auch Wildrinder, Wildpferde, Bären sowie die Kälber von Waldelefanten (Mania 2004). In Schöningen fand das Team um Hartmut Thieme seit 1994 mehrere schlanke, rund zwei Meter lange Wurfspeere aus Fichtenholz zusammen mit den Skelettresten von mehr als zwanzig Pferden (Thieme 1997). An einem Seeufer haben hier Jäger einer Herde von Wildpferden aufgelauert und sie mit Speeren zur Strecke gebracht. Am meisten überraschte, dass Menschen schon so früh technisch ausgefeilte Wurfspeere benutzten, die heutigen Wettkampfspeeren ähneln und geeignet waren, auf 20 bis 30 Meter Entfernung selbst größeres Wild zu töten. Eine solche Jagd erforderte von der Herstellung der Waffen bis zum Zerlegen und Abtransport der Beute genaue Planung und Organisation. Man kann davon ausgehen, dass die Neandertaler ihren Vorfahren als geschickte und einfallsreiche Werkzeughersteller und erfolgreiche Großwildjäger in nichts nachstanden.

Neandertaler und moderne Menschen sind zwei sehr ähnliche Menschenformen. Sie lebten in denselben Regionen, hatten ähnliche Bedürfnisse und waren auf dieselben begrenzten Ressourcen angewiesen. Sobald das Angebot an Großwild zurückging – durch klimatische Gründe oder vermehrte Jagd –, gerieten die Neandertaler unter größeren Nahrungsstress. Die modernen Menschen waren durch ihre feineren Geräte und ausgefeilteren Fangtechniken vielleicht in der Lage, Nahrungsquellen in größerer Zahl und von größerer Vielfalt zu erschließen. Letztlich kann so das etwas geringere technische Geschick der Neandertaler in Zeiten rasch aufeinanderfolgender Klimaschwankungen mit zeitweise großer Kälte und verknappten Ressourcen den Ausschlag gegeben habe. Dies ist aber Spekulation, solange nicht eindeutig feststellbar ist, in welcher Weise die Steingeräte der modernen Menschen tatsächlich effektiver waren als diejenigen der Neandertaler. Und so werden die etwas geringeren technischen Fähigkeiten der Neandertaler alleine nicht als ausreichender Grund für ihr Verschwinden gesehen (Bolus & Schmitz 2006: 182−83).

Stattdessen wird heute ein Modell bevorzugt, dem zufolge sowohl klimatische Veränderungen als auch die Konkurrenz mit den technologisch und vielleicht sprachlich überlegenen modernen Menschen eine Rolle spielten. Die Einwanderung der modernen Menschen gilt also weniger direkt – durch kriegerische Auseinandersetzungen – als indirekt – durch Konkurrenz um begrenzte Ressourcen – als einer von mehreren entscheidenden Faktoren.

In Asien scheint es zu einer ähnlichen Situation gekommen zu sein. In Dmanisi in Georgien und in Java wurden Menschenfossilien gefunden, deren Alter auf bis zu 1,8 Millionen Jahre datiert wird. Die meisten Paläoanthropologen vermuten, dass sie der Art *Homo erectus* zuzuordnen sind, die vor rund zwei Millionen Jahren in Afrika entstand und in einer ersten großen Auswanderungswelle («Out of Africa 1») auch entfernte Gebiete in Asien besiedelt hatte. Schon Ende des 19. Jahrhunderts fand man in Java und Ende der 1920er Jahre in China (bei Peking) menschliche Schädel- und andere Skelettreste, deren Alter mit rund 500 000 Jahren angegeben wird. In Ostasien scheint also für fast zwei Millionen Jahre eine eigene Menschenform existiert zu haben, die sich weitgehend unabhängig von der afrikanisch–europäischen Linie *(Homo heidelbergensis)* entwickelte. Vor rund 40 000 Jahren verschwanden diese asiatischen Menschen und wurden durch moderne Menschen ersetzt.

Die Ähnlichkeit zur Situation in Europa ist frappierend: Nachdem sich die *Homo-erectus*-Menschen für Hunderttausende von Jahren in Ostasien erfolgreich behauptet hatten, verschwanden sie, als die modernen Menschen auftauchten. Auch hier könnte man noch einen zeitlichen Zufall ohne kausalen Zusammenhang vermuten – wenn es nicht noch eine ganze Reihe ähnlicher Ereignisse gäbe: Im selben Zeitraum kam es auf allen Kontinenten zum Aussterben einer Vielzahl großer Säugetiere.

Eine weitere verschwundene Großtierart?

An der Tatsache als solcher besteht kein Zweifel: Vor 50 000 Jahren existierten nicht nur verschiedene Menschenformen, sondern auch mehr als 150 Gattungen von Großtieren (> 44 kg) auf den Kontinenten. 40 000 Jahre später waren nicht nur die Neandertaler und die asiatischen *Homo-erectus*-Menschen verschwunden, sondern auch fast 100 – zwei Drittel! – der Großtiergattungen. Unter den ausgestorbenen Tieren waren, um Nordamerika als Beispiel zu nehmen, nicht nur Beutetiere wie Pferde, Kamele, Riesenfaultiere und Mammuts, sondern auch Raubtiere wie Säbelzahnkatzen und Löwen. In Europa geben nur noch die faszinierenden Höhlenmalereien und Skelettreste Zeugnis davon, dass hier einmal Waldelefanten und Mammuts, Flusspferde, Waldnashörner und Wollhaarnashörner, Wasserbüffel und Riesenhirsche, Höhlenhyänen, Höhlenlöwen und Höhlenbären gelebt haben (Barnosky et al. 2004).

Auf der anderen Seite gibt es eine hitzige Debatte unter Biologen, ob dieses massive Aussterben durch klimatische Veränderungen oder durch Menschen verursacht wurde. Wir stehen also vor demselben Problem, mit dem wir bei Neandertalern und asiatischen *Homo-erectus*-Menschen konfrontiert waren. Zwar muss das Aussterben der Großtiere und der Menschen nicht unbedingt in gleicher Weise erfolgt sein; der Vergleich ermöglicht aber eine Abschätzung der Faktoren, die zum Ende der letzten Eiszeit das ökologische Gleichgewicht veränderten und die Lebensbedingungen einer ganzen Reihe von Tieren und Men-

Abb. 12: Rekonstruierte Landschaft Mitteleuropas vor ca. 600 000 Jahren mit Beispielen von Tieren und Pflanzen dieser Zeit. Nach Ankunft der modernen Menschen vor rund 45 000 Jahren starb in Europa mehr als ein Drittel der Gattungen großer Säugetiere aus. Nach einem Gemälde von Fritz Wendler.

schen zerstörten. Viele Fragen, die wir am Beispiel der Neandertaler eher spekulativ behandeln mussten, lassen sich so genauer beantworten.

Wann erreichten moderne Menschen Europa, Asien, Australien und Amerika? Wie wir oben gezeigt haben, sprechen sowohl Fossilfunde als auch genetische Daten dafür, dass sie vor rund 200 000 Jahren in Afrika aus *Homo-heidelbergensis*-Menschen entstanden waren. Etwa 100 000 Jahre später verbreiteten sich die neuen Menschen von ihrem Entstehungszentrum in Ostafrika aus zunächst auf dem afrikanischen Kontinent. Vor 60 000 bis 50 000 Jahren erreichten dann einige Gruppen auch andere Kontinente. Vor 45 000 bzw. 40 000 Jahren kamen sie nach Europa bzw. Ostasien und besiedelten als erste Menschen Australien (~ 50 000), Amerika (~ 15 000) und entfernte Inseln im Pazifik. Während moderne Menschen also in Afrika bis zu 150 000 Jahre früher

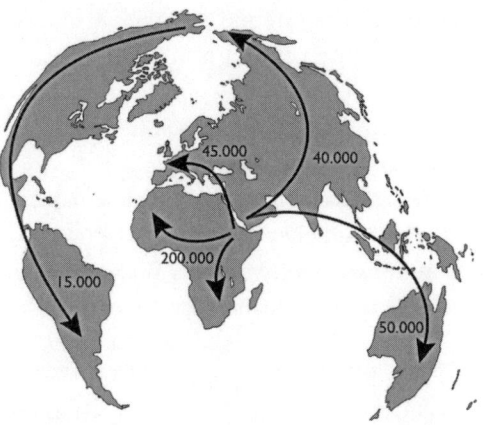

Abb. 13: Vor rund 200 000 Jahren entstanden moderne Menschen *(Homo sapiens)* in Ost- oder Südafrika. Vor 50 000 bis 15 000 Jahren erreichten einige ihrer Gruppen die anderen Kontinente und verdrängten dabei alle anderen Menschenformen und viele Großtiere.

als anderswo auf der Erde existierten und dort in einem allmählichen Evolutionsprozess zu ihrer neuen Stärke heranreiften, tauchten sie auf den anderen Kontinenten relativ plötzlich auf (Stringer 2002; Mellars 2006).

Fällt das Aussterben der Großtiere mit der Einwanderung moderner Menschen zusammen? Es gibt hier in der Tat enge Übereinstimmungen. Am deutlichsten lässt sich ihr zerstörerischer Einfluss in Australien nachweisen, wo kaum ein Zusammenhang zu signifikanten Klimafaktoren zu bestehen scheint. Auch in Nord- und Südamerika war ihre Wirkung beträchtlich, schwächer dagegen in Europa und Asien und am geringsten in Afrika. Auf der Nordhalbkugel scheinen zudem klimatische Faktoren eine Rolle gespielt zu haben; es kam aber zu besonders gravierenden Aussterbeereignissen, wenn klimatische Veränderungen mit der Ankunft der modernen Menschen zusammenfielen. Auf diese Interaktion verschiedener Faktoren hat schon Darwin aufmerksam gemacht: «Die Wirkung des Klimas scheint auf den ersten Blick ziemlich unabhängig vom Kampf ums Dasein zu sein. Da das Klima aber hauptsächlich dadurch wirkt, dass es die Nahrung verringert, verursacht es einen äußerst heftigen Kampf zwischen den Individuen einer oder verschiedener Arten, die von der gleichen Art von Nahrung leben» (1859: 68). Meist verschwanden die Tiere nach Ankunft der modernen Menschen nicht plötzlich, sondern über einen längeren Zeitraum, und manche Arten, wie Mammute oder Riesen-hirsche, konnten zunächst in abgelegenen Regionen wie Sibirien oder Irland überleben. Menschen trugen also auf allen Kontinenten zum Aussterben der Großtiere bei, sie waren aber nicht überall ausschließ-lich dafür verantwortlich.

Wie ist das unterschiedliche Ausmaß zu erklären? Während in Afrika im fraglichen Zeitraum 18 Prozent aller Gattungen großer Säu-getiere ausstarben, waren es in Europa und Nordasien 36, in Nord-amerika 72, in Südamerika 83 und in Australien sogar 88 Prozent. Warum verlief das Aussterben in Afrika milder, warum gibt es hier noch Nashörner, Elefanten und Löwen? Eine plausible Erklärung ist, dass die Tiere in Afrika über Hunderttausende von Jahren mit den ent-stehenden modernen Menschen in engem Kontakt gelebt hatten und so in der Lage waren, sich kontinuierlich an deren neue Verhaltenswei-sen – verbesserte Jagdtechniken beispielsweise – anzupassen.

Gleichzeitig gilt es als Rätsel, warum Europa mehr als ein Drittel seiner Großtierfauna verlor, obwohl die Situation hier insofern ähnlich war, als es schon seit langer Zeit jagende Menschen gab (Barnosky et al. 2004: 71). Dabei ist die Antwort offensichtlich: Die Tiere kannten zwar die durchaus effektiven Jagdstrategien der *Homo-heidelbergensis*-Men-schen und der Neandertaler, aber nicht diejenigen der modernen Menschen. Das Aussterben verlief also in Europa wohl deshalb milder als in Amerika oder Australien, weil die Tiere schon Menschen kann-ten, aber es war dramatischer als in Afrika, weil sie den neuen Jägern noch nicht begegnet waren.

Glück oder Können?

Betrachtet man nur das Verschwinden der Neandertaler, so mag man dem Paläoanthropologen Chris Stringer zustimmen, wenn er schreibt, dass «nichts Zwangsläufiges am Erfolg der modernen Menschen oder am Aussterben der Neandertaler war» (Stringer 2001: 4). Als Warnung vor einer Unterschätzung der Neandertaler sollte man diese Aussage ernst nehmen, aber die Tatsachen sprechen doch eine andere Sprache: Die modernen Menschen hatten vielleicht ein- oder zweimal Glück, aber dass sie auf allen Kontinenten ihren ökologischen Konkurrenten gegenüber stets nur deshalb Erfolg gehabt haben sollen, strapaziert die Bedeutung glücklicher Zufälle über Gebühr. «Die Zahl der Plätze im Reich der Natur ist nicht unendlich groß», heißt es bei Darwin (1859: 109), und so spricht viel dafür, dass die direkte oder indirekte Konkurrenz zwischen modernen Menschen und Neandertalern letztlich zu ihrem Aussterben führte:

(1) In Anbetracht der großen Zahl ähnlicher Aussterbeereignisse ist es unwahrscheinlich, dass die modernen Menschen jeweils zufällig gerade dann eintrafen, wenn viele Säugetiere (oder die Neandertaler) aus anderen Gründen ausstarben.

(2) Das immer gleiche Endergebnis des Zusammentreffens spricht dagegen, dass die modernen Menschen lediglich aufgrund glücklicher Umstände die Oberhand behielten.

(3) Das Verschwinden der großen Säugetiere wurde nicht von Menschen im Allgemeinen verursacht, sondern nur von modernen Menschen.

(4) Die modernen Menschen konnten ihre Überlegenheit erst rund 150 000 Jahre nach ihrer Entstehung ausspielen.

(5) Menschen haben viele Tierarten nicht erst durch die Einführung der Landwirtschaft vor 10 000 Jahren oder die Industrialisierung der letzten beiden Jahrhunderte ausgerottet, sondern bereits als Naturvölker.

Diese Beobachtungen sprechen dafür, dass die Menschen in Afrika *nach* der Trennung von den Neandertalern (vor rund 660 000 Jahren), aber *vor* der Wanderung auf die anderen Kontinente (vor 60 000 bis 50 000 Jahren) Eigenschaften ausbildeten, die sie befähigten, den Konkurrenzkampf mit anderen Menschenformen und Tieren erfolgreich zu bestehen. In diesem Zeitraum muss es zu Mutationen gekommen sein, die eine andere Hirnstruktur und überlegene geistige Funktionen möglich machten, es sei denn, der Selektionsvorteil beruhte auf einer kulturellen Erfindung, beispielsweise auf einer neuen Waffe oder Jagdstrategie. Gegen diese zweite Möglichkeit und für die biologische Option spricht aber, dass die Neandertaler die neuen Fähigkeiten nur teilweise übernahmen, obwohl sie in längerem Kontakt mit modernen Menschen standen. Heutige Menschen dagegen übernehmen die Kultur oder technische Erfindungen eines anderen Volkes sehr rasch, meist innerhalb weniger Generationen.

Geistige Unterschiede zwischen Menschen und anderen Tieren lassen sich in psychologischen Experimenten und Verhaltensstudien relativ genau bestimmen. Bei ausgestorbenen Menschenformen ist dies hingegen nicht gleichermaßen möglich; hier bleibt man auf indirekte Hinweise angewiesen. So lässt sich aus Schädelknochen nur annäherungsweise auf geistige Fähigkeiten schließen. Auch die genetischen Untersuchungen stehen noch am Anfang. Dieser Weg könnte aber erfolgversprechend sein, wie die Entdeckung eines für die Sprach- und Artikulationsfähigkeit wichtigen Gens *(FOXP2)* zeigt (Krause et al. 2007). Und schließlich lassen sich Unterschiede in der technischen Intelligenz indirekt an der Art der verwendeten Werkzeuge und Waffen ablesen. Aber auch hier gibt es fließende Übergänge und oft ist nicht eindeutig geklärt, wer die Urheber der Geräte waren. Dass es Unterschiede zwischen modernen Menschen und Neandertalern in der technischen Intelligenz, vielleicht auch in der Sprachfähigkeit oder in der sozialen und kulturellen Komplexität gab, wird aber weithin angenommen.

Über diesen Unterschieden sollte man die grundlegenden Gemeinsamkeiten nicht übersehen. Alle Menschenarten und -formen stammen von einer ursprünglichen Art – *Homo erectus* – ab, die vor rund zwei Millionen Jahren entstand. Obwohl später noch wichtige Veränderungen erfolgten – eine weitere Vergrößerung des Gehirns, schmalere Körper, höhere sprachliche und kulturelle Komplexität –, ähneln schon diese Vorfahren späteren und heutigen Menschen in Körpergröße und -gestalt, Lebens- und Fortbewegungsweise, so dass sie zu Recht Menschen genannt werden. Gibt es auch in Bezug auf geistige Fähigkeiten eine gemeinsame Natur aller Menschen? In *Wie Wissen zur Macht wird* werden wir zunächst dieses evolutionäre Erbe – die überlegene Intelligenz und Kulturfähigkeit *aller* Menschen – diskutieren.

In *Die Biologie der Kunst* wenden wir uns dann derjenigen geistigen Neuerung zu, die den spektakulären evolutionären Erfolg unserer Vorfahren während der letzten 50 000 Jahre ausmachte. Wie wir gesehen haben, gehen die meisten Wissenschaftler davon aus, dass die modernen Menschen geistige Fähigkeiten hatten, die beispielsweise den Neandertalern fehlten und die diese nicht übernehmen konnten oder wollten. Um was genau es sich dabei handelt und wie es zum

Triumph der modernen Menschen führte, zu diesen Fragen findet man aber meist nur Andeutungen oder die Antwort bleibt gänzlich im Dunklen. Wir werden zeigen, dass sich das Rätsel durchaus lösen lässt, wenn man die archäologischen Funde ernst nimmt:

> Die einzige grundlegend neue Eigenschaft, die die Vorfahren heutiger Menschen gegenüber früheren und anderen Menschenformen auszeichnet (und die erhalten blieb), ist *die Kunst*. War sie ihr entscheidender Selektionsvorteil, ihre «Geheimwaffe»?

5 Wie Wissen zur Macht wird

«Der Mensch ist selbst im einfachsten Zustand, in dem er heute existiert,
das dominanteste Tier, das je auf dieser Erde erschienen ist.
Er hat sich weiter verbreitet als irgendeine andere hoch organisierte Form
und alle andern sind vor ihm zurückgewichen.»
Charles Darwin, *The descent of man* (1871)

Was macht Menschen so überlegen, was ist die Ursache ihrer Macht? In Bezug auf Körperkraft, Schnelligkeit oder natürliche Waffen wie Zähne oder Hörner können sie es mit vielen Tieren nicht aufnehmen. Dies hat Philosophen und Naturforscher gleichermaßen dazu verleitet, Menschen als biologische «Mängelwesen» zu charakterisieren, die «innerhalb natürlicher, urwüchsiger Bedingungen [...], inmitten der gewandtesten Fluchttiere und der gefährlichsten Raubtiere schon längst ausgerottet» wären (Gehlen 1997: 33). Ursprünglich seien sie «das am wenigsten Furcht einflößende Tier von allen [gewesen]: nackt, ohne Waffen und ohne Schutz war die Erde für sie eine riesige Einöde, von Ungeheuern bevölkert, deren Beute sie oft wurden» (Buffon 1753: 173). Aus Sicht der Evolutionsbiologie ist die Charakterisierung der Menschen als hilflos und schwach aber mit Sicherheit unzutreffend.

Vor 2,5 Millionen Jahren wurde das Klima in Afrika trockener, Bäume wurden seltener und die Waldlandschaften wandelten sich in Busch- und Grassavannen. Dies verringerte nicht nur das Nahrungsangebot an Früchten, sondern auch die Fluchtmöglichkeiten vor schnellen Raubtieren wie Löwen, Leoparden und Hyänen reduzierten sich drastisch. In dieser Krisensituation überlebten einige der noch schimpansenartigen Vorfahren der Menschen (die Australopithecinen), indem sie sich in ihrer Fortbewegungsweise spezialisierten, neue Nahrungsquellen erschlossen und intelligente Verteidigungsmethoden erfanden. Vielleicht haben sie mit Steinen geworfen, mit dornigen

Ästen geschlagen oder primitive Waffen aus Holz gefertigt. Jedenfalls überlebten einige Australopithecinen und entwickelten sich schließlich zu den ersten Menschen weiter. Bemerkenswert ist nicht nur, dass sie unter diesen schwierigen Bedingungen überleben konnten, ohne den zahlreichen Fressfeinden zum Opfer zu fallen. *Wirklich erstaunlich ist, dass sie mit den Raubtieren auf deren eigenem Feld zu konkurrieren begannen und selbst zu erfolgreichen Räubern wurden.* Da sie ihren Erfolg in erster Linie den geistigen Fähigkeiten und der Kooperativität verdankten, spricht man in diesem Zusammenhang auch von der sozial-kognitiven Nische der Menschen (Darwin 1871, 1: 136–37; Whiten 1999).

Die drei Arten des Wissens

Höhere Intelligenz und ein besseres Gedächtnis – die Fähigkeiten zur Verarbeitung von Erfahrungen und zu ihrer Speicherung in Form von Wissen – werden unter vielen Umweltbedingungen einen Selektionsvorteil mit sich bringen, und so kann man umgekehrt fragen, warum nicht auch andere Tiere ähnliche Intelligenzleistungen vollbringen. Ein Grund ist, dass es sich beim Gehirn um ein sehr energieaufwändiges Organ handelt, das mit zahlreichen Nachteilen erkauft werden muss; an dieser Stelle seien nur die großen Risiken für Mutter und Kind bei der Geburt erwähnt. Wie bei anderen Merkmalen muss auch hier der reproduktive Nutzen die Kosten übersteigen. Dass dies bei Menschen schon früh in der Evolution der Fall war, lässt sich an der stetigen Zunahme der Gehirngröße ablesen. Das Gehirn eines heutigen Menschen hat mit durchschnittlich 1400 Kubikzentimetern (ccm) mehr als die dreifache Größe eines Schimpansengehirns (400 ccm). Die vor rund zwei Millionen Jahren entstandenen ersten echten Menschen – *Homo erectus* – kamen bereits auf 800 bis 1200 ccm. Für unsere Art und ihre kognitive Nische wird man also dem Renaissancegelehrten Francis Bacon zustimmen, wenn er schreibt: «Denn Wissen selbst ist Macht» (1597).

Menschen sind nicht die einzigen intelligenten Tiere, aber sie übertreffen alle anderen Lebewesen in dieser Hinsicht deutlich. Und so wird unter «Wissen» meist nur die bewusste Erkenntnis von Menschen verstanden. Bei genauerer Betrachtung zeigt sich aber, dass man damit nur einen Spezialfall eines weit vielfältigeren Phänomens erfasst hat. Legt man stattdessen die erweiterte Bedeutung von «Wissen» als «gespeicherte Erfahrung» zugrunde, so findet man diese grundlegende Eigenschaft bei allen Organismen. Denn auch die im Erbmaterial jedes Lebewesens gespeicherten Erfahrungen lassen sich als eine Form des Wissens verstehen. Eine Pflanze «weiß», dass sie zu einer bestimmten Jahreszeit Knospen bilden, zu einer anderen die Blätter abwerfen sollte. Diese Reaktionen unterscheiden sich nicht grundlegend von genetisch determiniertem Verhalten bei Menschen und anderen Tieren. Sie wissen instinktiv, dass sie bei Hunger essen müssen und was die geeignete Nahrung ist. Sie wissen, was sexuelle Signale bedeuten, dass beispielsweise eine bestimmte Körperform, der besondere Duft oder die glatte Haut eines Sexualpartners gute Reproduktionschancen versprechen.

Da die entsprechenden Verhaltensweisen – Appetit oder sexuelles Begehren – nicht erlernt werden müssen, sondern bei geeigneten Schlüsselreizen automatisch ausgelöst werden, spricht man von angeborenem Verhalten oder umgangssprachlich von Instinkten. Der in den Genen verankerte Lust-Unlust-Mechanismus stellt auf diese Weise sicher, dass ein Tier für sein individuelles Wohlergehen und seine Fortpflanzung sorgt. Aus biologischer Sicht lässt sich Bacons These also folgendermaßen verallgemeinern: Wenn Verhalten auf Erfahrungen beruht, dann verbessert dies die Überlebens- und Fortpflanzungschancen. So kann ein Tier bestimmte Situationen gezielt vermeiden oder aufsuchen, die sich in der Vergangenheit als schädlich oder vorteilhaft erwiesen haben.

Die Verwendung von Begriffen aus dem Bereich der menschlichen Kommunikation (Information, Übersetzung, Transkription, Code usw.) in der Molekularbiologie und in der Genetik hat sich als ausgesprochen fruchtbar für das Verständnis biologischer Phänomene erwiesen. Ähnlich erhellend war auch die Übernahme biologischer Begriffe in die Kulturwissenschaften. So hat beispielsweise das Wort «Mem», das der Evolutionsbiologe Richard Dawkins in seinem Buch *The selfish gene* als allgemeinen Sammelbegriff für Ideen und Gedanken prägte, weite Verbreitung gefunden (1976). Durch den sprachlichen Anklang an das Wort «Gen» wollte er deutlich machen, dass die kulturelle Entwicklung in vielerlei Hinsicht der biologischen Evolution ähnelt und dass für beide Prozesse die gleichen Darwin'schen Prinzipien gelten. Vererbung, Mutationen, natürliche Auslese und Evolution von Genen sind also eigentlich nur ein Spezialfall und analoge Phänomene lassen sich unter bestimmten Bedingungen auch bei anderen Entitäten, beispielsweise bei Gedanken und Ideen (den Memen), beobachten. Solche Analogien können missverständlich, aber auch sehr erhellend sein (Maynard Smith 2000). Wir werden im Folgenden von «Memen» oder «genetischer Information» sprechen, wenn wir auf diese Gemeinsamkeiten von biologischer und kultureller Evolution aufmerksam machen wollen.

Die *genetische Information* aller heutigen Lebewesen beruht auf den Erfahrungen aus rund 3,5 Milliarden Jahren Evolution. Ihr materieller Träger sind große chemische Moleküle (DNA), die zwei für das Leben grundlegende Eigenschaften aufweisen: 1) Die DNA-Moleküle lassen sich identisch verdoppeln («semikonservative Replikation»). Durch diesen Mechanismus entstehen genaue Kopien der DNA und ihrer genetischen Information; er ist die molekulare Grundlage der Vererbung und der Fortpflanzung. 2) Die DNA-Moleküle können die für den Bau des Körpers notwendigen Informationen in der Reihenfolge ihrer Bausteine («Nukleotide») speichern. Ähnlich wie bei den Buchstaben eines Satzes ergibt sich aus dieser Reihenfolge ein Sinn – es ist die Bauanleitung für den Körper und seine Bestandteile. Die einzelnen Bauanleitungen nennt man «Gene», ihre Gesamtheit das «genetische Programm» oder die «genetische Information» eines Organismus.

Die genetische Information entstand im Laufe der Evolution durch Versuch und Irrtum. In jeder Generation erhielten sich diejenigen Gene, die geeignete Überlebensmaschinen (Zellen, Körper) bauten, andere Gene dagegen waren weniger erfolgreich und verschwanden. Durch diesen Mechanismus können Tiere (und Menschen) beispielsweise giftige oder schädliche Nahrungsmittel am Geruch oder Geschmack erkennen, ohne dass sie deren negative Folgen zuvor persönlich erleben müssen. Voraussetzung ist, dass ihre Vorfahren ursprünglich einen zufälligen, aber erblichen Widerwillen empfanden und dadurch besser überleben konnten als Individuen ohne diese Eigenheit. Seit Darwin nennt man diesen Mechanismus «natürliche Auslese» oder Selektion. Eine interessante Konsequenz der Erfahrungsspeicherung durch zufällige Variation und Selektion ist, dass die Gene keine Informationen über die unendlich vielen Fehlversuche, Sackgassen und Misserfolge der letzten 3,5 Milliarden Jahre Evolution speichern können.

> Da jedes Lebewesen von einer ununterbrochenen Reihe erfolgreicher Vorfahren abstammt, sagt die im genetischen Programm gespeicherte Erfahrung immer nur, wie *richtiges Verhalten in der Vergangenheit* aussah. Gene haben kein Gedächtnis für Misserfolge und keinen Sinn für die Zukunft, sie produzieren relativ schematische Reaktionen und sie können sich nur langsam durch Mutation, Rekombination und Selektion von einer Generation zur nächsten verändern.

Unter bestimmten Lebensbedingungen sind diese Eigenschaften von Nachteil, und so entstand in der Evolution eine zweite, schneller veränderliche, aber auch flüchtige Form des Wissens – die in den Nervenzellen des Gehirns gespeicherten *Erfahrungen des einzelnen Individuums.* Im Gegensatz zur genetischen Information ist dieses Wissen für ein Lebewesen nicht unbedingt notwendig. Einzeller, Pflanzen und niedere Tiere kommen auch sehr gut ohne es aus. Höhere Tiere aber benötigen Gehirne, da sie sich vergleichsweise rasch bewegen, jedenfalls um Größenordnungen schneller als Pflanzen. Das Gehirn ist die Schnittstelle, an der die Reize der Außenwelt in Befehle zur Betätigung der Muskeln, in Verhalten, umgewandelt werden. Von Vorteil ist, wenn ein Tier sein Verhalten nicht nur von gegenwärtigen Reizen abhängig macht, sondern auch Vorgänge der Vergangenheit berücksichtigen kann, d. h. aus Erfahrung lernt.

Verglichen mit instinktiven, genetisch fixierten Verhaltensweisen sind erlernte Reaktionen deutlich flexibler, was sich vor allem für bewegliche Lebewesen in einer veränderlichen Umwelt auszahlt. Und es setzt eine gewisse Langlebigkeit voraus, weshalb das Verhalten von kurzlebigen Arten wie Insekten weitestgehend genetisch programmiert ist. Individuelles Lernen hat allerdings einen gravierenden Nachteil: Die Erfahrungen müssen von jedem Individuum immer wieder aufs Neue gemacht werden. Das aber kann mit großen Risiken verbunden sein, da es erst lernen muss, welche Jagdtechniken zum Erfolg führen und wo Gefahren drohen.

Das zweite Vererbungssystem

Und so ist in der Evolution eine dritte Form des Wissens entstanden, die flexibler ist als genetisches, aber beständiger als individuelles – *kollektives Wissen*, das systematisch von einer Generation zur nächsten weitergegeben wird. Bei Arten mit hoch entwickelter Brutpflege wie bei verschiedenen Vögeln und Säugetieren haben Jungtiere die Möglichkeit, ihre genetische Information und die individuellen Erfahrungen dadurch zu ergänzen, dass sie von ihren Eltern, Verwandten oder anderen Mitgliedern ihrer sozialen Gruppe lernen. Auf diese Weise übernehmen Jungvögel den charakteristischen Gesang ihrer Eltern, Rattenjunge deren Ernährungsweise und Menschenkinder eine Unmenge von Ideen und Verhaltensweisen.

Die Fähigkeit zum sozialen Lernen ist eine biologische Anpassung, die Vorteile der genetischen Information mit solchen der individuellen Erfahrung verbindet und zugleich einige ihrer Nachteile vermeidet. Wie beim individuellen Lernen erfolgt die Speicherung in den Nervenzellen des Gehirns, sie ist also vergleichsweise flexibel; auf der anderen Seite gehen die Erfahrungen beim Tod des Individuums nicht notwendigerweise verloren, sondern sie können – ähnlich wie Gene, aber unabhängig von ihnen – von einer Generation zur nächsten weitergegeben werden. Es handelt sich also um eine Form der Vererbung. Da Erfahrungen und Wissen (die Kultur) weitergegeben werden, spricht man von «kultureller Vererbung» (Bonner 1980; Tomasello 1999).

Was ist Kultur?

Im allgemeinen Sprachgebrauch hat das Wort unterschiedliche Bedeutungen, die meist nicht klar unterschieden werden. Die evolutionsbiologische Methode ermöglicht eine eindeutige Definition, die den traditionellen Wortgebrauch aufgreift, aber seinen Sinn genauer und präziser fasst. *Unter «Kultur» versteht man das gesamte Wissen und Verhalten, das ein Individuum von Mitgliedern seiner sozialen Gruppe übernimmt.* Dies kann durch Nachahmung oder durch systematisches Lehren und Lernen erfolgen. Wenn Erwachsene ihr so erworbenes Wissen an Kinder weitergeben, kommt es zu einem Informationsfluss über viele Generationen hinweg.

Unter «Kultur» werden also nicht nur künstlerische Ausdrucksformen und ästhetische Überzeugungen verstanden, sondern das gesamte erlernte Wissen und die Gebräuche einer sozialen Gruppe. Ob es sich dabei um eine steinzeitliche Jäger-und-Sammler-Horde, ein Volk oder die Menschheit handelt, ist ebenso unerheblich wie die Art der Inhalte. Die einzelnen kulturellen Überlieferungen und Gebräuche nennt man «Traditionen». Sie reichen von der Vorliebe für bestimmte Speisen über Bekleidungsregeln und Tischsitten bis hin zu Sprache, Technik, Recht, Religion, Wissenschaft und Kunst. *Mit dem Wort «Kultur» ist also keine Wertung verbunden, sondern es bezeichnet einen neutralen Mechanismus zur Weitergabe von Erfahrungen.* Die Überlieferungen selbst können richtig oder falsch sein, die Bräuche und Gewohnheiten ethisch gut oder schlecht, sinnvoll oder schädlich (Antweiler 2007).

Sowohl die genetische als auch die kulturelle Vererbung hat den Effekt, dass sich Individuen einer biologischen Art oder einer sozialen Gruppe ähnlich verhalten – entweder weil sie dieselben Gene ererbt oder weil sie dieselben Meme erlernt haben. Da Traditionen ursprünglich auf den oft zufälligen Erfahrungen und Erfindungen einzelner Individuen beruhen, kommt es durch soziales Lernen nicht nur zu einer Vereinheitlichung innerhalb der Gruppen, sondern auch zu Unterschieden nach außen, anderen Gruppen gegenüber.

Woraus beziehen nun die Menschen ihre Macht – aus genetischem, individuellem oder kollektivem Wissen? In Bezug auf instinktives, genetisch programmiertes Wissen gibt es kaum grundlegende Unterschiede zwischen Menschen und anderen Tieren. Wenn überhaupt, dann haben Menschen hier ein Defizit; es kann also kaum die Quelle ihrer Überlegenheit sein. Sie sind aber durch ihr größeres Gehirn in der Lage, mehr individuelle Erfahrungen zu speichern als andere Tiere. Selbst ein ausschließlich auf sich selbst angewiesener Mensch, ein Kaspar-Hauser-Kind, könnte wohl eine umfassendere Kenntnis seiner Umwelt gewinnen als ein entsprechendes Schimpansenjunges. Die Menge an Wissen, die ein Individuum erwerben kann, indem es die Welt für sich beobachtet, ist aber begrenzt.

Die Tatsache als solche ist so geläufig, dass sie als kaum der Rede wert erachtet wird: Der größte Teil unseres Wissens ist kollektiv und wird durch systematisches Lehren und Lernen erworben. Wenn Kinder nicht durch Erwachsene unterrichtet würden, dann wären ihre (sprachlichen) Ausdrucksmöglichkeiten äußerst begrenzt und sie würden «genauso viel über Dinosaurier wissen wie Platon und Aristoteles, nämlich überhaupt nichts» (Tomasello 1999: 193). Die einzigartige Lernfähigkeit der Menschen hat auch ihre Schattenseiten – es ist die biologische Tendenz zur Konformität und Indoktrinierbarkeit. Verglichen mit dem ungeheueren Schatz an (richtigen ebenso wie falschen) Vorstellungen, den die Menschheit angesammelt hat, kann die individuelle Erfahrung nur einen geringen, aber entscheidenden Beitrag leisten: Sie ist ein wichtiges Korrektiv, wenn sie unzutreffende kollektive Überzeugungen kritisiert, und sie produziert Innovationen, neues Wissen.

Die kulturelle Vererbung, die Weitergabe von Erfahrungen über die Generationen hinweg, hat den Effekt, dass auch die Vorfahren in Gedanken und in dem Maße weiterleben, in dem man sich an sie erinnert und in dem ihre Ideen Eingang in das kollektive Wissen fanden. Wir lernen nicht nur von unseren Zeitgenossen, sondern profitieren auch von den Erfahrungen früherer Generationen. Seit der Erfindung der Schrift können wir auf diese sogar direkt zugreifen, die Gedanken von Aristoteles oder Darwin in ihren Texten und von Mozart in seiner Musik aufspüren. Vor allem wegen dieser generationenübergreifenden Zusammenarbeit ist es die Gesellschaft, «aus der der Mensch seine Macht bezieht; in ihr kann er seinen Verstand verbessern, seinen Geist üben und seine Kräfte vereinen» (Buffon 1753: 173). Wenn einzelne Ideen eines Menschen in den Wissensschatz einer erfolgreichen Gruppe (ihren «Mem-Pool») eingehen, werden sie potentiell unsterblich. So wurde der Mensch, der als Erster erkannte, dass man Feuer machen kann, indem man zwei Holzstücke aneinanderreibt, mit dieser Idee unsterblich – zumindest solange es Menschen gibt.

Durch die kulturelle Vererbung ist es also möglich, die Erfahrungen einer sehr viel größeren Zahl von Menschen zu speichern und verfügbar zu machen, als zu einer Zeit leben. Wenn man den Beginn dieser Art der Erfahrungsspeicherung mit der Entstehung der modernen Menschen vor rund 200 000 Jahren ansetzt, eine eher geringe durchschnittliche Populationsgröße von 100 000 und eine Generationszeit von 20 Jahren annimmt, so kommt man auf 10^9 Individuen. Das heißt, das kollektive Wissen der Menschheit beruhte bereits vor der starken Bevölkerungszunahme der letzten 10 000 Jahre potentiell auf den Erfahrungen von mindestens einer Milliarde Menschen.

Solange das Wissen nur über die Sprache weitergegeben wurde, gingen sehr viele Informationen wieder verloren. Sobald Menschen ihr kulturelles Gedächtnis aber auf haltbareren Medien fixieren konnten, in den Höhlenmalereien der Eiszeit und schließlich in Form von Schrift, wurde die Übermittlung um ein Vielfaches genauer und dauerhafter (Assmann 2006). Heute können wir durch schriftliche Quellen an den Erfahrungen und am Wissen von Menschen teilhaben, die vor Hunderten und Tausenden von Jahren lebten. Und auch das Internet, durch das der Wissenstransfer beschleunigt und erleichtert wird, ist im Grund nur eine logische Weiterentwicklung des evolutionär entstandenen «Mem-Nets», das auf sozialem Lernen und kultureller Vererbung beruht.

Das Besondere an der für die Menschen charakteristischen Kultur ist also nicht in erster Linie ihr konkreter Inhalt – eine bestimmte Sprache, Kunst, Wissenschaft oder Sitten und Gebräuche –, denn dieser ist austauschbar. Das wirklich Einzigartige ist die Perfektion, mit der Erfahrungen gespeichert und über eine lange Reihe von Generationen hinweg weitergegeben werden.

Gedankenlesen

Kulturfähigkeit ist soziale Lernfähigkeit und als solche genetisch determiniert, eine Anpassung. Sie ist der besondere Stolz der Menschen. Die Speicherung und Weitergabe einer Unmenge an Informationen erforderte nicht nur eine Vergrößerung des Gehirns, sondern auch einen psychologischen Mechanismus, der eine genaue Übermittlung gewährleistet. Bei der genetischen Information wird dies durch das identische Kopieren der DNA-Moleküle bei der semikonservativen Replikation erreicht. Wie aber können Menschen Gedanken so genau kopieren, dass sie vererbt und angehäuft werden können?

Die kulturelle Vererbung ist ein aufwändiger Prozess. Wie mühsam er sich für Lernende ebenso wie für Lehrende gestaltet, lässt sich bei jedem Kind aufs Neue beobachten. Im Vergleich zu anderen Tieren haben Menschen die Speicherung kollektiver Erfahrungen aber perfektioniert. Bei Schimpansen konnte man immerhin 39 verschiedene lokale Traditionen beim Werkzeuggebrauch, bei der Fellpflege und beim Werbeverhalten identifizieren. Bei Untersuchungen an Orang-Utans kam man auf mindestens 19 Traditionen. Im Gegensatz dazu fand man bei anderen Säugetieren, bei Vögeln und Fischen meist nur jeweils eine oder wenige Traditionen – beispielsweise lokale Dialekte bei Singvögeln (Boesch & Tomasello 1998; Whiten et al. 1999; McGrew 2001). Schon bei den Menschenaffen ist also ein evolutionärer Schritt zu einem relativ reichhaltigen kulturellen Repertoire erfolgt. Verglichen mit der Komplexität und Vielfalt der Inhalte bei Menschen nehmen sich die Traditionen anderer Tiere vergleichsweise bescheiden aus. Aber sie zeigen, dass die menschliche Kulturfähigkeit keine völlig neue Eigenschaft ist, sondern dass es im Laufe der Evolution zu einer kontinuierlichen Verbesserung aus einfacheren Vorformen kam.

Menschen sind nicht nur in der Lage, kulturelle Errungenschaften weiterzugeben, sondern sie können diese auch zunehmend komplexer gestalten und weiterentwickeln. Kreativität hat in unserer Gesellschaft einen hohen Wert, während reproduzierendes Lernen oft als «stupides Auswendiglernen» empfunden und entsprechend gering geschätzt wird. Man sollte aber die Bedeutung der Nachahmung nicht unterschätzen – kulturelle Weiterentwicklung ist nur möglich, wenn eine Neuerung nicht wieder vergessen wird. Da die wiederholte Abfolge von Verbessern und Bewahren der Funktionsweise eines Wagenhebers ähnelt, spricht man in diesem Zusammenhang auch vom «Wagenhebereffekt».

Vergleicht man das Lernverhalten von Schimpansen und Kindern, so zeigt sich, dass Schimpansen eher pragmatisch auf ein Ziel orientiert sind. Kinder dagegen versuchen, das Verhalten anderer genau nachzuahmen, auch wenn das im Einzelfall weniger effektiv ist. Schimpansen sind also durchaus zu kreativen Problemlösungen in der Lage, sie zeigen aber weniger Bereitschaft zu genauer Imitation und zu aktivem Lehren: «Es überrascht vielleicht, aber bei vielen Tierarten ist es nicht die Komponente der Erfindung, sondern die stabilisierende ‹Wagenheberkomponente›, deren Fehlen eine Fortentwicklung verhindert. So bringen nichtmenschliche Primaten zwar regelmäßig intelligente Verhaltensneuerungen hervor, aber die anderen Gruppenmitglieder durchlaufen dann nicht diejenigen Arten sozialer Lernprozesse, die über die Zeit hinweg den kulturellen Wagenhebereffekt realisieren würden» (Tomasello 1999: 15).

Wie funktioniert soziales Lernen psychologisch? Um eine Handlung zu kopieren, muss man sie genau beobachten und nachahmen. Um das Wissen eines anderen Menschen zu kopieren, muss man seine Gedanken «lesen» und dann versuchen, diese zu reproduzieren. Menschen haben nun nicht nur die *Fähigkeit*, die Gedanken und Gefühle anderer zu «lesen», sondern es ist ihnen ein *instinktives Bedürfnis*. Besonders gut funktioniert Gedankenlesen, wenn man sich in andere Menschen hineinversetzt und sich mit ihnen identifiziert. Schon Kinder simulieren in ihren Spielen und Phantasien die Perspektiven anderer Personen, gerade auch solche, die sich von ihren eigenen unterscheiden. Ohne diesen Drang wären Schüler weder fähig und noch willens, die Gedanken ihrer Lehrer, der institutionellen Vertreter des kollektiven Wissens, nachzuvollziehen. Und ohne dieses Bedürfnis wäre nicht zu erklären, woher die schier unersättliche Begeisterung für fiktionale Literatur, Spielfilme, Theater und Sportereignisse kommt, durch die Leser und Zuschauer in ihrer Phantasie das Leben anderer Menschen leben, ihre Gedanken denken und ihre Gefühle fühlen können.

Dass Gedankenlesen in der Tat der psychologische Mechanismus ist, durch den kulturelle Vererbung möglich wird, zeigt ein Vergleich mit Menschen, die diese Fähigkeit nicht oder in geringerem Maße haben. Autistische Kinder haben beträchtliche Schwierigkeiten, sich in andere Menschen hineinzuversetzen, und sie können deshalb nur begrenzt kommunizieren und am kollektiven Wissen teilhaben. Der Vergleich mit anderen Tieren, das Krankheitsbild des Autismus, die allgemeine Verbreitung des Wunsches, Gedanken, Erfahrungen und Gefühle anderer Menschen zu simulieren, der Automatismus, mit dem dies erfolgt, und der damit verbundene Lustgewinn sprechen nun gleichermaßen dafür, dass es sich um eine angeborene Fähigkeit handelt, die einen Selektionsvorteil mit sich bringt.

Worin bestand der ursprüngliche Nutzen des Gedankenlesens für die Vorfahren heutiger Menschen? Eine Antwort gibt die Machiavelli'sche Intelligenzhypothese. Benannt wurde sie nach dem Renaissancegelehrten Niccolò Machiavelli, der die Techniken der Machtausübung in und zwischen Staaten analysiert hat (*Il Principe*, 1532). Sie besagt, dass der Schutz vor Raubtieren und das Auffinden von Nahrung für Tiere anspruchsvolle, aber überschaubare Probleme sind. Sobald sie gelernt haben, wo es Früchte oder Gefahren gibt, bleibt dies einigermaßen berechenbar. Ganz anders ist dies in der sozialen Umwelt eines Tieres. Hier existiert ein kompliziertes Netz von Interaktionen, das deutlich mehr Intelligenzleistungen erfordert (Byrne & Whiten 1988). Tiere, die in sozialen Verbänden leben, sind mit Sexualpartnern und Konkurrenten, Verbündeten und Feinden konfrontiert, die eine ähnliche Intelligenz aufweisen wie sie selbst. Um in einer solchen Umwelt überleben und sich fortpflanzen zu können, müssen sie das Verhalten der Gruppenmitglieder richtig einschätzen und voraussehen – sie müssen psychologisches Gespür haben.

Und so haben Menschen ein ausgefeiltes psychologisches Instrumentarium entwickelt, um die Gedanken einer Person unabhängig von ihren Handlungen zu erraten. Sie wissen, dass sich Absichten und Überzeugungen nicht immer am Verhalten ablesen lassen, dass sie ihm manchmal widersprechen und dass die verborgenen Gedanken in anderen Situationen durchaus von großer Bedeutung sein können. Und sie wissen, dass man das Verhalten eines Menschen ändern kann, wenn man seine Gedanken beeinflusst. Wenn Individuen in der Lage sind, sich in andere Personen hineinzuversetzen, ihre Gedanken zu lesen und so ihre Erfahrungen zu übernehmen, werden sie einen Selektionsvorteil haben. Dies gilt aber auch für diejenigen, die Wissen preisgeben, da sich das Verhalten der Gruppenmitglieder durch gezielte Informationen beeinflussen lässt.

Der Machiavelli'schen Intelligenzhypothese zufolge haben Menschen ihre außergewöhnlichen geistigen Begabungen bei Auseinandersetzungen innerhalb der Jäger-und-Sammler-Gruppen oder beim Kampf zwischen diesen Gruppen erworben, also bei Interessenkonflikten zwischen Menschen. Nachdem sich das Gedankenlesen in dieser Hinsicht als machtvolle Technik erwiesen hatte, lag es nahe, mit seiner Hilfe auch die anderen Bereiche der Welt verstehen und beherrschen zu wollen – die belebte und die unbelebte Natur (Kelemen 1999). Besonders deutlich wird diese Tendenz in der Weltauffassung der Naturvölker, dem «Animismus» (von lat. *animus*, «Geist», «Seele»). Hier wird die gesamte, auch die unbelebte Natur – Berge, Flüsse, Steine, Gegenstände ebenso wie physikalische Phänomene – mit Geistern belebt und beseelt.

Die Weltanschauung des Animismus hat auch eine eigene Technik hervorgebracht: die Magie. Da alle Dinge gleichermaßen beseelt sein sollen, benötigt man nur eine einzige Technik, um sie zu beeinflussen. Wenn man Naturvorgängen wie Blitz und Donner Gefühle und Gedanken unterstellt, kann man versuchen, sie auf die eigene Seite zu ziehen, indem man mit ihnen spricht und sie durch Gaben und Bitten günstig stimmt. Die Magie will Macht über Menschen, andere Lebewesen und Dinge gewinnen, indem sie ihre «Geister», d. h. die Gedanken, zu beherrschen versucht (Freud 1912/13). Bei Menschen funktioniert dies sehr gut, bei Tieren leidlich gut, da ihr Verhalten auf ähnlichen Gehirnvorgängen beruht. Bei Pflanzen wird es schon schwieriger, und die unbelebte Natur – beispielsweise das Wetter – schließlich funktioniert nach anderen Prinzipien; hier gibt es keine Absichten und Ziele, sondern nur Ursachen und Wirkungen. Dies zu akzeptieren und sich von der animistischen Denkweise zu lösen fällt vielen Menschen bis heute erstaunlich schwer. Auch die modernen Religionen haben sich nur insofern von dieser Denkweise entfernt, als sie nicht mehr einem einzelnen Felsen oder jedem physikalischen Phänomen einen eigenen Gott zuweisen, sondern die Einzelgeister und -götter zu einem einzigen Gott verschmolzen haben.

Wenn die Machiavelli'sche Intelligenzhypothese recht hat, dann haben Menschen eine genetisch programmierte Tendenz, alles, was sie umgibt, zunächst nach dem Vorbild sozialer Beziehungen aufzufassen. Ein Rest von Animismus und Aberglauben wäre dann psychologisch unausrottbar. Dann werden Menschen auch in der Zukunft einen Stuhl, an dem sie sich gestoßen haben, beschimpfen und von einem Auto oder einem Computer persönlich enttäuscht sein, wenn sie nicht mehr funktionieren. Dies beweist aber nicht, dass ein Stuhl, ein Auto oder ein Computer böse Absichten hegen, sondern nur, dass die menschliche Intelligenz in der Evolution vor allem dazu diente, das Verhalten anderer Menschen besser vorhersagen und beeinflussen zu können, und dass sie bis heute versuchen, auf diese Weise auch die Reaktionen anderer Lebewesen und unbelebter Dinge zu verstehen und zu beherrschen.

Die Entdeckung der Unsterblichkeit

Durch das kulturelle Vererbungssystem bleiben Erfahrungen früherer Generationen erhalten. Im Laufe der Zeit kann so zunehmend umfangreicheres und komplexeres kollektives Wissen entstehen. Unsere nächsten Verwandten unter den Tieren, die Schimpansen, besitzen die dazu nötigen geistigen Fähigkeiten nur teilweise; entsprechend einfach sind ihre Traditionen. Da die letzten gemeinsamen Vorfahren von Menschen und Schimpansen vor rund sieben Millionen Jahren lebten und auch andere Menschenaffen nicht zu komplexer kultureller Evolution in der Lage sind, kann man davon ausgehen, dass die für Menschen charakteristischen Begabungen erst nach diesem Zeitpunkt entstanden. Aber wann?

Aus den ersten rund fünf Millionen Jahren nach der Trennung von den Schimpansen sind kaum Funde bekannt, die für eine nennenswerte kulturelle Evolution sprechen würden. Abgesehen vom aufrechten Gang ähnelten unsere Vorfahren aus dieser Zeit (die Australopithecinen) viel eher Schimpansen als heutigen Menschen. Sie waren zwar Teil des Stammbaumastes, der auch zu den Menschen führt, aber der entscheidende Schritt der Menschwerdung geschah erst später. Wie heutige Schimpansen verfügten sie aber sicher über einfache Formen sozialen Lernens. Dafür sprechen auch die ersten bekannten Steinwerkzeuge, die rund 2,6 Millionen Jahre alt sind («Oldowan-Kultur»). Es handelt sich um mit wenigen Schlägen aus Geröllsteinen gefertigte Artefakte, aus denen dann auch etwas feinere Werkzeuge hergestellt wurden. Es ist also eher unwahrscheinlich, dass die Australopithecinen bereits Fähigkeiten zum Gedankenlesen und zur kulturellen Evolution besaßen, die deutlich über das Niveau heutiger Schimpansen hinausgingen.

Vor rund zwei Millionen Jahren entstanden dann die ersten echten Menschen *(Homo erectus)*. Von ihnen stammen vielfältige und sorgfältig bearbeitete Steingeräte. Am bekanntesten sind die symmetrischen Faustkeile, die wohl zum Jagen, zum Zerlegen von Beutetieren und zur Holzbearbeitung verwendet wurden («Acheuléen-Kultur»). Die ältesten Exemplare sind fast 1,5 Millionen Jahre alt und wurden in Äthiopien gefunden; noch vor nur rund 200 000 Jahren kamen sie in

Abb. 14: Faustkeil aus dem Acheuléen, 1,4 Millionen bis 200 000 Jahre vor heute (Länge 23,5 cm). Während die ersten Steinwerkzeuge noch kaum standardisiert waren, haben die Faustkeile eine einheitliche Form, was ein Hinweis auf die systematische Weitergabe von Informationen («Kultur») ist.

Europa vor. Die Faustkeile weisen bereits ein gewisses Maß an Standardisierung auf, es kam aber nur zu langsamen Fortschritten. Da die *Homo-erectus*-Menschen auch bereits ein deutlich vergrößertes Gehirnvolumen aufwiesen, kann man davon ausgehen, dass ihre kulturelle Komplexität diejenige der Schimpansen bereits weit hinter sich gelassen hatte.

Die ausgefeilten Werkzeuge, Waffen und Jagdstrategien der vor rund 400 000 Jahren lebenden *Homo-heidelbergensis*-Menschen zeigen, dass sie bereits ein differenziertes kollektives Wissen über die Welt besaßen. Die bis zu 200 000 Jahre alten Werkzeuge des Moustérien, die meist den Neandertalern zugeschrieben werden, sind noch wesentlich graziler und vielfältiger. Es gab damals auch bereits regionale Unterschiede, ein typisches Merkmal von Kultur. Die Werkzeuge aus der Zeit nach der Ankunft der modernen Menschen in Europa vor rund 45 000 Jahren zeigen dann eine weitere Zunahme der funktionalen Spezialisierung und Verfeinerung. Die regionale Differenzierung der kulturellen Traditionen ist noch deutlicher ausgeprägt. Vor rund 30 000 Jahren wurden die Geräte zudem verziert, in einer Zeit, in der sich auch künstlerisch gestaltete Felsmalereien, Statuetten und Musikinstrumente finden.

Abb. 15: Wildpferd aus Mammutelfenbein (Vogelherd, Lonetal/Schwäbische Alb, rund 40 000 bis 30 000 Jahre vor heute). Die ältesten Kunstwerke wurden in Mittel- und Westeuropa gefunden und stammen von den wenige tausend Jahre zuvor aus Afrika nach Europa eingewanderten modernen Menschen.

Wenn die archäologischen Funde ein annähernd zuverlässiges Bild ermöglichen, dann kam es während der letzten zwei Millionen Jahre zu einer langsamen, aber kontinuierlichen Verbesserung der Kulturfähigkeit. Da die kulturelle Evolution aber erst nach der Entstehung der modernen Menschen vor rund 200 000 Jahren ihre spätere Dynamik entfaltete, scheint es in dieser Zeit zu einer weiteren biologischen Verbesserung gekommen zu sein. Spätestens jetzt funktionierte die kulturelle Vererbung so gut, dass der Wagenhebereffekt seine volle Wirkung entfalten konnte. Die modernen Menschen waren den anderen Menschenformen – den Neandertalern, den asiatischen *Homo-erectus*-Menschen – und den großen Säugetieren aber erst vor rund 40 000 Jahren so überlegen, dass sie diese verdrängen konnten, zu einer Zeit, aus der auch die frühesten Kunstwerke stammen («jungpaläolithische Revolution»). Warum dauerte es 150 000 Jahre, bis die neuen geistigen Fähigkeiten archäologisch in Form von Kunstwerken und ökologisch als Selektionsvorteil nachweisbar werden?

Um diesen Widerspruch aufzulösen, wurde postuliert, dass es erst vor 50 000 Jahren zur entscheidenden biologischen Veränderung kam, zu einer Kulturmutation (Klein & Edgar 2002: 270–73). Diese These hat aber gravierende Schwächen. Zum einen ist es unrealistisch anzunehmen, dass die ältesten bekannten Kunstwerke auch wirklich die ersten waren. So war die Sprache vor der Erfindung der Schrift ein sehr flüchtiges Medium, und auch bei anderen Ausdrucksformen des symbolischen Denkens wie der Kunst muss man mit einer sehr unvollständigen archäologischen Überlieferung rechnen. Zum anderen erfolgte die Aufspaltung der heutigen menschlichen Populationen wahrscheinlich bereits vor rund 100 000 Jahren, und alle heutigen Menschen produzieren Kunst, verwenden Symbole und haben komplexe Sprachen. Wenn diese Zeitangabe stimmt, dann müsste es in den verschiedenen Populationen mehrfach zur selben Kulturmutation gekommen sein. Dies ist aber eher unwahrscheinlich, zumal die Verbesserung der Gehirnfunktion, durch die das kulturelle Vererbungssystem perfektioniert wurde, kaum auf einer einzigen Mutation beruhte. Plausibler ist deshalb, dass diese Mutationen erfolgten, *bevor* einige Menschengruppen sich in Afrika verbreiteten und schließlich nach Europa, Asien, Amerika und Australien gelangten.

Wenn es aber nicht erst vor 50 000 Jahren zu den entscheidenden biologischen Veränderungen kam, sondern nach der Entstehung der modernen Menschen (200 000 Jahre vor heute), aber vor der Aufspaltung in die heutigen Populationen (100 000 Jahre vor heute) – wie ist dann die Zeitspanne von 50 000 bis 150 000 Jahren zu erklären, in der davon weder archäologisch noch ökologisch etwas zu bemerken ist? Ein Vergleich mit der Entwicklung technischer Erfindungen zeigt, dass eine längere Anlaufphase keinesfalls verwunderlich, sondern zu erwarten ist. Bei der Erfindung der Schallplatte beispielsweise, einer Technik zur Speicherung akustischer Signale, gab es zunächst noch keine Aufnahmen. Im Laufe der Jahre entstanden dann nach und nach neue Aufnahmen und das akustische Archiv wurde zunehmend umfangreicher. Parallel dazu wurde die Aufnahme- und Wiedergabetechnik verbessert, nach den Schellackplatten kamen die klassischen Schallplatten, später die CDs und so weiter. Die akustische Erinnerung kann aber nie weiter als bis zu den ersten Tonträgern zurückreichen. Wie die Stimme des berühmten Kastraten Farinelli im 18. Jahrhundert genau klang, bleibt uns so für immer verschlossen.

Ebenso wenig können wir erfahren, was Menschen vor der Erfindung der kulturellen Vererbung dachten. Der Mem-Pool der Menschheit war zunächst genauso leer wie das akustische Archiv vor der Erfindung der Schallplatte. Erst langsam wurde er mit Inhalten angereichert, zunächst fragmentarisch und fehlerhaft, dann zunehmend genauer und umfangreicher. Kollektives Wissen beginnt mit individuellen Erfahrungen, die dann von anderen Menschen übernommen und von Generation zu Generation weitergegeben werden. Die neuen Ideen müssen aber erst entstehen, und dieser Vorgang benötigt Zeit, da ein einzelner Menschen oder auch mehrere Mitglieder einer sozialen Gruppe immer nur eine begrenzte Menge an Wissen neu erwerben können. Das kollektive Wissen der Menschheit ist heute ja nur deshalb so umfangreich, weil viele Generationen über lange Zeiten zusammengearbeitet haben.

Gedankenlesen und Gedächtnis wurden wohl ursprünglich durch den Rangkampf in der Horde perfektioniert. Sie nutzten aber auch dem Überleben der gesamten Gruppe, weil durch diesen Mechanismus alle von den Erfahrungen weniger profitieren. Vieles davon war sicher Jägerlatein, aber es gab auch zutreffende Beobachtungen, und so begannen die Menschen eine große Menge falscher und richtiger Meme in ihrem kollektiven Wissensarchiv zu speichern. Die kulturelle Vererbung muss in dieser Phase noch nicht ihre spätere Perfektion besessen haben, aber sie muss hinreichend genau gewesen sein, um die kulturelle Lawine in Gang zu setzen. Dann aber konnten komplexe Gebilde wie die modernen Sprachen, ein differenziertes Wissen über die Welt, ausgefeilte Techniken zur Herstellung von Werkzeugen, überlegene Jagdstrategien sowie Schmuck und Kunst entstehen.

Die kulturelle Vererbung macht Menschen auf eine neue Art potentiell unsterblich. Wie alle anderen Lebewesen nehmen sie an der biologischen Unsterblichkeit teil, wenn ihre Gene im menschlichen Genpool erhalten bleiben. Der Freiburger Zoologe August Weismann erkannte schon im 19. Jahrhundert, dass das «Keimplasma» unseres Körpers, seine Gene, wie wir heute sagen würden, «in gewissem Sinn die von ihren höchstorganisierten [Trägern, den Menschen,] so sehnsüchtig gewünschte Unsterblichkeit» besitzt (1883: 79). Im Gegensatz zu Tieren können Menschen auch mit ihren Ideen unsterblich werden, wenn diese in den Erfahrungsschatz einer sozialen Gruppe übergehen, ihren Mem-Pool.

Es ist erstaunlich, welch hohen Wert Menschen nicht nur der biologisch leicht erklärbaren, genetischen Unsterblichkeit beimessen, sondern auch ihrer kulturellen Form. Die Energie, die sie dafür aufbringen, berühmt und erinnert zu werden, ist bemerkenswert – manche Menschen scheuen sich nicht, für dieses Ziel als Sportler ihre Gesundheit zu ruinieren oder durch ein besonders spektakuläres Verbrechen in negativer Weise auf sich aufmerksam zu machen. Der Wunsch nach kultureller Unsterblichkeit entstand wohl wie die meisten anderen der für Menschen charakteristischen biologischen Bedürfnisse in den rund zwei Millionen Jahren, als sie mit ihren Verwandten in überschaubaren Jäger-und-Sammler-Gruppen lebten. Gab ein Individuum unter diesen Bedingungen seine Erfahrungen weiter, waren Verwandte die Nutznießer; mit der Verbreitung erfolgreicher Meme förderte es auch das Überleben seiner Gene. Der Wunsch nach kultureller Unsterblichkeit lässt sich also aus dem für alle Lebewesen grundlegenden Wunsch nach Fortpflanzung erklären, und er beweist, wie wichtig die Erfahrungsweitergabe für das Überleben der Menschen war.

Warum aber genügen die beiden Formen indirekter Unsterblichkeit den Menschen nicht? Woher kommt die Sehnsucht nach persönlichem Weiterleben? Alle Lebewesen sind letztlich biochemische Maschinen zur Verbreitung ihrer Gene, ein Ziel, das die meisten Arten erreichen, indem die Individuen sich direkt fortpflanzen. Dies wiederum setzt voraus, dass sie überleben, gesund und körperlich leistungsfähig sind. Aus diesem Grund sind Organismen nicht nur darauf programmiert, sich fortzupflanzen, sondern auch für ihr persönliches Überleben und Wohlergehen zu sorgen. Nichts anderes ist der Wunsch nach ewiger Jugend und persönlicher Unsterblichkeit – fortgeschrieben in die Unendlichkeit.

Wissen ist Macht. Für Menschen heißt dies vor allem: Kollektives Wissen ist Macht. Neben der überlegenen Intelligenz ist die Speicherung von Erfahrungen über Generationen hinweg die zweite Quelle ihrer Vorherrschaft anderen Tieren gegenüber. Wie man an den Werkzeugen, Waffen und Jagdstrategien der Neandertaler erkennen kann, hatten auch sie schon komplexes soziales Wissen. Die feineren und vielfältigeren Werkzeuge der modernen Menschen könnten ein Hinweis darauf sein, dass sie etwas intelligenter waren und dass die Weitergabe von Erfahrungen bei ihnen genauer erfolgte. Nichtsdestoweniger beeindrucken in dieser Hinsicht die Gemeinsamkeiten, während es auf einem anderen Gebiet einen unübersehbaren Unterschied gibt: Im Gegensatz zu den Neandertalern legten moderne Menschen besonderen Wert auf die Schönheit der von ihnen verwendeten Gegenstände. Und sie erfanden die Kunst. Mit ihr erschlossen sie sich eine dritte Quelle der Macht. Nach der Intelligenz und der Kultur – der Verarbeitung und der Vererbung von Informationen – erreichten sie auf diesem Weg auch bei der Kooperation ein neues Niveau.

6 Die Biologie der Kunst

«Welche Ehre gebührt Dir,
meine allmächtige Harfe,
wenn Du im Reich der Unterwelt
jeden versteinerten Geist erobern konntest?»
Claudio Monteverdi, *La Favola d'Orfeo* (1607)

Dass der Grundbesitzer und Hobbyarchäologe Marcelino Sanz de Sautuola im Jahr 1879 zum Entdecker der eiszeitlichen Höhlenkunst wurde, verdankte er seiner neunjährigen Tochter Maria. Einige Jahre zuvor war ein Jäger beim Landgut von Altamira an der Nordküste Spaniens auf einen Höhleneingang gestoßen und hatte Sautuola von seinem Fund berichtet. Als dieser den Boden der Höhle sorgfältig absuchte, fand er Steinwerkzeuge, aber ihr eigentliches Geheimnis wäre ihm vielleicht verborgen geblieben, wenn seine Tochter nicht nach oben geblickt hätte. Mit dem Ruf «Papá, bueyes!» («Papa, Ochsen!») weckte sie die in roten, gelben und schwarzen Farben an die Höhlendecke gemalten Wisente nach mehr als 10 000 Jahren zu neuem Leben. Nun sah auch Sautuola die Szene aus mehr als zwei Dutzend Wisenten, vier Hirschkühen, einem Hirschen und zwei Pferden. Auf faszinierende Weise hatten die Künstler die Höcker und Vertiefungen der Decke genutzt, um den fast lebensgroßen Tierbildern einen dreidimensionalen Ausdruck zu verleihen.

Schon im Jahr darauf veröffentlichte Sautuola eine Beschreibung der Höhle von Altamira und argumentierte für die altsteinzeitliche Herkunft ihrer Bilder (1880; Beltrán et al. 1998). Man kannte bereits zahlreiche Exemplare von Kleinkunst aus dieser Zeit und einige Kenner der Funde pflichteten ihm bei. Die Altsteinzeit, das Paläolithikum, umfasst mehr als 99,5 Prozent der gesamten Menschheitsgeschichte; es war die Zeit der Jäger und Sammler. Ihren Beginn setzt man vor 2,5 Millio-

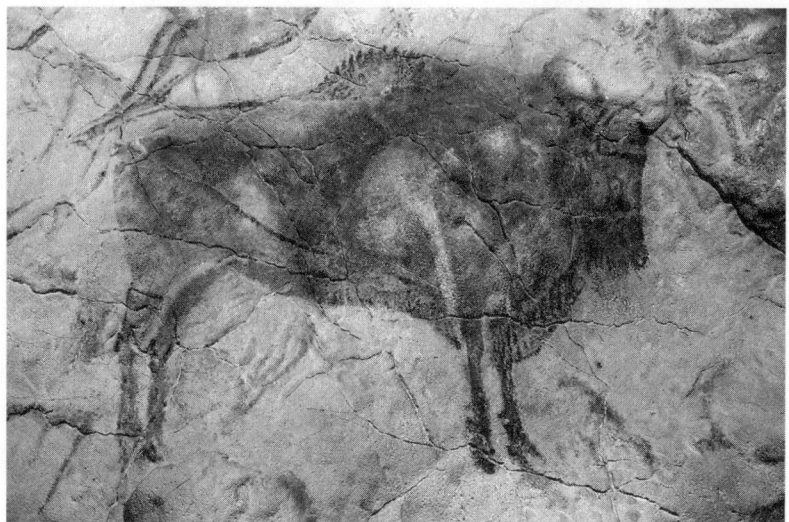

Abb. 16: Weiblicher Wisent (Höhle von Altamira, rund 15 000 Jahren vor heute). In der Höhle von Altamira an der Nordküste Spaniens wurden Ende des 19. Jahrhunderts erstmals Höhlenmalereien aus der Altsteinzeit entdeckt. Diese faszinierenden Kunstwerke sind lange vor dem Beginn der ersten Zivilisationen entstanden.

nen Jahren mit den ersten einfachen Steingeräten an. Sie endete vor rund 10 000 Jahren, als Menschen nach der bislang letzten Eiszeit zu Ackerbau und Viehzucht übergingen («Neolithische Revolution»). Da während des letzten Abschnitts der Altsteinzeit («Jungpaläolithikum») in Europa ein eiszeitliches Klima vorherrschte, spricht man auch von der Eiszeitkunst. Das Jungpaläolithikum, die «jüngere Altsteinzeit» (40 000 bis 10 000 Jahre vor heute), sollte nicht mit dem Neolithikum, der «Jungsteinzeit» (ab 10 000 Jahre vor heute), verwechselt werden.

Wenn Sautuola recht hatte, dann stammten die Höhlenmalereien von Altamira von Jägern und Sammlern, die ähnlich wie heutige Naturvölker lebten. War es wirklich denkbar, dass Bilder, von denen kein Geringerer als Pablo Picasso sagte: «Nach Altamira ist alles Dekadenz», von «Wilden» geschaffen worden waren, die lange vor der Entstehung der ersten Zivilisationen lebten? Die meisten Wissenschaftler wollten sich mit dieser Vorstellung zunächst nicht anfreunden und blieben misstrauisch. Man vermutete eine Fälschung und unterstellte Sautuola, dass er einen zeitgenössischen Künstler beauftragt habe, die Bilder anzufertigen. Erst als man Anfang des 20. Jahrhunderts weitere Höhlenmalereien entdeckte, wendete sich das Blatt und ihr mittlerweile verstorbener Entdecker wurde postum rehabilitiert.

Die zögerliche Haltung der Wissenschaftler ist insofern verständlich, als die Bilder von Altamira vieles von dem, was man über die geistige Welt der altsteinzeitlichen Menschen zu wissen glaubte, auf den Kopf stellten. Wenn überhaupt, dann erwartete man einfache, primitive Bilder zu finden, die eine langsame Entwicklung der künstlerischen Kreativität und Fertigkeit belegt hätten. Weder das hohe Alter noch die Größe, noch die Qualität passten in dieses Szenario. Mit ihrer Vermutung, dass es einfachere Vorformen der Kunst gegeben haben muss, lagen die Wissenschaftler des 19. Jahrhunderts sicher richtig. Sie glaubten diese Übergänge allerdings in archäologischen Schichten zu finden, die nach heutigem Wissen kaum älter als 10 000 Jahre sind. Es ist aber zu vermuten, dass die Kunst vor mehr als 100 000 Jahren entstand. So lässt sich der mit ihr verwandte Schmuck schon früh nachweisen; in Marokko beispielsweise wurden 80 000 Jahre alte perforierte und gefärbte Muscheln gefunden, die wohl für Schmuckketten verwendet wurden (Bouzouggar et al. 2007). Aus derselben Zeit ist auch der Gebrauch farbiger Mineralien zur Bemalung des Körpers und von Gegenständen belegt. Vielleicht waren die ersten Kunstwerke Holzschnitzereien, Körperbemalungen und Gesänge, von denen wir aber nichts wissen, da sie keine Spuren hinterließen.

Im 20. Jahrhundert wurden zahlreiche weitere eiszeitliche Höhlenmalereien gefunden. Eine Sensation war die Entdeckung der *Grotte Chauvet* im Jahr 1994, die mit einem Alter von rund 36 000 Jahren nicht nur die bislang älteste, sondern auch eine der schönsten Höhlen ist (Chauvet et al. 2001). Dagegen ist Altamira mit rund 15 000 Jahren vergleichsweise jung. Neben der Wandkunst gab es die bewegliche Kleinkunst, d. h. Schmuck, Statuetten und gravierte Gegenstände. Hierzu zählen auch die ältesten bekannten Musikinstrumente – Flöten aus Schwanenknochen und Mammutelfenbein. Zwischen Wandund Kleinkunst gibt es zahlreiche Übereinstimmungen des Stils und der Motive. Dargestellt werden überwiegend Tiere – Pferde, Wisente, Hirsche, Mammuts, Bären, Löwen, Nashörner u. a. –, seltener Menschen oder Mischwesen. Häufig findet man auch abstrakte Zeichen und Linien mit unklarer Bedeutung (Lorblanchet 2000; Holdermann et al. 2001). Bis heute hat die Tatsache, dass die Jäger und Sammler der Eiszeit Werke von höchster Qualität schufen, nichts von ihrer Faszination verloren. Ihre Kunst überdauerte für mehr als 26 000 Jahre – immerhin das Dreizehnfache, auf das es das Christentum bisher gebracht hat.

Interessanterweise sind Höhlenmalereien bisher fast ausschließlich aus dem Norden der Iberischen Halbinsel und aus dem Süden Frankreichs, d. h. aus dem Gebiet um das heutige Baskenland, bekannt. Die Erwartung, etwas Entsprechendes auch in den Regionen Europas zu finden, die reich an eiszeitlicher Kleinkunst sind (beispielsweise auf der Schwäbischen Alb), wurde bislang enttäuscht. Man kennt aber Wandkunst aus vorgeschichtlicher Zeit von anderen Kontinenten. Eine vorläufige statistische Abschätzung ergab für Afrika 31, für Asien 34, für Amerika 39, für Europa 31 und für Ozeanien 15 Fundgebiete mit insgesamt etwa 50 Millionen gravierten oder gemalten Darstellungen (Anati 1995).

> Die ältesten bekannten, eindeutig als Kunstwerke identifizierbaren Gegenstände wurden in Mittel- und Westeuropa gefunden und auf ein Alter von rund 36 000 Jahren datiert. Nach allem, was wir wissen, stammen sie ausschließlich von den wenige tausend Jahre zuvor aus Afrika nach Europa eingewanderten, sogenannten modernen Menschen, während sich bei den Neandertalern nur vereinzelte Andeutungen finden. *Damit ist Kunst die einzige grundlegend neue, an archäologischen Funden ablesbare Eigenschaft, die die Vorfahren heutiger Menschen gegenüber früheren und anderen Menschenformen auszeichnet.*

Wie ist diese Beobachtung einzuschätzen? Viele Anthropologen sprechen künstlerischen Fähigkeiten insofern Bedeutung zu, als sie in ihnen einen Ausdruck der allgemeinen geistigen Überlegenheit der vor rund 200 000 Jahren entstandenen modernen Menschen sehen. Dies ist eine durchaus plausible Schlussfolgerung, sie lässt aber eine möglicherweise wichtige Funktion der Kunst außer Acht. Letztlich sieht man in ihr kaum mehr als Zeitvertreib und Spielerei, einen Luxus ohne erkennbaren Nutzen. Auf den ersten Blick scheint in der

Tat wenig für einen Selektionsvorteil der Kunst zu sprechen. Aus evolutionsbiologischer Sicht handelt es sich aber mit großer Sicherheit um eine Fehleinschätzung. Kunst ist zu aufwändig und zu wichtig, als dass sie nutzlos sein könnte. Wenn man sich vergegenwärtigt, welche Summen für Museen und Kunstwerke, für Opernhäuser und Theater ausgegeben werden, welche Bedeutung die Kunst für das Leben des Einzelnen haben kann, dass vielen Menschen ein Leben ohne sie nicht lebenswert erscheint, dann lässt sich ein wie auch immer gearteter Nutzen kaum von der Hand weisen. Die ebenso liebevolle wie gekonnte Ausführung Zehntausende von Jahren alter Figuren und Höhlenmalereien spricht dafür, dass dies auch schon bei den Menschen der Eiszeit der Fall war.

Das Interesse an und die Fähigkeit zur Kunst sind komplexe geistige Vorgänge, die eine entsprechend hoch entwickelte Gehirnanatomie und -funktion voraussetzen. Dies lässt sich schon daran erkennen, dass beispielsweise Schimpansen oder auch autistische Kinder nur sehr begrenzt dazu in der Lage sind, weil ihnen die biologischen Voraussetzungen fehlen. Etwas Ähnliches gilt wahrscheinlich auch für andere Menschenformen wie die Neandertaler. Wenn Kunstfähigkeit aber ein komplexes erbliches Merkmal ist, dann muss man dem anpassungstheoretischen Programm der modernen Evolutionsbiologie zufolge davon ausgehen, dass es eine wichtige Funktion hat oder hatte. Worin aber besteht der Selektionsvorteil der Kunst und warum hat sie diese immense Bedeutung für den einzelnen Menschen, für Völker, für die gesamte Menschheit?

Was ist Kunst?

Die neunjährige Maria Sanz de Sautuola glaubte in der Höhle von Altamira die ihr bekannten domestizierten Rinder wiederzuentdecken – dargestellt sind aber die seit langer Zeit in Spanien ausgestorbenen Wisente. Diese Verwechslung liegt insofern nahe, als Wisente *(Bison bonasus)* und heutige Rinder *(Bos taurus)* zwei nahe verwandte und ähnlich aussehende Tierarten aus der Unterfamilie der Rinder (Bovinae) sind. Da man in Altamira fossile Knochen von Wisenten gefunden hat und einige Exemplare in den unwegsamen Landstrichen Ostpolens überlebten, lassen sich die Bilder jedoch eindeutig zuordnen. Die kleine Maria hatte also sowohl recht als auch unrecht, je nachdem, ob man Rinder im Allgemeinen oder eine spezielle biologische Art im Auge hat.

Eine ganz ähnliche Situation entsteht, wenn heutige Betrachter die eiszeitlichen Höhlenmalereien und Statuetten intuitiv als «Kunst» auffassen. Da sie dabei notwendigerweise von ihren persönlichen Erfahrungen und vom modernen Kunstverständnis ausgehen, sind Missverständnisse und Fehlinterpretationen kaum zu vermeiden. Heißt dies, dass schon die Identifikation dieser Gegenstände als Kunst eine unzulässige Verallgemeinerung ist? Die Antwort auf diese Frage wird auch davon abhängen, ob es ein allen Menschen gemeinsames Verständnis dessen gibt, was Kunst ausmacht – ob es beispielsweise allgemeine ästhetische Überzeugungen gibt. Die wichtigste Quelle von *Verhaltensunterschieden* zwischen Menschen ist die *Kultur*, d. h. das in einer sozialen Gruppe systematisch erlernte Wissen; die ausschlaggebende Ursache für die kulturübergreifenden *Gemeinsamkeiten* ist die *genetische Verwandtschaft*. So unterscheiden sich Menschen der verschiedenen Länder in ihrer Vorliebe für bestimmte Speisen und in den Traditionen ihrer Zubereitung. Dem stehen zahlreiche biologische Gemeinsamkeiten gegenüber, die durch unsere Anatomie und Physiologie bedingt sind. So wird Nahrung in allen Kulturen erhitzt und warm verspeist, was Menschen von anderen Tieren unterscheidet (vgl. *Steak und Schokolade*).

Inwieweit überwiegen nun bei der Kunst die kulturellen Unterschiede und wie stark sind die biologischen Übereinstimmungen? Nicht nur die jeweils einzigartige Formsprache der Kunst der verschiedenen Zeiten und Länder, sondern auch die Tatsache, dass es ohne erläuternden Text oder eine sachkundige Führung oft schwierig ist, die Bedeutung der in einem Museum ausgestellten Gegenstände zu erkennen, zeigt, dass ein großer Teil der Informationen eines Kunstwerkes verschlüsselt ist. Wie bei der Sprache wird diese verschlüsselte Information durch Symbole vermittelt, d. h. mithilfe willkürlicher Zuschreibungen von Bedeutungen zu bestimmten Gegenständen oder Signalen. Das entsprechende Wissen muss erlernt werden, es ist das kulturelle Erbe einer sozialen Gruppe. So war es ohne Vorwissen schwierig zu erraten, dass es sich bei den in einer Zimmerecke der Düsseldorfer Kunstakademie befestigten fünf Kilogramm Butter um ein Kunstwerk von Joseph Beuys handelte. Insofern kann man der Reinigungskraft, die die «Fettecke» im Jahr 1988 entfernte, keinen Vorwurf machen; in einem anderen kulturellen Umfeld hatte die Fettecke aber durchaus Bedeutung, und so wurden ihrem Besitzer 40 000 DM Schadensersatz zugesprochen, den das Land Nordrhein-Westfalen bezahlte.

Ebenso schwierig ist es, die abstrakten Zeichen, Punkte und Linien zu deuten, die sich zusammen mit den Tierbildern in den Eiszeithöhlen finden, da es sich um Symbole handelt, deren Bedeutung seit Langem in Vergessenheit geraten ist. Dies muss allerdings nicht für alle Symbole gelten; ein Teil des kulturellen Wissens könnte sich seit der Eiszeit erhalten haben. So hat der Kunsthistoriker Max Raphaël schon in den 1940er Jahren darauf hingewiesen, dass grundlegende «Formgestalten und Zeichen» der Altsteinzeit «einen langen Fortbestand in der Geschichte» hatten und in der volkstümlichen Überlieferung noch bis in die neuere Zeit nachweisbar sind. Als Beispiel nennt er den Stier als Symbol für männliche Sexualität (1979: 30, 213). Für seine These könnten auch neuere genetische Untersuchungen sprechen, die zeigen, dass die heutigen Europäer ganz überwiegend die direkten Nachkommen der eiszeitlichen Jäger und Sammler sind (Semino et al. 2000). Die biologische Abstammung muss zwar nicht notwendigerweise mit kultureller Kontinuität einhergehen, aber in der Regel werden die Gene gemeinsam mit kulturellen Inhalten wie Sprache oder Wissen von einer Generation zur nächsten weitergegeben.

Und schließlich gibt es kulturübergreifende Gemeinsamkeiten, die es möglich machen, die Kunst fremder Völker und vergangener Zeiten als solche zu erkennen, auch wenn ihr symbolischer Gehalt gänzlich unbekannt ist. In negativer Weise dokumentiert sich dies in der Zerstörungswut weltanschaulicher Fanatiker. Die Angst der christlichen Konquistadoren vor der «teuflischen» Kunst der Indianer Südamerikas oder der Hass der islamischen Taliban auf die als Götzenbilder verdammten Buddhastatuen von Bamiyan in Afghanistan lassen sich nur verstehen, wenn man davon ausgeht, dass sie diese unersetzlichen Kulturschätze in ihrer Bedeutung durchaus verstanden haben und gerade deshalb vernichteten.

Dass Kunstwerke auch ohne kulturelles Wissen erkannt werden können, lässt sich durch ein allen Menschen gemeinsames, genetisch determiniertes Gefühl für Schönheit und andere Aspekte der Kunst erklären. Wir wissen nicht nur, dass Menschen vor 400 000 Jahren Pferde gejagt haben, um sie zu essen, weil wir noch heute Hunger haben und Fleisch essen. Sondern wir verstehen auch, dass Menschen vor 30 000 Jahren Pferde auf eindrucksvolle Weise zeichneten, um etwas mitzuteilen, weil Bilder noch heute diese Funktion haben. Die Kunst einer anderen Kultur ist wie eine fremde Sprache (oder Schrift); selbst wenn man nicht weiß, was die Worte oder Symbole bedeuten, so kann man doch erkennen, dass es sich um eine Sprache handelt. Die intuitive Auffassung von Wissenschaftlern und Laien, dass es sich bei den Höhlenmalereien und Figuren aus der Eiszeit um Kunst handelt, ist also durchaus plausibel.

Was aber ist Kunst? Wirft man ein Blick auf die unterschiedlichen Theorien und Definitionen, so zeigt sich, dass von einem Kunstwerk in aller Regel vier Eigenschaften gefordert werden:

(1) Eine *schöne oder anderweitig Interesse weckende Form.*

(2) Eine *spezielle Funktion,* die sich von der eines normalen Gebrauchsgegenstandes unterscheidet und die schwer erkennbar sein kann. So wird ein ästhetisch gestaltetes Objekt – ein Auto, ein Haus, ein Gegenstand – nur in dem Maße zu einem Kunstwerk, in dem seine Funktion als Fahrzeug, als Schutz oder als Werkzeug in den Hintergrund tritt.

(3) Eine *(symbolische) Bedeutung.* Diese wird von allen Menschen intuitiv verstanden, wenn es sich um ein artspezifisches, biologisches Signal handelt. In dem Maße, in dem die Bedeutung durch kulturelle (d. h. sozial erlernte) Symbole vermittelt wird, ist sie nur den Mitgliedern der jeweiligen Gemeinschaft («Kultur») zugänglich.

(4) Ein *Element der Phantasie.* So werden ein Sachbuch oder ein Stadtplan, in denen ausschließlich Tatsachenwissen referiert wird, nicht zur Kunst gezählt.

Es ist höchst umstritten, ob und wie diese Eigenschaften zusammenkommen müssen, damit man von einem Kunstwerk sprechen kann (Davies 2006; Belting et al. 2008). Sie können aber als erste Orientierung dienen: Gegenstände oder Verhaltensweisen werden von vielen Menschen nur dann als Kunst akzeptiert, wenn sie ästhetisch sind, keinen unmittelbar lebenspraktischen Nutzen, aber eine erkennbare Bedeutung haben und sich von der Realität entfernen. Mit dieser Bestimmung haben wir, so scheint es, unserer Behauptung, dass Kunst einen Selektionsvorteil haben muss, direkt widersprochen. Es handelt sich aber um einen scheinbaren Widerspruch, der sich durch die evolutionsbiologische Erklärung «nutzloser» Merkmale auflösen lässt. Auf diese Weise lässt sich auch zeigen, wie und warum durch die Verbindung der vier genannten Elemente ein evolutionär neues Phänomen entstand – die Kunst.

Die Lust an Risiko und Verschwendung

Charles Darwin hatte in seiner berühmten Theorie der natürlichen Auslese behauptet, dass sich Eigenschaften nur dann auf Dauer in der Evolution durchsetzen, wenn sie nützlich sind. In der Realität wird dies aber aus einer Reihe von Gründen nur sehr unvollkommen erreicht. So bleibt nach einer Veränderung der Umwelt oft nicht genügend Zeit oder die geeigneten Mutationen treten nicht auf, so dass die natürliche Auslese nicht ihre volle Wirkung entfalten kann. Auch sind Vorteile in einer Hinsicht oft mit Nachteilen in einer anderen verbunden – größere Kraft beispielsweise erfordert einen höheren Energiebedarf. Dies ist kein spezielles Problem von Organismen, sondern es tritt auch bei der Konstruktion anderer Maschinen auf. So ist ein Sportwagen ideal, um mit hoher Geschwindigkeit auf der Autobahn zu fahren, aber ungeeignet, einen Umzug zu bewältigen. Müssen mehrere solcher Zwecke gleichzeitig erfüllt werden, und bei Lebewesen ist dies der Normalfall, dann kommt es zu Designkompromissen. Die Merkmale sind dann zwar in Bezug auf eine einzelne Aufgabe nicht perfekt, können aber unterschiedlichen Anforderungen gerecht werden (Mayr 2001: 140–43).

Obwohl diese Überlegungen seit Langem bekannt waren, blieb es trotz allem rätselhaft, warum einige auffällige biologische Merkmale nicht nur nutzlos sind, sondern den Anschein vermitteln, als bestehe ihr eigentlicher Zweck gerade darin, das Überleben der Tiere zu gefährden oder knappe Ressourcen zu verschwenden. So haben die Männchen einiger Tierarten große, die Bewegungsfreiheit einschränkende Körperteile. Das berühmteste Beispiel ist das lange Gefieder von Pfauen oder Paradiesvögeln. Darwin erklärte diese Merkmale mit dem *Prinzip der sexuellen Auslese*. Damit bezeichnete er die Tatsache, dass

Tiere nicht nur überleben, sondern auch Sexualpartner finden und von sich überzeugen müssen (vgl. *Darwins Carmen*). Wird die sexuelle Konkurrenz durch körperlichen Kampf entschieden, setzen sich Gene durch, die ihren Trägern Eigenschaften wie Kraft, Gewandtheit und Aggressivität verleihen. Aus diesem Grund sind die Männchen bei Tierarten, bei denen diese Strategie vorherrscht, meist größer als die Weibchen: So kommt ein Silberrücken bei den Gorillas auf das doppelte Gewicht, bei den nördlichen Seebären *(Callorhinus ursinus)* wiegen die Männchen sogar fünfmal mehr als die Weibchen.

Was aber geschieht bei Arten, bei denen ein Geschlecht, d. h. meist, aber nicht immer die Weibchen, sich den Fortpflanzungspartner aussuchen kann? Welche Eigenschaften bevorzugen sie, um die optimalen Gene für ihren Nachwuchs zu sichern? Zunächst werden sie nach direkten Anzeichen für überlebensdienliche Eigenschaften wie Kraft, Intelligenz oder Gesundheit suchen und entsprechend gut genährte und lebenskräftige Partner bevorzugen. Dabei stehen sie aber vor dem Problem, dass die Signale, mit denen ein Individuum auf seine Qualitäten aufmerksam macht, betrügerisch sein können. So könnten Männchen Pseudomuskeln oder eine dichte Mähne entwickeln, die Kraft vorspiegeln, biologische Schulterpolster sozusagen. Andere könnten durch forsches Gebaren Mut und Durchsetzungskraft vortäuschen, obwohl sie bei der geringsten Gefahr die Flucht ergreifen. Bei der sexuellen Auswahl kommt es aber darauf an, zuverlässige und eindeutige Indikatoren für den genetischen Status der potentiellen Partner zu finden.

Da sich Signale ohne Kosten zum Missbrauch anbieten, werden sich solche durchsetzen, die schwierig zu produzieren sind. Die Weibchen werden Männchen bevorzugen, die sich wirklich in Gefahr begeben, gesundheitsschädliches Verhalten überstehen oder großen Aufwand treiben. So ist die Gefahr nicht nur ein unverzichtbares Element diverser Sportarten wie Motorradfahren, Bergsteigen oder Drachenfliegen, sondern auch Teil der Faszination, die gesundheitsschädliches Verhalten wie Rauchen, Drogenkonsum und exzessiver Alkoholgenuss für Jugendliche hat (vgl. *Helden und Terroristen*). Auch Männer bevorzugen diejenigen Frauen, die schwierig herzustellende Merkmale aufweisen – glatte Haut, symmetrischen Körperbau oder dichte Haare beispielsweise. Um zu erklären, warum in der sexuellen Auslese nicht nur überlebensdienliche Merkmale wie Gesundheit, Kraft, Risikovermeidung oder Energieeffizienz von den potentiellen Sexualpartnern als attraktiv empfunden werden, sondern manchmal auch das Gegenteil, hat Amotz Zahavi in den 1970er Jahren Darwins Prinzip der sexuellen Selektion durch das *Handikap-Prinzip* ergänzt (Zahavi 1975; Miller 2000: 258–91). Es erklärt, warum bei der Partnerwahl Merkmale bevorzugt werden, die aufwändig und risikoreich sind, Handikaps eben: weil dies eine Gewähr für die Echtheit des Signals ist.

Das Handikap-Prinzip erklärt auch, warum Menschen sich mit Dingen umgeben, die keinen unmittelbar lebenspraktischen Nutzen haben – warum sie Luxus und Verschwendung als lustvoll erleben. Prototypen dieser schwierig zu beschaffenden, aber zugleich funktionslosen Dinge sind Kunst, Schmuck und Luxusgegenstände im Allgemeinen. Das mit ihrer Herstellung, ihrem Besitz und Gebrauch verbundene Lustgefühl ist ein wichtiger Hinweis darauf, dass es sich um richtiges Verhalten im Sinne der Gene handelt, das zwar nicht die Überlebens-, aber die Fortpflanzungschancen erhöht.

Die sexuelle Auslese zeigt also, warum überlebensdienliche Merkmale wie Gesundheit oder körperliche und geistige Leistungsfähigkeit attraktiv wirken – da es sich um aussagekräftige Indizien für die genetische Qualität handelt. Das Handikap-Prinzip wiederum macht plausibel, warum dabei schwierig zu produzierende Signale bevorzugt werden – da nur so ihre Echtheit gewährleistet ist. Wie kritisch dieser zweite Punkt bei der Partnerwahl ist, lässt sich daran erkennen, dass echte Signale auch dann oft bevorzugt werden, wenn sie mit gravierenden Nachteilen erkauft werden müssen. Es handelt sich also um einen Designkompromiss zwischen der Überlebenstauglichkeit und der Fälschungssicherheit eines Merkmals. Für ein Weibchen mag es zwar zunächst gleichgültig sein, ob ein Männchen durch sein Handikap das Leben verliert, solange andere damit überleben können. Wenn es sich aber mit einem der risikofreudigen Männchen paart, werden auch ihre Söhne dieses Verhalten zeigen und entsprechend gefährlich leben.

> Darwins Theorie der sexuellen Auslese erklärt zusammen mit dem Handikap-Prinzip die beiden ersten Elemente der Kunst, die sich auf ihre Form beziehen: *Schönheit, Außergewöhnlichkeit, Verschwendung und Luxus sind Signale für die genetischen Qualitäten ihrer Produzenten bzw. Besitzer.*

Diese These ließ sich durch eine Vielzahl von Beobachtungen an Menschen und anderen Tieren bestätigen und gehört mittlerweile zum gesicherten Theorienbestand der Evolutionsbiologie. Was aber ist mit den beiden anderen Elementen der Kunst – ihrer symbolischen Bedeutung und ihrem phantastischen Charakter? Wie sind diese zu erklären und warum gehen sie in der Kunst eine enge Verbindung mit Schönheit und Luxus ein?

Sexuelle und kooperative Attraktivität

An welchen Kennzeichen lassen sich die genetischen Qualitäten eines potentiellen Sexualpartners ablesen? Im Prinzip eignen sich dafür alle wahrnehmbaren Eigenschaften an der Oberfläche des Körpers wie Haare, Augen, Zähne, aber auch die Stimme und die Eleganz oder Kraft der Bewegungen. Das Bemühen um Schönheit muss sich aber auf alles richten, was einem Menschen zugeordnet werden kann, d. h. auch auf außerkörperliche Gegenstände wie Werkzeuge, Musikinstrumente und Waffen, auf Kleidung und Wohnungen. Der Grund dafür ist, dass man nicht nur vom Körper eines Organismus, sondern auch von der von ihm gestalteten Umwelt auf die Art und Qualität seiner Gene schließen kann. Man spricht in diesem Zusammenhang vom «erweiterten Phänotyp» eines Organismus (Dawkins 1982). Das Wort «Phänotyp» wurde Anfang des 20. Jahrhunderts in die Biologie eingeführt, um den wahrnehmbaren Organismus und seine Merkmale im Gegensatz zu seinen Genen (dem «Genotyp») zu bezeichnen. Der Phänotyp eines Menschen ist nichts anderes als die Person, wie sie zu einem bestimmten Zeitpunkt als Resultat der Gene und Umweltbedingungen existiert. Bei Menschen kann man den erweiterten Phänotyp also auch als «erweiterte Person» oder «erweitertes Ich» bezeichnen.

Der erweiterte Phänotyp umfasst alles, was neben dem Körper eines Organismus von seinen Genen beeinflusst wird. Von zentraler Bedeutung sind in diesem Zusammenhang alle Dinge, die ein Tier (oder Mensch) herstellt – ein Vogelnest, ein Biberdamm, eine Wohnhöhle. Wenn ein Schreiner einen schönen Tisch baut, ein Künstler ein interessantes Bild malt oder ein Anwalt einen eleganten Schriftsatz verfasst, so sind diese Dinge Ausdruck ihrer Fähigkeiten und damit auch ihrer

Gene. Der Tisch, das Bild oder der Schriftsatz gehören also zum erweiterten Ich ihrer Produzenten. In abgeschwächter Form gilt das auch für Dinge, die man besitzt oder mit denen man sich umgibt. Und selbst diejenigen Aspekte der Umwelt werden als erweitertes Ich erlebt, für die die eigenen Gene nur sehr bedingt verantwortlich sind. Wenn Menschen beispielsweise stolz auf die Geschichte und die Besonderheiten ihrer Stadt sind, oder wenn sie sich für deren Bausünden schämen, dann heißt dies nichts anderes, als dass sie in ihnen einen Ausdruck ihres erweiterten Ichs sehen.

So überzeugend diese Überlegungen auch sind, so haben sie uns doch recht weit von unserem Ausgangspunkt, der sexuellen Auslese, weggeführt. Denn wenn man auch gerne zugestehen wird, dass schöne Kleidung, Schmuck, ein großes Haus oder ein flottes Auto der sexuellen Attraktivität dienen, so sind diese Signale doch nicht nur an potentielle Sexualpartner gerichtet, sondern auch an viele andere Personen, mit denen man in Kontakt kommt. Bedeutet dies, dass die bisherige Ableitung uns in die Irre geführt hat? Nicht unbedingt, denn die Schlussfolgerungen haben sich ja nicht als falsch erwiesen, sondern sie scheinen auch für Fälle zu gelten, die wir noch nicht in Betracht gezogen haben.

Sexualität und Fortpflanzung sind nur zwei Möglichkeiten der Kooperation zwischen Menschen. Auch in allen anderen gemeinsam gestalteten Lebensbereichen kommt es auf die richtige Auswahl der Partner an. Und so ist die sexuelle Auslese eigentlich nur ein Spezialfall der kooperativen Auslese. Je nach Art der Zusammenarbeit werden sich die gewünschten Eigenschaften unterscheiden, aber da echte Signale generell wichtig sind, lässt sich das Handikap-Prinzip über den Bereich der Sexualität hinaus auf jede Form der Kooperation ausdehnen. Dass dies tatsächlich der Fall ist, zeigt sich beispielsweise daran, dass riskantes Verhalten bei Männern oft in erster Linie dem Ansehen in einer Gruppe gleichgeschlechtlicher Freunde dienen soll. Die Handikap-Theorie lässt sich also in der Weise erweitern, dass eine schwierige und aufwändige Präsentation nicht nur sexuelle Attraktivität, sondern auch die allgemeinen Qualitäten als Kooperationspartner beweisen soll.

Phantastische Welten 1: Die Kunst

Bei unseren Überlegungen haben wir bisher einen Bereich ausgeklammert, obwohl er ebenso wichtig ist wie die körperlichen Merkmale – *die charakterlichen und geistigen Eigenschaften der Menschen und ihre Gedanken.* In dem Maße, *in dem andere Personen sie wahrnehmen,* unterliegen diese demselben *Zwang zur ästhetischen Bearbeitung,* den wir für den Körper und die ihn umgebenden Dinge beschrieben haben. Als Menschen vor Hunderttausenden von Jahren die Fähigkeit zum Gedankenlesen und damit zur Kultur perfektionierten, musste sich ihr Bemühen um Aufwand und Schönheit auch auf die Gedanken richten, da diese nun zunehmend erkennbar wurden (vgl. *Wie Wissen zur Macht wird*). Dies gilt auch für Ideen, deren Bedeutung unmittelbar einleuchtet, weil sie nützlich und überlebenswichtig sind. Eine richtige und wichtige Information wird durch eine elegante Präsentation weiter aufgewertet, und so sind Wissenschaftler gut beraten, ihre Erkenntnisse ansprechend darzustellen. Ein Gebrauchsgegenstand sollte eben nicht nur funktionieren, sondern auch schön anzusehen sein. Zur Not findet man sich aber mit einem hässlichen Werkzeug oder einem billig gemachten Buch ab, wenn es seine Funktion erfüllt oder einen interessanten Inhalt hat.

In einem anderen Bereich ist der Verzicht auf eine ästhetische Bearbeitung dagegen weit schwerer zu ertragen, das sind die Phantasien, Gefühle und Wünsche. Phantasien sind Gedanken, die keinen Anspruch auf Realität erheben, sondern stattdessen zeigen, wie die Welt sein könnte. Sie ähneln Tagträumen, und wie echte Träume kreisen sie oft, vielleicht sogar immer um eine Wunschvorstellung und ihre Verwirklichung. In dem Moment, in dem diese Ideen für andere Personen wahrnehmbar werden, müssen auch sie ästhetisch bearbeitet werden. Interessanterweise haben die Menschen es aber nicht dabei belassen, sondern spezielle Arten der Darstellung geschaffen, um ihre Gefühle und Phantasien besonders aufwändig, schön und interessant zu gestalten – nichts anderes ist die Kunst. Im Gegensatz zur Wissenschaft erhebt sie keinen Anspruch auf eine genaue Abbildung der realen Welt, sondern zeigt, was sein könnte, eine Welt zwischen Realität und Wunsch. Warum aber wird die Gefühls- und Wunschwelt in dieser einzigartigen Weise verherrlicht, warum gibt es die Kunst?

Grundsätzlich gelten für Kunstwerke dieselben biologischen Prinzipien wie für andere von Menschen hergestellte Gegenstände – als Teil des erweiterten Ichs ermöglichen sie Rückschlüsse auf die Gene ihrer Erzeuger. Sie tun dies sogar in doppelter Hinsicht, da sie sowohl die handwerklichen und kreativen Fähigkeiten als auch die Lebensziele und Gefühle des Künstlers repräsentieren. Die Tatsache, dass ein Kunstwerk sich dem unmittelbar lebenspraktischen Nutzen verweigert und stattdessen aufwändig, verschwenderisch und luxuriös sein will, lässt sich der Handikap-Theorie zufolge als Beweis für die Echtheit des Signals verstehen. Um diesen Eindruck hervorzurufen, muss ein Kunstwerk nicht unbedingt schön sein, sondern es kann auch eine andere Form kreativen Aufwands demonstrieren und beispielsweise innovativ, überraschend oder provokativ sein. Da aber manche modernen Kunstwerke, beispielsweise die Beuys'sche Fettecke, zu ihrer Herstellung nur wenig Aufwand erfordern und leicht nachgemacht werden können, kann es schwierig sein festzustellen, ob es sich tatsächlich um ein ernst gemeintes Signal handelt; entsprechend zögerlich sind viele Menschen, sie als Kunst anzuerkennen. Auch hier gilt, dass sich Signale ohne Kosten zum Missbrauch anbieten; deshalb werden sich auf Dauer solche durchsetzen, die schwierig zu produzieren, aufwändig oder teuer sind.

Wenn ein Kunstwerk aber ein Signal ist, dann dient es der Kommunikation; ein Gegenstand oder ein Verhalten werden nur in dem Maße zur Kunst, in dem sie verstanden werden. Auch ein Geräusch wird nur zu einem Wort, wenn andere Menschen seine Bedeutung erkennen. *Bei der Kunst handelt es sich also um eine spezielle Art der Kommunikation.* Insofern sind Tiere wie beispielsweise der berühmte Schimpanse Congo, dessen abstrakte Gemälde in den 1950er Jahren für Furore sorgten, dazu in der Lage, ästhetische Gegenstände zu produzieren. Es handelt sich aber nur um Kunst, wenn sie diese als Signal benutzen; dies scheint aber nur sehr rudimentär der Fall zu sein (Morris 1962). Auch die tragischen Beispiele verkannter Künstler zeigen nur, dass die Adressaten des Signals nicht unbedingt die Zeitgenossen sein müssen.

Welcher Effekt entsteht, wenn man mit den ästhetisch bearbeiteten Gefühlen und Phantasien eines anderen Menschen oder einer anderen Kultur konfrontiert wird? Teilt man diese Gefühle und Phantasien nicht, so kann die Reaktion im Extremfall Abscheu und Ekel sein. Findet man in einem Roman, auf einem Bild oder in einer Oper jedoch die eigenen Wünsche und Gefühle wieder, so kommt es zu einem intensiven Lustgefühl. Dieses entsteht, wenn die Leser oder Betrachter das Kunstwerk als Teil ihres erweiterten Ichs übernehmen und sich so seine Qualitäten zu eigen machen. Ein noch stärkerer Effekt wird erzielt, wenn dieses Erlebnis in Gemeinschaft stattfindet, bei einem Konzert, im Theater oder in einer öffentlichen Kunstausstellung. Kunst ist also nicht nur ein Signal des Künstlers an sein Publikum, sondern sie dient auch der Verständigung zwischen den Betrachtern und Zuhörern. Wer einmal einem herausragenden Konzert (oder auch einem besonderen Sportereignis) beigewohnt hat, weiß, dass die Zuschauer sich dabei auch selbst und ihre Gemeinschaft feiern. Dadurch, dass das Kunstwerk von vielen beteiligten Individuen als Teil ihres erweiterten Ichs akzeptiert wird, bündelt es die in ihm dargestellten übereinstimmenden Gefühle und Ziele. Auf diese Weise erfüllt es auch die Sehnsucht der Menschen nach Gemeinschaft in einer großen, machtvollen Gruppe.

Warum wird die Phantasiewelt in dieser einzigartigen Weise verherrlicht? Die aufwändige Art der Präsentation lässt nur den Schluss zu, dass die Verständigung über Gefühle und Wünsche ausgesprochen wichtig, aber auch sehr täuschungsanfällig ist. Menschen sind von Natur aus soziale Tiere; wie die Mehrzahl der Primaten können sie nur gemeinsam überleben. Bei sozialen Tieren wird die Konkurrenz innerhalb der Horde um Nahrung, Sexualpartner und sozialen Rang zum maßgeblichen Selektionsfaktor. Die unterschiedlichen Interessen bringen zwangsläufig Konflikte, Verrat und Schmarotzertum mit sich. Trotz alledem müssen sich die Gruppenmitglieder ihres Wohlwollens und Vertrauens versichern. Bei Menschenaffen wird dies überwiegend durch gegenseitige Fellpflege erreicht *(grooming)*, bei Bonobos haben sexuelle Kontakte eine ähnliche Funktion. Menschen haben noch weitere Methoden der Gemeinschaftsbildung entwickelt: Eine ist die Sprache, die es erlaubt, mit mehreren Personen gleichzeitig zu kommunizieren, andere sind Gemeinschaftsrituale – Tänze, Spiele, Schauspiele, Feste – und gemeinsame Phantasien (Mythen).

Die Gemeinsamkeit der Ziele, ohne die eine menschliche Gemeinschaft nicht existieren könnte, ist sowohl unentbehrlich als auch zer-

Abb. 17: «Die Freiheit führt das Volk» (Eugène Delacroix, 1830). Die Kunst ermöglicht es Menschen, sich über ihre (unbewussten) Gefühle und Ziele zu verständigen und diese zu koordinieren. Dadurch intensiviert sie die Zusammenarbeit in einer Gemeinschaft und wird zu einem wichtigen Selektionsvorteil.

brechlich: «Es kann keine Gesellschaft geben, die nicht das Bedürfnis verspürt, in regelmäßigen Abständen die gemeinsamen Gefühle und die gemeinsamen Ideen, die ihre Einheit und ihre Persönlichkeit ausmachen, zu pflegen und zu bestätigen» (Durkheim 1912: 610). Hier nun kommt die Kunst ins Spiel: *Sie koordiniert und synchronisiert die Gefühle und Wünsche der Individuen, indem sie ihnen besonderen Wert verleiht und sie zelebriert.* Die schöne, verschwenderische und aufwändige Art der Präsentation ist notwendig, um die Echtheit des Signals zu demonstrieren.

Dadurch, dass die Kunst die Identifizierung der Individuen mit den gemeinschaftlichen Phantasien erleichtert und intensiviert, macht sie aus einer menschlichen Gruppe einen «Superorganismus». Mit diesem Wort bezeichnen Biologen höhere Einheiten, die durch die enge Kooperation vieler einzelner Individuen entstehen. Wenn man beispielsweise eine Ameisenkolonie «aus ein bis zwei Metern Entfernung anschaut und das Bild leicht verschwimmen läßt, scheinen die Körper der einzelnen Ameisen zu einem überdimensionalen, kaum abgrenzbaren Organismus zu verschwimmen» (Hölldobler & Wilson 2001: 43). Auch der menschliche Körper selbst ist ein Superorganismus, in dem ursprünglich selbstständige Einzelorganismen (die Zellen) zusammenarbeiten. Und schließlich lassen sich sehr ähnliche Phänomene bei menschlichen Gruppen beobachten (Le Bon 1895; Freud 1921).

Unter welchen Umweltbedingungen bietet ein Superorganismus den Individuen Selektionsvorteile gegenüber einer loseren Kooperation oder einem solitären Leben? Bei sozialen Insekten ist die Konkurrenz zwischen den Kolonien (verschiedener oder derselben biologischen Art) der wichtigste Faktor, durch den die enge Zusammenarbeit erzwungen wird (Reeve & Hölldobler 2007). War dies auch bei der Entstehung der modernen Menschen vor rund 200 000 Jahren der Fall? Haben Konflikte zwischen den Jäger-und-Sammler-Gruppen oder mit anderen Raubtieren diesen Prozess vorangetrieben? Wie wir in *Das Erfolgsgeheimnis der modernen Menschen* gezeigt haben, wurden diese Konflikte nicht unbedingt in Form kriegerischer Auseinandersetzungen ausgetragen, sondern es kann sich auch um die letztlich ebenso erbitterte, aber indirekte Konkurrenz um begrenzte Ressourcen gehandelt haben.

Alles, so bemerkte Darwin, «was wir über Naturvölker wissen oder […] ableiten dürfen, zeigt, dass von den frühesten Zeiten an erfolgreiche Stämme andere Stämme ersetzt haben. […] Es ist deshalb höchst wahrscheinlich, dass die geistigen Fähigkeiten der Menschen hauptsächlich und allmählich durch die natürliche Auslese vervollkommnet wurden.» Als wichtigste Voraussetzung für den Erfolg bestimmte er die überlegene soziale Moral: «Ein Stamm mit vielen Mitgliedern, die in einem hohen Grad den Geist des Patriotismus, der Treue, des Gehorsams, des Mutes und des Mitgefühls besaßen und deshalb immer bereit waren, einander zu helfen und sich für den gemeinsamen Vorteil aufzuopfern, war über die meisten anderen Stämme siegreich» (1871, 1: 160, 166). Soziale Gefühle und altruistische Verhaltensweisen sind sicher ein wichtiges Bindemittel menschlicher Gruppen, es gibt aber keine Hinweise darauf, dass beispielsweise die Neandertaler an diesem Punkt ein Defizit gehabt hätten. So wurde in Shanidar im heutigen Irak das Skelett eines etwa 30 bis 40 Jahre alten männlichen Neandertalers gefunden, das gut verheilte Knochenbrüche, degenerative Veränderungen am Skelett und einen amputierten Unterarm aufwies. Trotz dieser erheblichen Verletzungen und Behinderungen überlebte er noch mehrere Jahre, was ein klarer Hinweis darauf ist, dass er in einer Gruppe intensive Hilfe und Fürsorge erfuhr (Trinkaus 1983: 399–423).

Wenn die archäologischen Quellen ein zutreffendes Bild ermöglichen, dann haben aber nur die modernen Menschen vor rund 200 000 Jahren entdeckt, dass sie mithilfe der ursprünglich durch die sexuelle Auslese entstandenen Signale für Attraktivität ihre divergierenden Ziele bündeln und ihrem Zusammenhalt eine enorme Intensität verleihen können. Der Unterschied beruhte dann nicht, wie Darwin vermutete, direkt auf der Stärke der sozialen Gefühle, sondern auf der mit Hilfe der Kunst erreichten Verstärkung der Gefühle und Bündelung der Ziele.

Wir haben die ursprüngliche Entstehung künstlerischer Fähigkeiten durch die sexuelle (und kooperative) Konkurrenz der Individuen innerhalb der Jäger-und-Sammler-Gruppen erklärt; diese Funktion – Partner durch ästhetische Präsentationen auf die eigenen genetischen Qualitäten aufmerksam zu machen und auf diese Weise anzulocken – haben sie auch nie verloren.

> In dem Maße, in dem die Menschen begannen, sich mit den aufwändig gestalteten Produkten oder Verhaltensweisen anderer Individuen zu identifizieren (d. h., sie als Teil ihres erweiterten Ichs zu akzeptieren), entstand *die Kunst, so wie wir sie heute kennen: als aufwändig gestaltete, kollektive Phantasien.*

Kunst ist eine evolutionär neue Technik, die es den modernen Menschen ermöglichte, sich in unmittelbarer, intensiver und gemeinschaftlicher Weise über ihre (unbewussten) Gefühle und Ziele zu verständigen und diese zu koordinieren. Sie machte die Gruppen zu Superorganismen, die anderen Menschenformen oder Tieren durch ihre intensivere Zusammenarbeit überlegen waren, und wurde als wichtiger Überlebensvorteil nun auch von der natürlichen Auslese gefördert. Mit der Bezeichnung eines Gegenstandes oder Verhaltens als «Kunst» ist, wie wir das auch für die Kultur beschrieben haben, keine Wertung verbunden, sondern ein neutraler Mechanismus der Verständigung in einer sozialen Gruppe gemeint. Die dadurch geförderten gemeinsamen Gefühle können angemessen oder unangebracht, die verfolgten Ziele ethisch gut oder schlecht, sinnvoll oder schädlich sein.

Eine wichtige Voraussetzung, damit dieser gruppenselektionistische Mechanismus funktioniert, besteht der Darwin'schen Theorie zufolge darin, dass die genetischen Interessen der Individuen gewahrt bleiben. Dies war in Gruppen aus verwandten Individuen (d. h. in Familien), die über weite Strecken der Menschheitsevolution die wohl vorherrschende Form des Zusammenlebens darstellten, am unmittelbarsten der Fall. Wie viele Beispiele aus der Biologie zeigen, gibt es aber auch enge Kooperationen zwischen nicht verwandten Individuen, die als Bündnisse auf Gegenseitigkeit funktionieren, wenn sie den einzelnen Mitgliedern Vorteile verschaffen (Williams 1966: 92–93; Alexander 1989; Junker 2008: 84–87).

Dieses evolutionsbiologische Szenario ist sicher spekulativ und muss es vielleicht auch bleiben. Es könnte aber die Lösung für eines der großen Rätsel der Menschheitsgeschichte sein, eine Erklärung für die Besonderheit und den Erfolg der modernen Menschen. Und es ermöglicht die so lange gesuchte Darwin'sche Erklärung der Kunst als Anpassung (Weismann 1889; Pinker 1998: 521–45; Miller 2000: 258–91; Menninghaus 2003). Die vorliegenden Indizien – die Entstehung der Kunst zusammen mit den modernen Menschen, die psychologische Wirkung der Kunst, die evolutionsbiologische Erklärung dieser Wirkung und nicht zuletzt das Verschwinden der Großtierfauna und anderer Menschenformen in zeitlichem Zusammenhang mit dem Eintreffen der modernen Menschen – machen es aber sehr plausibel, dass es tatsächlich die Kunst war, die zur Geheimwaffe der modernen Menschen wurde.

Und so lässt sich verstehen, warum die Kunst noch heute eine so wichtige Rolle für das Überleben eines Individuums und einer Gruppe spielt, warum Eroberer aller Zeiten nicht nur die Festungen, sondern auch die Kunstwerke eines Volkes zerstört haben. Mit der Kunst erreichen und feiern die Menschen nichts anderes als die (partielle) Lösung eines der größten Probleme, vor denen jede Gemeinschaft aus Individuen mit unterschiedlichen Interessen steht: die Koordination und Synchronisation ihrer divergierenden Ziele als Voraussetzung für eine erfolgreiche Kooperation.

7 Von der Magie der Höhlen zur Religion

> *«Mit Recht spricht man*
> *vom Zauber der Kunst*
> *und vergleicht den Künstler*
> *mit einem Zauberer.»*
> Sigmund Freud, *Totem und Tabu* (1912/13)

Die evolutionsbiologische Erklärung der allgemein menschlichen Fähigkeit, ein Kunstwerk herzustellen oder es als solches wahrzunehmen, ist nicht auf bestimmte Zeiten oder Kulturen beschränkt. Erläuternde Beispiele sollten sich deshalb in allen Kunstepochen und -stilen finden lassen. Da wir bei unseren Überlegungen aber von einem konkreten historischen Ereignis ausgegangen sind – vom außergewöhnlichen Siegeszug der modernen Menschen (60 000 bis 10 000 Jahre vor heute) –, wird dies auch der Schwerpunkt der weitergehenden Überlegungen sein. Lassen sich unsere Thesen über die Evolution und Funktion der Kunst bestätigen, wenn man die Kunstwerke der Menschen dieser Zeit betrachtet, wie sie in den Höhlenmalereien und Statuetten aus der Eiszeit überliefert sind? Was sagen die Theorien der Kunsthistoriker, Paläoanthropologen und Ethnologen über diese? Im zweiten Teil des Kapitels werden wir dann auf die Frage eingehen, wie sich die ursprüngliche Kunst der Menschen durch die Zivilisation verändert hat, wann die Religion entstand und welches Verhältnis zwischen Kunst und Religion besteht.

Die Kunst der Eiszeit

Gemeinsame Überzeugung schon der ersten Forscher, die sich mit der eiszeitlichen Kunst beschäftigten, war, dass es sich vielleicht um primitive, aber doch um «wahre Kunstgegenstände» handelt (Ranke 1894: 459). Wie aber sind diese zu interpretieren? Zunächst dominierte eine Auffassung, die sich an der Kunsttheorie des *L'art pour l'art* orientierte. Dieser Slogan sollte den Vorrang der ästhetischen Gestaltung bei gleichzeitiger Ablehnung eines unmittelbar lebenspraktischen Nutzens betonen. Entsprechend fasste man die Kunst der Eiszeit «als Kunst um ihrer selbst willen [auf], hervorgegangen aus der Freude an beliebten Formen und an der Fähigkeit, diese naturtreu wiederzugeben» (Hoernes 1923: 386). Bei Überfluss an Jagdbeute oder während der kalten Wintermonate hätte die Herstellung der Wandbilder oder Figuren dazu gedient, die Zeit der Muße mit spielerischen Fingerübungen zu verbringen und so die angeborenen künstlerischen Fähigkeiten zu befriedigen. Ähnlich wie die bunten Farben und Muster der Federn bei den Paradiesvögeln sollen die so entstandenen Objekte aber – abgesehen von der Präsentation der Vitalität ihrer Träger – keine weitere Bedeutung gehabt haben. Aus biologischer Sicht ist die Existenz eines angeborenen Verlangens nach Schönheit durchaus plausibel; wir haben es mit der sexuellen Auslese und dem Handikap-Prinzip erklärt. Sehr viel weniger überzeugend aber ist die These, dass die Kunstwerke keinerlei weitergehende Funktionen gehabt hätten.

Könnte es sein, dass die Tierbilder eine *ästhetische Naturkunde* waren und beispielsweise zur Ausbildung der Jäger dienten? Schon früh wurde der «relativ hoch entwickelte Sinn für Naturbeobachtung» bewundert, der sich in den eiszeitlichen Objekten zeigt (Ranke 1894: 462). In der Tat dominieren bei vielen Bildern die realistischen Elemente und ermöglichen es beispielsweise, die spezielle Tierart und manchmal auch das Geschlecht der Tiere zu bestimmen. Die Ansicht aber, dass es den Künstlern der Altsteinzeit in erster Linie auf eine «möglichst reine und treue Wiedergabe der Naturformen» ankam und dass sie «freie Erfindung» ablehnten, lässt sich nur bei sehr selektiver Wahrnehmung aufrechterhalten (Hoernes 1923: 383). Im historischen Rückblick ist dieser Eindruck dadurch zu erklären, dass die ersten Forscher sich vor allem denjenigen Bildern zuwandten, die naturalistische Elemente aufwiesen, und abstrakte Linien oder unklare Zeichen beiseiteließen. Die Wandbilder und Statuetten offenbaren auch naturkundliches Wissen und sie dienten vielleicht der Vermittlung dieser Informationen. Andere Charakteristika hingegen, etwa die Überbe-

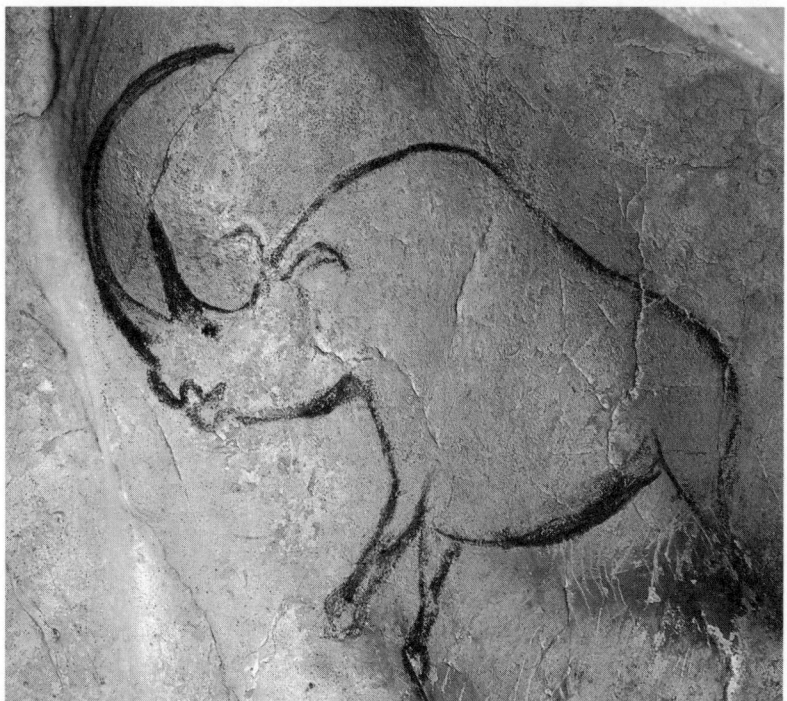

Abb. 18: Nashorn mit überlangem Horn (Grotte Chauvet, rund 36 000 Jahre vor heute). Die Bilder der Eiszeit zeigen sowohl realistische als auch phantastische Elemente.

tonung einzelner Merkmale oder die abstrakten Zeichen, lassen sich damit aber nicht erklären.

Und so sind die meisten Gelehrten der Überzeugung, dass es sich bei den Bildern und Figuren aus der Eiszeit weder um Schmuck handelte noch um schöne Gebrauchsgegenstände, bei denen die praktische Funktion im Vordergrund stand, sondern um Kunst, d. h. um ästhetische Objekte mit einer symbolischen Bedeutung. Worin aber bestand diese? Welchen Aspekt ihres Lebens und ihrer komplexen Gedankenwelt haben die eiszeitlichen Jäger und Sammler in ihren Kunstwerken dargestellt?

Da überwiegend Tiere abgebildet wurden und die Menschen dieser Zeit auf die Jagd angewiesen waren, um sich mit Nahrung, Klei-

Abb. 19: In den eiszeitlichen Höhlen finden sich
auch zahlreiche abstrakte
Linien und Zeichen, deren
symbolische Bedeutung
unbekannt ist (Höhle von
El Castillo, Spanien, rund
13 000 Jahre vor heute).

dung und einer Fülle anderer lebensnotwendiger Dinge zu versorgen,
lag es nahe, hier eine Verbindung zu sehen. Durch den völkerkundlichen Vergleich mit Praktiken der australischen Ureinwohner und
anderer Naturvölker schloss man weiter, dass die Bilder nicht in erster
Linie der Information gedient haben, sondern einem magischen Ri-
tual. Zu Beginn des 20. Jahrhunderts schlug der Archäologe und
Kunsthistoriker Salomon Reinach deshalb vor, die Tierbilder als Bestandteil einer *Jagdmagie* zu sehen (1905: 132, 135). Ein weit verbreite-
tes Verfahren der Magie besteht darin, ein Ebenbild einer Person oder
eines Tieres aus beliebigem Material anzufertigen. Was man diesem
Ebenbild zufügt, das soll auch der Person oder dem Tier selbst zusto-
ßen. Durch ihre Abbildung an der Felswand versuchte man, dieser
Theorie zufolge, sich der Tiere zu bemächtigen, ihre Fruchtbarkeit zu
fördern und Glück bei der Jagd zu bewirken. Auch die magische Erklärung verstand die Tierbilder demnach als naturalistische Darstellungen der echten Tiere; zugleich symbolisierten sie den Wunsch der
eiszeitlichen Jäger nach reicher Beute und Jagderfolg.

Die Jagd- und Fruchtbarkeitsmagie stellte bis zum Zweiten Weltkrieg die wichtigste Interpretation der eiszeitlichen Kunst dar. Sie war
eine Reaktion auf die ursprüngliche Deutung als Spiel und Luxus und
machte aus ihr eine funktionale Ernährungs- und Überlebenskunst.
Mittlerweile wird in der Jagdmagie nicht mehr die ausschließliche oder
vorherrschende Motivation für die Eiszeitkunst gesehen. So gibt es
gravierende Unterschiede zwischen den abgebildeten und den tatsäch-

lich gejagten Tieren. An Knochenfunden lässt sich beispielsweise zeigen, dass verschiedene Geflügelarten nur sehr selten abgebildet wurden, obwohl sie einen beträchtlichen Teil der Nahrung ausmachten. Auch zeigen die Bilder nur eine geringe Zahl verwundeter oder kopulierender Tiere.

Auf der anderen Seite lässt sich die Jagdmagie nicht nur durch eine Darstellung der zu jagenden Tiere bewerkstelligen, sondern auch dadurch, dass man die erfolgreichen Jäger zeigt. Die jagenden Löwen der Grotte Chauvet beispielsweise könnten so für die Jäger selbst, für den Wunsch nach gemeinschaftlicher Stärke und Kraft stehen. Trotzdem bleibt festzuhalten, dass die Jagd zwar ein wichtiger, aber nicht der einzige bedeutsame Lebensbereich der altsteinzeitlichen Menschen war. Die Kritik an der Jagdmagie richtet sich also vor allem gegen die Vorstellung, dass die Höhlenbilder ausschließlich oder hauptsächlich der Jagd gedient hätten, und nicht gegen die These, dass die Darstellungen Teil magischer Rituale waren oder dass dieses Thema eine Rolle spielte.

Und so wurden zwei weitere Bereiche, die für das Überleben und Wohlergehen der Individuen und der Gemeinschaft gleichermaßen von größter Bedeutung sind, in der Wissenschaft diskutiert: die sozialen Beziehungen innerhalb und zwischen den Jäger-und-Sammler-Gruppen sowie Sexualität und Fortpflanzung. Bereits Sigmund Freud hatte darauf hingewiesen, dass «die Genitalien ursprünglich der Stolz und die Hoffnung der Lebenden waren» und «göttliche Verehrung genossen» (1910: 166). *Sexualität und Fruchtbarkeit* spielten in der eiszeitlichen Kunst tatsächlich eine große Rolle. So findet man an Höhlenwänden dreieckige oder kreisförmige, mit einem Einschnitt versehene Zeichen, über deren Deutung als schematische Vulvendarstellungen (weibliche Genitalien) weitgehende Übereinstimmung herrscht. Andere Kunstwerke, die sexuelle Merkmale betonen, sind die «Venus»-Figuren und ein kürzlich auf der Schwäbischen Alb entdeckter, knapp 20 cm langer Steinphallus (ca. 28 000 Jahre vor heute).

Interessanterweise haben die weiblichen Figuren, wie die berühmte, aus Kalkstein geschnitzte «Venus von Willendorf», keine ausgearbeiteten Gesichter. Sie scheinen also keine individuelle Frau abzubilden, sondern für ein allgemeines Prinzip, für Weiblichkeit und Fruchtbarkeit, zu stehen. Die sexuellen Merkmale werden sowohl überzeichnet

Abb. 20: «Venus von Willendorf» (Niederösterreich, rund 24 000 Jahre vor heute). Sexualität und Fruchtbarkeit spielten in der eiszeitlichen Kunst eine große Rolle.

als auch auf das Wesentliche reduziert; wie bei den Tierbildern handelt es sich nicht um bloße Illustrationen, um Sexualkunde sozusagen. Wenn die Tierbilder den Wunsch der eiszeitlichen Jäger nach reicher Beute symbolisierten und der Jagdmagie dienten, dann standen die sexuellen Bilder und Figuren für die Hoffnung auf sexuelles Glück und reiche Nachkommenschaft. Und diese hoffte man sich mit Hilfe einer Sexual- und Fortpflanzungsmagie zu verschaffen.

In den 1960er Jahren haben die Archäologen Annette Laming-Emperaire und André Leroi-Gourhan die einzelnen Tiere – vor allem Wisente und Pferde – sowie viele Zeichen als männliche oder weibliche Symbole interpretiert. Die Aufteilung der Tierarten in eine männliche und eine weibliche Kategorie sowie ein allgemeiner Dualismus der Zeichen ließen sich aber nicht beweisen; viele Zuordnungen blieben spekulativ und willkürlich (Lorblanchet 2000: 87–88). Die Kritik betrifft aber, wie bei der Jagdmagie, lediglich die Ausschließlichkeit dieses Motivs; dass Sexualität und Fortpflanzung wichtige Themen der eiszeitlichen Kunst waren, ist unbestritten.

Auch einen weiteren zentralen Lebensbereich jeder menschlichen Gesellschaft, die *sozialen Beziehungen* innerhalb und zwischen den Gruppen, glaubte man in den Tierbildern und abstrakten Zeichen in symbolischer Form wiederzufinden. Die völkerkundlichen Vergleiche von Salomon Reinach hatten mehrere Fachleute auf den *Totemismus* aufmerksam gemacht. Ein Totem ist meist ein Tier (manchmal auch eine Pflanze oder ein Ding), das als Stammvater einer Sippe gilt. Das Totem ist nicht ein einzelnes Tier, sondern umfasst alle Individuen einer biologischen Art. Außer zu besonderen Anlässen ist es verboten, das eigene Totemtier zu töten oder zu essen. Die sozialen Gruppen brachten das Bewusstsein ihrer Einheit «in der Gestalt eines Tieres, nicht eines Menschen» zum Ausdruck, «das ist der Grundzug des Totemismus» (Raphaël [1945] 1993: 23). Die auf den Höhlenwänden dargestellten Tiere sollen also die Ahnen eines Clans oder einer Familie sein. Dieser Idee folgend, glaubte Max Raphaël, in den Bilderhöhlen Kämpfe, Bündnisse und Versöhnungszeremonien zwischen den einzelnen Clans identifizieren zu können. Interessanterweise gibt es keine Bilder, die kriegerische Auseinandersetzungen direkt abbilden.

Aber auch die totemistische Interpretation wirft Probleme auf: In Entsprechung zu den verschiedenen Totemtieren der Gruppen müssten sehr viel mehr Tierarten in den Höhlen dargestellt sein; zudem fehlen Gegenstands- oder Pflanzentotems völlig. Da das Wissen über die sozialen Beziehungen der eiszeitlichen Jäger und Sammler auf indirekten Indizien beruht und vielfach spekulativ ist, bleibt es naturgemäß schwierig, die mögliche künstlerische Umsetzung zu identifizieren. Es wäre aber sehr verwunderlich, wenn die Menschen der Altsteinzeit ihre sozialen Beziehungen nicht in symbolischer Form reflektiert hätten.

Mittlerweile hat sich eine gewisse Ernüchterung allen theoretischen Konzepten gegenüber eingestellt. Man betont, dass «eine globale Interpretation der Wandkunst zum Scheitern verurteilt» sei (Lorblanchet 2000: 89). So haben sich die bruchstückhafte Überlieferung und die Zufälligkeit der Funde als problematisch erwiesen. Die Entdeckung neuer Höhlen machte deutlich, dass allgemeine statistische Aussagen über die Häufigkeit bestimmter Tierarten auf tönernen Füßen stehen.

Das größte Problem aber ist, dass die Wandbilder und Figuren, wie im Falle jeder Kunst, auch symbolische, d. h. willkürliche Bedeutungen haben. Und dieses kulturelle Wissen ist größtenteils verloren gegangen. Ob das Bild eines Wisents für einen echten Wisent als Nahrungsquelle, für Männlichkeit oder für den Stammvater eines Clans steht, ist in der Tat schwer zu entscheiden, zumal es – wie ein modernes Kunstwerk auch – mehrfache Bedeutungen gehabt haben kann, die sich im Laufe der Zeit wandelten. So reizvoll es also ist, darüber nachzudenken, was die Wisentherde an der Höhlendecke von Altamira für die damaligen Menschen wirklich bedeutete, für die Frage nach der Funktion der Kunst ist der konkrete Symbolgehalt nur von untergeordneter Relevanz. Die Bilder müssen aber irgendeine Bedeutung gehabt haben; d. h., sie müssen mehr als eine reine Abbildung oder Schmuck gewesen sein. Wie wir gesehen haben, wird diese Annahme von den meisten Forschern geteilt.

Bei einem Kunstwerk aus dem eigenen Kulturkreis ist einem Betrachter meist bewusst, dass es sich um einen Ausschnitt und eine Momentaufnahme handelt, die für einen ausgedehnten Gedankenkreis steht. Wenn beispielsweise auf einem Gemälde aus der Renaissance eine Frau und ein Schwan in inniger Umarmung abgebildet sind, so wird damit eine Begebenheit aus der griechischen Mythologie aufgegriffen – die Geschichte vom Besuch des griechischen Gottes Zeus bei der spartanischen Königin Leda. Dieses Motiv wiederum ist in vielfacher und komplexer Weise mit anderen Inhalten verbunden, von der Troja-Erzählung bis hin zur Anspielung auf die Legende vom Besuch des in Form einer Taube dargestellten Heiligen Geistes bei Maria. Eine ähnliche Komplexität muss man bei den Kunstwerken der Eiszeit annehmen. Dementsprechend sollten sie als extrem verkürzte Hinweise auf die reiche Gedankenwelt der damaligen Menschen aufgefasst werden.

Die Kunst war für die Menschen der Eiszeit wichtig, andernfalls hätten sie sich nicht diese Mühe gemacht. In ihnen stellten sie die Welt dar, wie sie sie sahen, aber auch, wie sie sie sehen wollten. Das Element der Phantasie wird von den meisten Kennern der Bilder zugestanden. Der Archäologe und Kunsthistoriker Antonio Beltrán beispielsweise kam zu folgender abschließender Bewertung: «Wahrscheinlich waren die Darstellungen Mittler zwischen den Welten; die Kunst verband die

Welt des Alltäglichen mit den immer präsenten übergeordneten Kräften und Mächten» (1998: 173). Um welche «Kräfte und Mächte» aber kann es sich handeln, wenn es keine Geister und Dämonen gibt? Wie wir gezeigt haben, ist die andere, die «nicht alltägliche Welt» nichts anderes als die Welt der Phantasie, die dem Individuum als «immer präsent» und «übergeordnet» erscheint, weil sie sowohl die biologischen Instinkte als auch die kollektiven Gedanken und Wünsche der Gemeinschaft widerspiegelt.

Wie aber werden diese Gedanken und die ihnen zugrunde liegenden Phantasien zu einer Geheimwaffe? Dass sie diese Bedeutung im Bewusstsein der eiszeitlichen Jäger und Sammler hatten, wird von denjenigen Forschern zugestanden, die sie als Teil magischer Rituale auffassen. Vor wenigen Jahren haben Jean Clottes und David Lewis-Williams eindrucksvolle Belege dafür vorgebracht, dass die Höhlen mit ihrem gegliederten Aufbau und den unterschiedlichen Tierarten in den einzelnen Bereichen komplexen magischen Ritualen dienten (1996). Charakteristisches Merkmal der Magie ist, dass sie verspricht, die Welt durch Gedankenkraft zu beherrschen. So kann ein Kunstwerk noch heute «magische» Kraft und reale Macht gewinnen, wenn es emotionale Wirkungen hervorruft. Diese Wirkung ist besonders stark, wenn die Emotionen einer Vielzahl von Menschen gleichzeitig angesprochen werden. Zwar bleibt auch kollektives Wunschdenken letztlich Wunschdenken und hat als solches keine direkte Macht über die Dinge. Indirekt, über die Gemeinsamkeit der Ziele, kann aus den phantasierten Wirkungen magischer Rituale dann aber doch echte Macht erwachsen.

Schon die früheste Kunst der Menschen hat ihre gemeinsamen Wünsche und Phantasien ästhetisch gestaltet und ihnen einen besonderen Wert verliehen. Die Kunst ist aber nicht die einzige Methode, mit deren Hilfe sich Menschen ihrer Gemeinsamkeiten vergewissern. Andere Möglichkeiten sind durch Kleidung oder Körperschmuck erzeugte äußere Ähnlichkeit, Spiele, Feiern und festliche Mahlzeiten sowie nicht zuletzt religiöse Zeremonien und Legenden.

Phantastische Welten 2: Die Religion

In der evolutionsbiologischen Literatur gibt es eine interessante und kontroverse Debatte über die Frage, ob die Entstehung und Verbreitung der Religionen durch einen Selektionsvorteil zu erklären ist. Der Soziobiologe Edward O. Wilson hatte argumentiert, dass die «Anlage für religiösen Glauben die komplexeste und machtvollste Kraft im menschlichen Geist und aller Wahrscheinlichkeit nach ein unauslöschlicher Teil der menschlichen Natur» sei. Er sieht den biologischen Vorteil der Religionen vor allem in ihrer Fähigkeit, die Individuen in die jeweilige Gemeinschaft einzubinden und diese so zu stabilisieren: «Um egoistischem Verhalten und der zersetzenden Kraft großer Intelligenz und Individualität entgegenzuwirken, muss jede Gesellschaft sich feste Gesetze geben. In weiten Bereichen funktioniert eine beliebige Sammlung von Regeln besser als gar keine.» Die Religionen verleihen den teilweise willkürlichen Regelwerken unbedingte Geltung, indem sie diese als gottgegeben oder heilig kennzeichnen. Im Wesentlichen sei Religion, so fasst Wilson zusammen, der Prozess, «durch den Individuen davon überzeugt werden, ihre unmittelbaren persönlichen Interessen den Interessen der Gruppe unterzuordnen» (1978: 169, 185–86, 176; vgl. auch D. S. Wilson 2002; Dennett 2006).

Die von Wilson betonte soziale Funktion der Religionen stimmt also weitgehend mit dem überein, was wir bei der Kunst beobachtet haben. Wilson argumentiert weiter, dass die verschiedenen Religionen in dieser Hinsicht unterschiedlich effektiv seien. Letztlich werden sich diejenigen Varianten durchsetzen, deren Anhänger besser überleben und sich fortpflanzen. Allgemein sei die Geschichte der Menschheit durch einen «kulturellen Darwinismus» charakterisiert, der zu einer evolutionären Veränderung der Religionen, abhängig von ihrer biologischen Nützlichkeit, geführt habe (1978: 175). Dass das Schicksal der Religionen tatsächlich von diesen biologischen Voraussetzungen abhängt, zeigt etwa das Aussterben der Shaker, einer christlichen Freikirche, die im 19. Jahrhundert in den USA verbreitet war und noch heute wegen ihrer ästhetischen Möbel einen gewissen Bekanntheitsgrad hat. Die Shaker verzichteten gänzlich auf Sexualität und lebten als zölibatäre Gemeinschaft, das heißt als Nonnen und Mönche; als sie nicht mehr ausreichend neue Mitglieder anwerben konnten, nahm die Zahl ihrer Anhänger kontinuierlich ab, bis im Jahr 2007 nur noch vier Shaker lebten. Demgegenüber fordert beispielsweise die katholische Kirche nur von ihren Funktionsträgern ein sexuell enthaltsames Leben, die meisten anderen Gläubigen werden hingegen dazu angehalten, für möglichst zahlreichen Nachwuchs zu sorgen.

In seinem kürzlich erschienenen Bestseller *Der Gotteswahn* (2006) hat auch der Zoologe Richard Dawkins die Notwendigkeit einer biologischen Erklärung der Religion bekräftigt: «In keiner bekannten Kultur fehlt irgendeine Version der zeitaufwändigen, wohlstandsverschlingenden, feindschaftprovozierenden Rituale, der irrealen, unproduktiven Phantasien der Religion. [...] Universelle Merkmale einer biologischen Art erfordern eine Darwin'sche Erklärung.» Zugleich hat Dawkins betont, dass die Nutznießer des religiösen Verhaltens nicht unbedingt die Gläubigen selbst sein müssen, sondern dass sie «unter dem manipulativen Einfluss der Gene in einem anderen Individuum stehen können, vielleicht einem Parasiten». Es gibt zahlreiche Beispiele, die zeigen, wie Tiere in ihrem Verhalten so manipuliert werden, dass es den Parasiten dient. So kann beispielsweise ein Virus seine Verbreitung enorm fördern, wenn es den Niesreiz eines Menschen anregt. Nicht nur Religionen, sondern auch Erkältungen kommen ja in allen menschlichen Völkern vor, ohne dass das eine oder das andere einen Nutzen für die (erkrankten) Menschen haben muss: «Die Tatsache, dass die Religion allgegenwärtig ist, bedeutet wahrscheinlich, dass sie für irgendetwas von Nutzen war, aber das sind vielleicht nicht wir oder unsere Gene» (2006: 192–93).

Während Wilson also die Nützlichkeit der Religion hervorhebt und ihren Selektionsvorteil darin sieht, dass sie die menschlichen Gruppen zusammenschweißt, betont Dawkins ihre Nachteile für die betroffenen Individuen und führt zwei Gründe an, warum sie trotzdem so weit verbreitet sind: Sie lassen sich entweder als «geistige Infektionen» erklären, durch die das Verhalten der Gläubigen zum Vorteil nicht näher bezeichneter «Parasiten» manipuliert wird. Alternativ dazu könnte eine Veränderung der Umwelt oder des menschlichen Zusammenlebens aus einem an sich sinnvollen Verhalten eine Fehlanpassung gemacht haben.

In vielerlei Hinsicht schließen sich die Thesen von Wilson und

Dawkins an unsere Diskussion der Funktion der Kunst an. Dem Religionssoziologen Émile Durkheim waren diese Ähnlichkeiten schon zu Beginn des 20. Jahrhunderts aufgefallen. Er hatte vermutet, dass «die grundlegenden Formen der Kunst anscheinend aus der Religion geboren wurden und dass sie lange Zeit einen religiösen Charakter bewahrten» (1912: 544). Wie wir sehen werden, ist wohl gerade das Gegenteil der Fall – die Religion ist ein Abkömmling der Kunst und nicht umgekehrt.

Die Träume der anderen

Eine offensichtliche Gemeinsamkeit zwischen Kunst und Religion ist ihr *verschwenderischer Charakter*. Es gibt nur wenige sparsame Religionsgemeinschaften, während die meisten größeren Religionen Wert auf Prunk und luxuriöse Kultbauten legen. Alle Religionen aber fordern von ihren Mitgliedern zeitlichen und finanziellen Aufwand. Der Handikap-Theorie zufolge sind Luxus und Aufwand klare Hinweise darauf, dass die Echtheit eines Signals erst noch bewiesen werden muss. Nicht nur Künstler, sondern auch die Vertreter der Religionen stehen offensichtlich vor dem Problem, dass sie die Menschen von ihrer Ernsthaftigkeit und davon überzeugen müssen, dass sie selbst an die jeweiligen Ideen und Ziele glauben. Das Problem der mangelnden Fälschungssicherheit religiöser Aussagen ist besonders gravierend, weil sie in der Regel nicht überprüft werden können, sondern geglaubt werden müssen. Der reale Luxus von Kultbauten soll so die Echtheit anderer, sehr viel billigerer Signale bezeugen. Man kann es einer nur einen Bruchteil eines Cents kostenden, dünnen Teigplatte (einer Oblate) ja nicht ansehen, dass sie das Wertvollste überhaupt sein soll, das Fleisch eines Gottes. Auch bei den Paradiesversprechungen, die erst im Jenseits eingelöst werden, handelt es sich um Signale ohne Kosten; entsprechend anfällig sind sie für Missbrauch, wie wir in *Helden und Terroristen* gesehen haben.

Damit kommen wir zur zweiten Parallele, zum *Element der Phantasie*. Religionen beruhen nicht nur auf rituellen Handlungen, sondern sie verstehen sich auch als ein «System von Ideen, deren Ziel es ist, die Welt zu erklären» (Durkheim 1912: 611). Ein regelmäßiger und wichtiger Bestandteil der religiösen Welterklärungen sind Götter und von diesen bewirkte «wundersame» d. h. nicht im Rahmen der Naturgesetze erklärbare Ereignisse. Im Unterschied zur Kunst, die für ihre Produktionen gerade keine Realität fordert, beharren die Religionen aber auf diesem Anspruch. Nimmt man ihn weg, so tritt der phantastische Gehalt der Legenden deutlich zutage, und es kann schwierig werden, zwischen den Erzeugnissen der künstlerischen und der religiösen Einbildungskraft zu unterscheiden. Diese Erkenntnis fällt vielen Menschen schwer, wenn es um die Religion geht, in der sie erzogen wurden; bei anderen, vor allem bei historischen Religionen oder bei fremd anmutenden «Sekten» fällt das Denkverbot aber meist geringer aus.

Damit aber sind wir bei einem wesentlichen Unterschied zwischen Kunst und Religion. Während die Kunst die Menschen durch eine schöne oder anderweitig Interesse weckende Form bezaubert und verführt, während die Wissenschaft durch Argumente überzeugt, versuchen die Religionen die Gemeinsamkeit der Ziele durch Versprechungen und Drohungen zu erzwingen. Der Unterschied ist zwar nicht absolut: Auch in der Kunst und in der Wissenschaft gibt es Zwänge; wer sich der jeweiligen Mode oder Lehrmeinung nicht unterordnet, kann leicht zum Außenseiter werden. Andererseits arbeiten die meisten Religionen mit ästhetischen oder sinnlichen Reizen, mit Weihrauch, Kerzen, bunten Farben und Musik. Trotzdem besteht ein signifikanter Unterschied: Wem ein modisches Theaterstück oder eine akzeptierte Theorie nicht behagt, der wird mit Ablehnung, aber nicht mit ewiger Verdammnis rechnen müssen. Tatsächlich ist es ein selten fehlendes, charakteristisches Merkmal der Religionen, dass sie ihren Gegnern phantasierte Strafen oder reale Gewalt androhen.

Die Gemeinsamkeiten zwischen Religion und Kunst lassen sich nun genauer fassen: Beide wirken gemeinschaftsbildend, indem sie kollektive Phantasien, Gefühle und Wünsche bündeln. Die Kunst erreicht dies durch eine ästhetische Aufwertung und den Appell an das Selbstwertgefühl der Menschen. Die Religionen streben dasselbe Ziel an, indem sie drohen und das Selbstwertgefühl der Menschen untergraben («Erbsünde»).

Kunst und Religion lassen sich als unterschiedliche Strategien verstehen, mit deren Hilfe – abhängig von den jeweiligen Umweltbedingungen – ein übereinstimmendes Ziel verfolgt wird: Gemeinschaftsbildung.

Unter welchen Bedingungen ist es von Vorteil, die gemeinsamen Ziele durch künstlerische Verführung, durch wissenschaftliche Argumente oder durch religiösen Zwang zu erreichen? Einen wichtigen Hinweis darauf, wann die religiöse Strategie zum Einsatz kommt, gibt Dawkins mit seiner Parasitentheorie. Diese besagt, dass Religionen nicht unbedingt von Vorteil für die Gläubigen selbst sein müssen. Alle heutigen größeren Religionen sind nach der Neolithischen Revolution entstanden, d. h. nachdem es zur Bildung von Städten und Staaten, zu Arbeitsteilung und zu einem enormen Machtgefälle kam.

Auch bei den Jägern und Sammlern gab es sicher beträchtlichen sozialen Druck, um bei wichtigen Entscheidungen abweichendes Verhalten zu verhindern, da die Gemeinschaften für ihr Überleben und Wohlergehen auf eine funktionierende Zusammenarbeit angewiesen waren. Aber, und das ist der Unterschied zu den autoritären Strukturen späterer Zeiten: Die Entscheidungen über die gemeinsamen Ziele beruhten auf Übereinkunft. Die Gruppenmitglieder konnten ihre Wünsche artikulieren und mussten in ihren Interessen berücksichtigt werden. Während die Notwendigkeiten des Lebens und der Kooperation die Freiheit aller Individuen gleichermaßen einschränken, werden bei der Herrschaft weniger Einzelner deren spezielle Interessen gegenüber denjenigen der anderen Gruppenmitglieder bevorzugt. Die Zwänge können in beiden Fällen ähnlich rigide sein. Da Auseinandersetzungen in der Gruppe und der soziale Rang aber weitreichende Konsequenzen für den Reproduktionserfolg eines Individuums haben, macht es für die Betroffenen einen großen biologischen und damit psychologischen Unterschied aus, um welche Art von Zwang es sich handelt (Erdal & Whiten 1994; Boehm 1997; Junker 2008: 78–92). Wenn wir in diesem Zusammenhang von «Zwang» sprechen, sind also nicht die Notwendigkeiten der Natur oder andere Sachzwänge gemeint, sondern soziale Zwänge, d. h. die Herrschaft von Menschen über Menschen.

Unter den Bedingungen von Sklaverei, Leibeigenschaft oder anderen Formen der Ausbeutung klaffen die Interessen zwischen Herrschern und Beherrschten so weit auseinander, dass Letztere nur mehr partiell – durch Brot und Spiele – zur Kooperation verführt werden können. Erschwerend kommt hinzu, dass die neuen Verbände – Städte und Staaten – um ein Vielfaches größer sind als die Jäger-und-Sammler-Gruppen und überwiegend aus Individuen bestehen, die nicht miteinander verwandt sind. Es bestehen also nur noch marginale Gemeinsamkeiten bei den genetischen Interessen.

Die divergierenden Wünsche und Gefühle lassen sich in einer solchen Situation nur noch schwer in einem Kunstwerk verbinden. Wenn sich die dargestellten Phantasien zu eng an den Interessen der Herrscher orientieren, werden die Beherrschten sich nicht mehr mit ihnen identifizieren können oder wollen. Eine Gesellschaft wird sich infolgedessen umso mehr Kunst leisten können, je stärker die Interessen der Mehrzahl der Einzelnen gewahrt sind, und sie benötigt umso mehr Religion, je weniger dies der Fall ist. Auf diese Weise lassen sich sowohl Unterschiede zwischen den einzelnen Religionen erklären als auch das relative Ansehen, das Kunst bzw. Religion zu bestimmten Zeiten und in verschiedenen Gesellschaften hatten.

Kunst und Religion: Feindliche Schwestern

Was also ist ursprünglicher – die Kunst oder die Religion? In unserer Ableitung haben wir die Entstehung der Religionen an die Neolithische Revolution geknüpft; sie wären also höchsten 10 000 Jahre alt (die ältesten Stoffe der Bibel beispielsweise reichen 3500 Jahre zurück). Kunst dagegen gibt es schon seit mindestens 36 000 Jahren. Wie plausibel ist die These, dass die Religionen erst mit der Entstehung staatlicher Macht und ökonomischer Ausbeutung in ihre heutige Bedeutung hineinwuchsen und die Kunst als primäre Strategie der Gemeinschaftsbildung zu ersetzen begannen? Die Beantwortung dieser Frage hängt auch davon ab, wie man das Wort «Religion» definiert. Wichtig in diesem Zusammenhang ist vor allem, ob man die ursprüngliche Weltanschauung des Animismus (und die Magie) einbezieht oder als eigenständige Phänomene gelten lässt. Die Meinungen der Gelehrten gehen hier auseinander.

Auf der einen Seite wird betont, dass «die anthropologischen Zeugnisse […] nahelegen, dass das gemeinsame Merkmal aller gegenwärtigen Religionen darin besteht, dass ein übernatürliches Wesen – ein

Gott, ein Geist – postuliert wird, der mit einem Menschen in Kontakt treten kann, ihn möglicherweise beurteilt (d. h. über ihn nachdenkt) und der durch rituelle Handlungen besänftigt werden kann» (Baron-Cohen 1999: 272). Auch im allgemeinen Sprachgebrauch wird Religion als «Glauben an und Auseinandersetzung mit einer überirdischen Macht sowie deren kultische Verehrung» aufgefasst (*Wahrig Deutsches Wörterbuch* 1972). Wenn man die Idee einer «überirdischen Macht» als charakteristisches Element von Religion sieht, gehören Animismus und Magie *nicht* dazu. Dieser Ansicht war auch Sigmund Freud: «Es gab ohne Zweifel eine Zeit ohne Religion, ohne Götter. Man heißt sie den Animismus. Die Welt war auch damals voll von menschenähnlichen geistigen Wesen, Dämonen nennen wir sie, alle Objekte der Außenwelt waren der Sitz von ihnen oder vielleicht identisch mit ihnen, aber es gab keine Übermacht, die sie alle erschaffen hatte und auch weiter beherrschte und an die man sich um Schutz und Abhilfe wenden konnte» (1933: 177). Freud unterschied also zwischen dem Glauben an innerweltliche Geister (Animismus) und dem Glauben an eine übernatürliche Macht (Religion).

Auf der anderen Seite kommt beispielsweise die oft zitierte Definition von Clifford Geertz ohne Gottesidee aus: Eine «Religion ist ein Symbolsystem, das darauf zielt, kraftvolle, umfassende und dauerhafte Stimmungen und Motivationen in den Menschen zu schaffen, indem es Vorstellungen einer allgemeinen Ordnung der Existenz formuliert und diese Vorstellungen mit einem solchen Anschein von Tatsächlichkeit umgibt, dass die Stimmungen und Motivationen völlig der Wirklichkeit zu entsprechen scheinen» (1966: 4; ähnlich auch Durkheim 1912: 49). Wenn man Religion in diesem Sinne als Strategie sozialer Gemeinschaftsbildung definiert, dann ist die Gottesidee in der Tat nicht unbedingt notwendig. De facto versuchen die meisten Religionen ihren Macht- und Wahrheitsanspruch aber dadurch zu untermauern, dass sie diese aus den übermenschlichen Kräften und dem überlegenen Wissen eines oder mehrerer Götter ableiten.

Die Weltanschauung des Animismus und ihre Technik, die Magie, kommen dagegen ohne übernatürliche Mächte aus. Einige ihrer Elemente – der Glaube an Geister und an die Wirksamkeit magischer Rituale – haben sich in den Religionen erhalten. So werden beispielsweise in der katholischen Messe Brot und Wein auf geheimnisvolle, «magische» Weise in Fleisch und Blut verwandelt. Deutlich wird dies auch im sogenannten Aberglauben. So hoffen erstaunlich viele Menschen, dass sie das Lotto-Glück erzwingen können, wenn sie die eigenen Geburtsdaten oder die ihrer Liebsten ankreuzen.

Animismus und Magie lassen sich aber auch als Versuch einer natürlichen Erklärung der Welt verstehen, die irrtümlicherweise davon ausgeht, dass nichtmenschliche Lebewesen oder Dinge durch bloße Gedankenkraft («Telepathie») beeinflusst werden können und dass Geister existieren. Ursprünglich glaubten die Menschen, selbst zaubern zu können, und hielten sich «nicht für machtlos. Wenn er [der Mensch] an die Natur einen Wunsch zu stellen hatte, z. B. Regen wollte, so richtete er nicht ein Gebet an den Wettergott, sondern er übte einen Zauber, von dem er eine direkte Beeinflussung der Natur erwartete, machte selbst etwas dem Regen Ähnliches. Im Kampf gegen die Mächte der Umwelt war seine erste Waffe die *Magie*, die erste Vorläuferin unserer heutigen Technik» (Freud 1933: 177–78). Wenn in diesem Zusammenhang von der Allmacht der Gedanken die Rede ist, dann handelt es sich also um die Gedanken der Menschen selbst. In den Religionen hingegen wird die Allmacht der Gedanken nur noch den Göttern zugestanden; die Menschen können lediglich indirekt an dieser Macht teilhaben, wenn sie sich durch Gaben, Gebete und die Befolgung der Gebote als würdig erwiesen haben.

Als (fehlerhafte) Naturphilosophie und Technik sind Animismus und Magie also auch Vorläufer der modernen Naturwissenschaft. Nach der Neolithischen Revolution hat sich diese ursprüngliche Weltanschauung in drei konkurrierende Strömungen aufgespalten: 1) in die Kunst, die nur noch Menschen, aber nicht mehr die gesamte Welt «verzaubern» will; 2) in die Religionen, in denen nur den Göttern Zauberkraft zugestanden wird; und 3) in die Wissenschaft, die Geister, Götter und magische Kräfte gänzlich aus ihrem Weltbild verbannt hat. Die Unterschiede zwischen der ursprünglichen Weltanschauung des Animismus auf der einen und den späteren Religionen auf der anderen Seite sind jedenfalls so grundlegend, dass wir, dem allgemeinen Sprachgebrauch folgend, nur dann von Religion sprechen wollen, wenn in einer Weltanschauung übernatürliche Wesen (Götter) eine Rolle spielen.

Wann aber vertrauten die Menschen nicht mehr auf die magische

Abb. 21: Die nach der Neolithischen Revolution entstehenden Zivilisationen zeichnen sich durch starke Machtunterschiede aus, die als Größenunterschiede dargestellt werden. Die Abb. zeigt den ägyptischen Pharao Echnaton (1353–1336 v. u. Z.), seine Frau und Mitregentin Nofretete sowie ihre älteste gemeinsame Tochter bei der Anbetung des Gottes Aton in Gestalt der Sonnenscheibe.

Kraft ihrer eigenen Wünsche, sondern veranstalteten Bittgänge zu einem Gotteshaus, um die dort wohnenden Heiligen anzuflehen? Gemeinschaften mehr oder minder Gleichberechtigter können bei der Synchronisation ihrer Ziele auf Freiwilligkeit und damit auf die Kunst zurückgreifen. Waren die Machtunterschiede und Interessenkonflikte in den altsteinzeitlichen Jäger-und-Sammler-Gruppen tatsächlich geringer als in den späteren Staaten? Für diese These sprechen sowohl allgemeine historische Überlegungen als auch völkerkundliche Beobachtungen. Letztere zeigen, dass heutige Jäger und Sammler eher egalitär (gleichberechtigt) organisiert sind. Die Entscheidungsprozesse beruhten auf gemeinsamer Übereinkunft. Die persönliche Selbstbestimmung der erwachsenen Frauen und Männer wird hoch geschätzt. Wenn es Autorität einzelner Individuen gibt, so ist diese auf spezifi-

sche Situationen beschränkt. Jeder Versuch eines potentiellen Alpha-
mannes, eine dauerhafte Herrschaft zu errichten und Zwang über
andere erwachsene Gruppenmitglieder auszuüben, wird durch Feindseligkeit und Abwehr verhindert. Wenn man von der vergleichbaren
Lebensweise auf eine ähnliche soziale Organisation schließen kann,
dann spricht dies für eine eher egalitäre Phase der Menschheitsgeschichte, die für bis zu zwei Millionen Jahre andauerte und erst vor
rund 10 000 Jahren ihr Ende fand. Da dieser letzte Abschnitt aber vergleichsweise kurz war, könnten auch auf diesem Gebiet die evolutionär entstandenen, ausgleichenden Verhaltensweisen noch weitgehend
intakt sein. Dies würde beispielsweise das Unbehagen vieler Menschen im Angesicht krasser sozialer Ungleichheit erklären.

Es gibt aber auch interessante archäologische Indizien. So hat Max
Raphaël das weitgehende Fehlen von Menschendarstellungen und die
Bevorzugung der Tierbilder in der altsteinzeitlichen Kunst als Ausdruck des Strebens nach «Gleichheit der Mitglieder der Gruppe» interpretiert. Dem animistischen Weltverständnis zufolge kann ein Bild
ebenso machtvoll sein wie der eigentliche Mensch. Diese Machtfülle
aber durfte man keinem Mitglied der Gruppe zugestehen, um die
«Herrschaft des Menschen über den Menschen» zu verhindern ([1945]
1993: 23−24).

Auf der anderen Seite werden immer wieder die Begräbnisse der
Neandertaler angeführt, um die Existenz religiöser Vorstellungen in
der Altsteinzeit zu belegen. So interessant diese Beobachtungen auch
sind, so wenig beweisen sie den Glauben an ein übernatürliches Wesen
oder an die Unsterblichkeit. Sie zeigen nur, dass die Erinnerung an ein
verstorbenes Mitglied der Gemeinschaft in den Gedanken der Überlebenden noch geraume Zeit weiterexistierte und dass die Menschen
die Achtung und die Gefühle dem Verstorbenen gegenüber auf seinen
Leichnam übertrugen. Aus demselben Grund begraben viele Haustier-
besitzer ihre Hunde, Katzen oder Meerschweinchen, um sich einen
Ort der Erinnerung zu schaffen und ihrer Trauer einen würdigen
Rahmen zu geben. Mit Religion hat das nichts zu tun; ebenso wenig
eignen sich die Begräbnisse der Altsteinzeit als Beweis für religiöse
Ideen.

Wenn die Jäger und Sammler der Altsteinzeit also in vergleichsweise egalitären Gruppen lebten und die extremen Machtgefälle und

Abb. 22: Gemeinschaftlich jagende Löwen (Grotte Chauvet, rund 36 000 Jahre vor heute). Auch die Menschen der Eiszeit jagten gemeinsam und lebten in vergleichsweise egalitären Gruppen, in denen die Entscheidungsprozesse auf gemeinsamer Übereinkunft beruhten.

Interessenkonflikte frühestens vor 10 000 Jahren auftraten, dann mussten sich auch die Strategien, die den Zusammenhalt und die Zusammenarbeit gewährleisten sollten, verändern. Es ist also falsch zu sagen, dass Menschen von Natur aus «religiöse Tiere» sind, wie das beispielsweise der konservative Denker Edmund Burke postuliert hatte (1790: 80). Genauso wenig sind Menschen von Natur aus mörderische, neurotische oder übergewichtige Tiere. Religiöses Verhalten, Morde aus Eifersucht, Angstneurosen oder Übergewicht *können* sich manifestieren, wenn sich eine genetische Anlage unter bestimmten Umweltbedingungen ausprägt. Dies bedeutet aber weder, dass diese Merkmale immer auftreten müssen, noch, dass sie den Individuen einen Selektionsvorteil bieten, noch, dass sie für die soziale Gruppe einen Nutzen haben müssen. Es kann sich ebenso gut um Fehlanpassungen handeln, die durch eine veränderte Umwelt entstehen.

Als entscheidende neue Lebensbedingung haben wir die nach der Neolithischen Revolution entstandene veränderte Sozialstruktur mit ihrem enormen Machtgefälle bestimmt. Neben der Kunst, dem freiwilligen Verherrlichen der gemeinsamen Phantasien, erstarkte nun die Religion, die Unterwerfung unter die Interessen der Herrschenden. Was von der Kunst blieb, geriet in die Geiselhaft einer weltlichen oder geistlichen Auftragskunst und konnte im besten Falle versuchen, sich auf verbotenen Schleichwegen mehr schlecht als recht zu behaupten. Unter günstigen historischen Bedingungen ist dieser Prozess aber auch umkehrbar; die «Kunst erhebt ihr Haupt, wo die Religionen nachlassen» (Nietzsche 1878–86: 144).

Kultur ist die Weitergabe von Gedanken über die Generationen hinweg – Kunst, Wissenschaft und Religion dienen der langfristigen Koordination der Ziele einer Gemeinschaft. Abhängig von der jeweiligen historischen Situation werden Verführung, Argumente oder Zwang im Vordergrund stehen. Sind die angeborenen sozialen Verhaltensweisen der Menschen aber im Wesentlichen von den 99,5 Prozent ihrer Geschichte geprägt, die sie als Jäger und Sammler in vergleichsweise egalitären Gruppen lebten, dann ist zu erwarten, dass sie noch heute Verführung und Argumente bevorzugen werden. Vielleicht erklärt dies die Faszination, die von den Bildern und Statuetten der Eiszeit ausgeht – sie feiern durch die Schönheit der Darstellung eine kooperative Art des Zusammenlebens von Menschen. Dieses evolutionäre Erbe ist verschüttet, aber keineswegs verloren.

III. Evolutionäre Strategien

Der Sinn des Lebens

«Was willst Du, meine Gute?
Dass Du Dein Leben änderst. ...
Bravo! ... Jetzt lass' mich essen,
und wenn Du willst, esse mit mir ...
Es leben die Frauen, es lebe der Wein,
Stärke und Ruhm der Menschheit!»
W. A. Mozart und Lorenzo da Ponte, *Don Giovanni* (1787)

Haben Pflanzen einen Sinn des Lebens? Besitzen Tieren einen freien Willen? Diese Fragen mögen auf den ersten Blick seltsam erscheinen, aber das sind sie nicht. Unser eigentliches Interesse gilt zwar der Tatsache, dass viele Menschen nach einem Sinn des Lebens suchen und Wert auf ihre Freiheit legen, aber warum sollten wir ausgerechnet bei diesen Fällen auf die bewährte vergleichende Betrachtungsweise verzichten? Vielleicht wird sich zeigen, dass man beides nur bei Menschen findet, aber das kann man erst sicher wissen, wenn man die Alternativen überprüft hat. Bloße Vermutungen und Unterstellungen führen auch hier nicht weiter. Gleichwohl besagt ein Glaubenssatz unserer Zeit, dass die Wissenschaft nichts über den Sinn des Lebens aussagen kann. Einer der berühmtesten Gewährsmänner für diese Ansicht war der Soziologe Max Weber, der Anfang des 20. Jahrhunderts schrieb: Wer «glaubt heute noch, daß Erkenntnisse der Astronomie oder der Biologie oder der Physik oder Chemie uns etwas über den *Sinn* der Welt, ja auch nur etwas darüber lehren könnten: auf welchem Weg man einem solchen ‹Sinn› – wenn es ihn gibt – auf die Spur kommen könnte?» (1919: 597). Wie wir sehen werden, ist die Wissenschaft sehr wohl dazu in der Lage. Zunächst aber gilt es, die Fragen präziser zu fassen. Ähnlich wie bei den Diskussionen über Kultur, Kunst oder Religion kommt es auch hier zur Konfusion, weil die verwendeten Worte nicht oder nicht eindeutig definiert werden.

Was also ist mit «Sinn» gemeint? Zum einen wird damit die *Bedeutung eines sprachlichen oder anderen Symbols* (z. B. eines Wortes) bezeichnet. Zum anderen spricht man vom *Sinn einer Tätigkeit* und meint damit ihren *Zweck*. So ist eine Handlungsweise sinnvoll, wenn sie ihren Zweck erfüllt; eine Maschine ist sinnvoll konstruiert, wenn sie funktioniert. Und umgekehrt sind ein Wort, eine Handlung oder eine Maschine sinnlos, wenn sie keine Bedeutung haben oder ihren Zweck nicht erfüllen. Beim Sinn des Lebens geht es um Letzteres, d. h. um die Frage, ob die als «Leben» bezeichneten chemischen Reaktionen und Verhaltensweisen von Bakterien, Pflanzen, Tieren oder Menschen einem übergeordneten Zweck dienen.

Die verschiedenen Funktionen der Lebewesen – Ernährung, Stoffwechsel, Fortpflanzung, Wachstum, Empfindung, Denken und Bewegung – werden arbeitsteilig von speziellen Molekülen, Zellen, Organen oder Körperteilen ausgeführt, die dem Individuum als «Werkzeuge» dienen: «Da jedes Werkzeug seinen Zweck hat und ebenso jedes Glied des Körpers, dieser Zweck aber in einer Verrichtung besteht, so ist klar, dass auch der ganze Leib als Zweck eine umfassende Tätigkeit hat» (Aristoteles, *De partibus animalium:* 44). Worin aber besteht dieser übergeordnete Zweck eines Organismus, der Sinn seines Lebens?

Darwins Theorie hat diese Frage beantwortet: *Es ist die Fortpflanzung, die möglichst große Verbreitung der eigenen Gene* (nicht die der Art). Pflanzen, Tiere und Menschen existieren nur, weil sie von einer lückenlosen Reihe von Vorfahren abstammen, die diese Aktivität seit der Entstehung des Lebens vor mehr als 3,5 Milliarden Jahren erfolgreich ausgeführt haben. Im Gegensatz zu den Worten und Handlungen der Menschen oder bei den von ihnen gebauten Maschinen liegt diesem Zweck aber keine bewusste Absicht zugrunde, kein «intelligentes Design». Er entstand in der Evolution durch Variation und Selektion, da nur diejenigen Gene erhalten blieben, die bei ihren Trägern (den Individuen) die entsprechenden Verhaltensweisen und körperlichen Voraussetzungen hervorriefen. Alle anderen Gene, beispielsweise solche, die zu körperlichen Missbildungen oder zu einem reduzierten Sexualtrieb führten, wurden dagegen seltener oder verschwanden gänzlich. Konsequenterweise spricht man deshalb den Genomen der Lebewesen (der Gesamtheit ihrer Gene) «Intentionalität» zu, d. h. Absichten und Ziele (Maynard Smith 2000: 193). Das Ziel besteht in der maximalen Verbreitung der Gene; nur zu diesem Zweck werden die Organismen nach der in ihrem genetischen Programm vorgegebenen Anleitung gebaut. Eine Pflanze hat also durchaus einen klar umschriebenen und eindeutig bestimmbaren Sinn des Lebens.

Wenn der Sinn des Lebens aber untrennbar mit den Phänomenen des Lebens selbst verknüpft ist, dann gab es ihn schon vor mehr als drei Milliarden Jahren – er ist also um Größenordnungen älter als das menschliche Bewusstsein und unabhängig von ihm. Tatsächlich laufen die meisten körperlichen und viele geistige Funktionen der Menschen automatisch und oft unbewusst ab – man denke nur an den Herzschlag, den Stoffwechsel oder das Hungergefühl –; zugleich sind sie höchst zweckmäßig. Bewusstes Verhalten kann also sinnvoll oder sinnlos, zweckmäßig oder unzweckmäßig sein; dasselbe gilt auch für nichtbewusste Reaktionen.

Manchmal wird die Frage nach dem Sinn des Lebens auch in der Weise aufgefasst, dass mit «Leben» die Existenz von Lebewesen (d. h. von Genverbreitungsmaschinen) auf der Erde allgemein gemeint ist. Hat die Vermehrung der Gene als solche einen übergeordneten Zweck? Die Antwort ist Nein. Gene sind nichts anderes als komplizierte chemische Moleküle, und die Tatsache, dass sie nur auf der Erde und nicht auf dem Mond vorkommen, hat ebenso wenig einen höheren Sinn wie die Tatsache, dass es irgendein anderes chemisches Molekül, Wasser beispielsweise, nur auf der Erde gibt.

Wie aber verhält es sich mit dem Sinn des Lebens der Menschen? Die allgemeinen biologischen Prinzipien müssen auch auf sie zutreffen, aber etwas scheint zu fehlen. Zum einen verhalten sich viele Menschen nicht so, wie es nach den bisherigen Überlegungen zu erwarten wäre, wenn sie beispielsweise Verhütungsmittel verwenden, um sich gerade nicht fortzupflanzen. Zum anderen widerspricht die Charakterisierung als «Genverbreitungsmaschine» dem menschlichen Gefühl, eigene Ziele zu haben. Und schließlich gehören für viele Menschen gerade solche Dinge zu einem gelungenen Leben, die auf den ersten Blick wenig oder nichts mit der bloßen Existenzsicherung oder der Fortpflanzung zu tun haben, sondern bei denen es um geistige oder emotionale Bedürfnisse geht, um Wissenschaft und Kunst beispielsweise. Wie wir sehen werden, lassen sich diese scheinbaren Widersprüche auflösen. Mehr als das: Die evolutionsbiologische Perspektive ermöglicht es zudem zu verstehen, welche Zwecke mit traditionellen philosophischen und religiösen Antworten auf die Frage nach dem Sinn des Lebens verfolgt werden.

Lebensfreude und der Egoismus der Gene

Durch den Singular *der* Sinn des Lebens wird unterstellt, dass es nur einen richtigen Weg für alle Menschen und für alle Lebenssituationen gibt. Dies ist aber nicht der Fall. Da es im Leben eines Menschen oder eines anderen Tieres verschiedene, oft widersprüchliche Anforderungen gibt, gibt es auch vielfältige Strategien. Die verschiedenen strategischen Optionen schließen sich teilweise aus, können sich im Laufe des Lebens ändern und sind je nach Lebenssituation mehr oder weniger zweckmäßig. Und so ist es kein Zufall, dass die endlosen philosophischen Debatten zu dieser Frage zu keinerlei Übereinstimmung geführt haben, führen konnten.

Die Suche nach einem Sinn ist die Suche nach einer optimalen Strategie und wird vor allem in Zeiten persönlicher Neuorientierungen vordringlich. Diese werden oft durch äußere Ereignisse ausgelöst, immer aber, wenn es zu den im Lebenszyklus der Menschen angelegten biologischen Veränderungen kommt. Die weitestgehenden Folgen haben in diesem Zusammenhang der Beginn und das Ende der hauptsächlichen reproduktiven Phase (Pubertät bzw. Menopause). Entsprechend interessiert sind viele Menschen in diesen Zeiten an der Frage nach dem Sinn ihres Lebens. Das Gefühl der Sinnlosigkeit wiederum ist ein Ausdruck für den durch ungünstige Umstände hervorgerufenen Mangel an geeigneten Optionen. Das damit einhergehende Gefühl der Verzweiflung kann als extrem unangenehm empfunden werden und ist – wie körperlicher Schmerz – ein biologisches Warnsignal, welches zeigt, dass ein Mensch den von seinen Genen vorgegebenen Zwecken zuwiderhandelt. Zufriedenheit und das Gefühl eines erfüllten Lebens dagegen zeigen, dass man einen richtigen Weg verfolgt. Der Ausdruck «Sinn des Lebens» beschreibt eigentlich nichts anderes als eine solche Langzeitstrategie. Welche Langzeitstrategien sind in der Evolution entstanden?

Im antiken Griechenland gab es die Lehre des Hedonismus, nach der die Lust das höchste Gut des Lebens ist. *Biologisch sinnvoll ist dieses Verhalten, weil ein Individuum sich nur fortpflanzen kann, wenn es überlebt und lebenskräftig ist. Aus diesem Grund sind Organismen auch darauf programmiert, für ihr persönliches Überleben und Wohlergehen zu sorgen.* Gerade bei Menschen kann «Wohlergehen» natürlich sehr viel bedeuten und es schließt auch geistige Genüsse ein. Warum gehören auch solche Dinge zu einem gelungenen Leben? In den meisten Fällen ist es nicht schwer zu zeigen, welche biologischen Vorteile mit ihnen verbunden sind. So ist beispielsweise die zutreffende Erkenntnis der Welt eine eminent lebenswichtige Fähigkeit. Und so wäre es schon sehr seltsam, wenn die Befriedigung der wissenschaftlichen Neugierde kein Element eines als sinnvoll empfundenen Lebens sein könnte. Ähnliches gilt für die Kunst, deren zentrale Bedeutung für den Zusammenhalt einer Gruppe wir in *Geheimwaffe Kunst* geschildert haben. Auch bei den «höheren» Freuden gibt also das biologische Lust-Unlust-Prinzip vor, welches Verhalten im Sinne der eigenen Gene richtig ist.

Zugleich macht der Wunsch nach persönlichem Wohlergehen vielfältige Designkompromisse notwendig. Letztlich kommt es zwar nur auf die maximale Verbreitung der Gene an. Organismen, die weniger Wert auf ihr Wohlergehen legen, werden jedoch durchschnittlich schlechter überleben und weniger Nachkommen hinterlassen. Nicht selten geraten die beiden grundlegenden biologischen Ziele – Reproduktion und Wohlergehen – in Widerspruch. Etwa wegen der körperlichen Gefahren, die mit sexuellen Rivalitäten bzw. der Trächtigkeit verbunden sind, ist erfolgreiche Fortpflanzung bei vielen Arten lebensverkürzend. Der hedonistische Wunsch nach Lebensfreude entstand also in der Evolution als ein Sinn des Lebens zweiter Ordnung, der den primären Zweck (die Fortpflanzung) ergänzt, aber oft in Konkurrenz zu ihm steht.

Auch das *Überleben des Individuums* als solches ist ein wichtiges biologisches Ziel und eine notwendige Voraussetzung, um weitergehende Langzeitstrategien überhaupt verfolgen zu können. Aus Sicht der Gene handelt es sich aber nur um ein Mittel zum Zweck. Interessanterweise wird bloßes Überleben im Gegensatz zum Wohlergehen nicht als ein befriedigender Sinn des Lebens empfunden. Seinen sprachlichen Ausdruck findet das Unbehagen mit dieser Art von Minimalexistenz in der Rede vom «Dahinvegetieren». Aus der Perspektive der Gene ist das bloße Überleben in der Tat sinnlos. Sowohl eine gelungene Partnerwahl als auch die erfolgreiche Aufzucht der Kinder erfordern einen Überschuss an Ressourcen.

Welche Rolle spielt der primäre Zweck aller Organismen, die Fortpflanzung, im Leben der Menschen? Bekanntermaßen werden eigene Kinder oft als wichtige Voraussetzung für ein gelungenes Leben empfunden. Wie wir in *Helden und Terroristen* gezeigt haben, muss ein Mensch aber nicht selbst Kinder zeugen oder austragen, da seine Gene auch in den Verwandten vorhanden sind. Daraus ergibt sich die Strategie der indirekten Fortpflanzung, bei der sich ein Individuum um die Kinder seiner Verwandten kümmert. Es wäre also ein Trugschluss anzunehmen, dass die persönliche Fortpflanzung notwendigerweise zu einem gelungenen Leben aller Menschen gehören muss.

Wenn es sich bei der direkten (oder indirekten) Fortpflanzung wirklich um den primären biologischen Sinn des Lebens aller Organismen handelt, dann scheint es trotz allem seltsam, wie wenig ausgeprägt der Kinderwunsch vieler Menschen ist. Um dieses eigenartige Phänomen zu verstehen, ist es wichtig, sich zu vergegenwärtigen, dass es in der Evolution der Menschheit nicht nur auf die Zahl der Kinder ankam, sondern auch darauf, sie bestmöglich zu ernähren und zu erziehen. Dem biologischen Ziel der maximalen Verbreitung der Gene ist nicht unbedingt mit einer maximalen Geburtenrate am besten gedient.

Eine optimale Strategie muss auch hier verschiedene limitierende Faktoren berücksichtigen: 1) Der Nachwuchs muss ernährt und beschützt werden. Müssen zu viele Kinder versorgt werden, besteht die Gefahr, dass diese unter Mangelernährung und Vernachlässigung leiden und so ihrerseits schlechter überleben und sich reproduzieren können. 2) Bei Menschen erfordert das Erlernen der kulturellen Inhalte zusätzliche hohe Investitionen der Eltern, was eine weitere Verringerung der Geburtenrate notwendig macht. 3) Bei Arten mit Brutpflege müssen die Eltern zudem für ihr eigenes Überleben und Wohlergehen sorgen, was ihre verfügbaren Ressourcen weiter begrenzt. 4) Das hohe elterliche Investment beider Geschlechter schließlich erfordert eine sorgfältige Partnerwahl, da die Zahl der Versuche begrenzt ist.

Es gibt also eine Reihe von Faktoren, die dazu führen, dass Menschen den Zeitpunkt der Fortpflanzung so lange hinausschieben, bis die bestmöglichen Bedingungen gegeben sind. Im Naturzustand werden diese verzögernden Tendenzen durch den Sexualtrieb ausbalanciert, der dazu führt, dass es häufig auch dann zur Schwangerschaft kommt, wenn die Situation nicht optimal ist. Das Zusammenspiel der limitierenden Faktoren mit dem Sexualtrieb führte nun in der Geschichte der Menschheit je nach konkreten Umweltbedingungen zu unterschiedlichen Geburtenraten:

(1) In der Zeit der Jäger und Sammler gab es kaum Bevölkerungswachstum, da bei dieser Lebensweise nur eine vergleichsweise geringe Zahl von Menschen in einem Gebiet existieren kann. Je nach Sterblichkeit konnte die Geburtenrate auch relativ hoch sein.

(2) Durch die bäuerliche Lebensweise wurde eine deutliche Erhöhung der Geburtenrate möglich, was zu starkem Bevölkerungswachstum führte. Gleichzeitig nahm die Lebenserwartung ab und der Gesundheitszustand verschlechterte sich als Folge kalorienreicher, aber einseitiger Ernährung. Die hohen Geburtenraten bäuerlicher Kulturen sind also nicht der Naturzustand, sondern eine Folge der Neolithischen Revolution (Bentley et al. 1993; Bocquet-Appel & Naji 2006).

(3) Nach der industriellen Revolution kam es im 19. und 20. Jahrhundert durch die Fortschritte der Medizin und der Nahrungsmittelproduktion zu einer Verringerung der Kindersterblichkeit und bei weiterhin hohen Geburtenraten zu erneutem Bevölkerungswachstum.

(4) Mitte des 20. Jahrhunderts führten der Aufbau einer staatlichen Altersversorgung und die Erfindung von Verhütungsmitteln zu einer Entkoppelung der Fortpflanzung sowohl von individueller Absicherung als auch von der Sexualität. Seither haben Menschen als erste Tierart die Möglichkeit, den Lustgewinn aus der Sexualität und gleichzeitig denjenigen aus dem individuellen Wohlergehen zu genießen, ohne die Nachteile der Reproduktion in Kauf nehmen zu müssen. Dadurch hat sich das Gleichgewicht in Richtung auf eine relativ niedrige Geburtenrate verschoben. Ob dies wirklich zu den prognostizierten, gravierenden sozialen und ökonomischen Problemen führen wird, sei dahingestellt. Aus ökologischer und humanitärer Sicht ist dies jedenfalls sehr zu begrüßen, da nur bei einer Verringerung der Weltbevölkerung die dauerhafte Zerstörung der Lebensgrundlagen zukünftiger Generationen zu verhindern ist.

Die Geburtenrate der Menschen ist also von verschiedenen fördernden und hemmenden Verhaltensanpassungen abhängig, die sich je nach Umweltbedingungen anders auswirken. Auf diese Weise können Menschen und andere Tiere ihre Reproduktion den Lebensbedingungen entsprechend modifizieren und gegebenenfalls reduzieren. Die freiwillige Verringerung der Kinderzahl oder sogar der Verzicht auf Nachkommen bei heutigen Menschen ist also eine biologisch durchaus erklärbare Verhaltensweise.

Von Genen und Göttern

Wir haben den Hedonismus als philosophische Ausformulierung einer biologisch vorgegebenen Lebensstrategie erklärt. Lassen sich auf diese Weise auch andere philosophische oder religiöse Positionen verstehen? Viele Religionen leiten den Sinn des Lebens von einem nicht weiter erklärbaren göttlichen Willensakt ab. Es gibt aber keinen Grund, warum die religiösen Auffassungen nicht auch ohne Gotteshypothese zu erklären sein sollen, so wie die Biologie seit Darwin beim Verständnis aller anderen Eigenschaften generell auf diese Hypothese verzichtet.

Was sagen die christlichen Kirchen und der Islam zum Sinn des Lebens? Zunächst legen sie großen Wert darauf, ihre diesbezügliche Kompetenz hervorzuheben. Oft präsentieren sie sich auch als die einzigen oder besten Ansprechpartner in dieser Frage. Sehr viel zögerlicher sind sie aber interessanterweise an einem anderen Punkt: Informationen, worin dieser Sinn konkret besteht, sind in ihren öffentlichen Verlautbarungen deutlich schwerer zu finden. So fehlen beispielsweise in einer umfangreichen, vor wenigen Jahren erschienenen allgemeinen Anthologie zum Sinn des Lebens die offiziellen Aussagen von Kirchenvertretern fast völlig (Fehige et al. 2000).

Kennzeichnend für religiöse Vorstellungen zum Sinn des Lebens ist die Forderung altruistischen Verhaltens; egoistische Ziele spielen zwar auch eine Rolle («Paradies»), aber sie treten deutlich zurück. So sieht die katholische Kirche «den Sinn und die Bestimmung» des Lebens darin, «in Nachahmung» des christlichen Religionsstifters «zu dienen» und das «Leben hinzugeben» (Johannes Paul II. 1995: 49, 51). Dem Koran zufolge beansprucht Allah diese Dienste für sich selbst: Ich habe «Menschen nur dazu geschaffen, dass sie mir dienen» (Sure 51, Vers 56). Ähnlich sah das auch Luther, der im *Kleinen Katechismus* (1529) schrieb: «Ich glaube, daß mich Gott geschaffen hat samt allen Kreaturn.» Daraus leitet er die Verpflichtung ab, für all das «ich ihm zu danken und zu loben und dafür zu dienen und gehorsam zu sein schuldig bin» (*Bekenntnisschriften* 1986: 510–11). Und im *Heidelberger Katechismus* der reformierten Kirchen heißt es: «Gott hat den Menschen […] erschaffen […], damit er Gott, seinen Schöpfer, recht erkennt und von Herzen liebt und in ewiger Seligkeit mit ihm lebt, um ihn zu loben und zu preisen» (1563, Frage 6). Für viele Menschen werden diese Aussagen nicht besonders verlockend klingen, was erklären könnte, warum die christlichen Kirchen sich zwar als primären Ansprechpartner bei dieser Frage sehen, aber zugleich recht zögerlich sind, die von ihnen bevorzugte Variante offensiv zu propagieren.

Kann die Evolutionsbiologie erklären, warum Menschen aufopfernde Lebensstrategien akzeptieren? Wir sprechen von «akzeptieren», weil dem oft, aber nicht immer körperlicher oder psychischer Zwang zugrunde liegt. In *Helden und Terroristen* haben wir die Entstehung altruistischer Tendenzen bis hin zur Selbstaufopferung im Detail diskutiert und gezeigt, dass dabei die genetischen Interessen der Individuen unter den Bedingungen der Zivilisation meist nicht gewahrt sind; aufgrund von Mängeln in der Verwandtenerkennung lassen sie sich für die fremden Zwecke der Pseudofamilien (Religionsgemeinschaften u. a.) missbrauchen. Dieser manipulative Aspekt ist sicher wichtig, aber die Religionen wären nicht so erfolgreich, wenn sie ausschließlich gegen den biologischen Sinn des Lebens ihrer Anhänger agieren und weder persönliche Gegenleistungen anbieten noch die genetischen Interessen ihrer Anhänger berücksichtigen würden. Auch die Religionen müssen die biologisch vorgegebenen Lebensstrategien beachten, wenn sie Erfolg haben wollen. Und genau dies tun sie, wenn sie sich mit den egoistischen Genen gegen die Individuen verbünden, indem sie für überreichen Kindersegen sorgen, oder wenn sie persönliches Wohlergehen versprechen – im Jenseits.

Interessanterweise führen sowohl die Evolutionsbiologie als auch die genannten Religionen den Sinn des Lebens auf fremde Zwecke zurück: Im ersten Fall sind die Individuen Maschinen zur Verbreitung ihrer Gene, im zweiten Fall Untertanen des jeweiligen Gottes bzw.

seiner Vertreter auf Erden. Der Anspruch auf Herrschaft über die Menschen, auf ihre Dienste und Lobpreisungen wird sowohl im Christentum als auch im Islam damit begründet, dass Gott die Menschen und ihre Lebensgrundlagen erschaffen habe. Wenn die Evolutionstheorie recht hat, dann wurden die Menschen aber durch die natürliche Auslese «erschaffen»; sie werden in vielerlei Hinsicht durch die Gene beherrscht, die ihnen den Sinn des Lebens vorgeben. Und so lassen sich die religiösen Antworten als Umdeutung der biologischen Lebensstrategien und als Herrschaftsanspruch über sie verstehen.

Dadurch, dass Religionen den biologisch vorgegebenen Sinn des Lebens zwar aufgreifen, aber in erster Linie für die Zwecke anderer Individuen nutzbar machen, entstehen zugleich signifikante Unterschiede zur evolutionsbiologischen Bestimmung: 1) Die Biologie sagt zwar, *warum* Menschen in einer bestimmten Situation eine konkrete Lebensstrategie bevorzugen und dass sie nicht völlig gegen diese handeln können, wenn sie glücklich werden wollen. Sie lässt aber unterschiedliche Möglichkeiten zu – körperliches Wohlergehen, wissenschaftliche oder künstlerische Arbeit, direkte oder indirekte Fortpflanzung –, unter denen ein Mensch wählen kann. 2) Der Biologie zufolge dienen die Lebewesen zwar den Zwecken der Gene, aber es sind immerhin die *eigenen Gene*, während sich die Menschen in den Religionen auch für Pseudofamilien aufopfern sollen. 3) Der Biologie zufolge ist es meist von Vorteil, wenn es einem Menschen auch tatsächlich gut geht, da er nur so optimal für die Verbreitung der Gene sorgen kann. In den Religionen spielt das *persönliche Wohlergehen im Diesseits* dagegen nur eine untergeordnete Rolle und wird höchstens durch das Versprechen eines schönen Lebens im Paradies ersetzt.

Die häufig anzutreffende Behauptung, dass die Evolutionsbiologie und damit die Naturwissenschaft nichts über den Sinn des Lebens aussagen kann, ist also offensichtlich falsch. Das Gegenteil ist der Fall, und auch einige Philosophen sehen dies so (Mittelstraß 1989: 20–21; Barlow 1994). Zum einen kann die Evolutionsbiologie erklären, *warum* Menschen bestimmte Lebensentwürfe als sinnvoll erleben, andere dagegen nicht, indem sie zeigt, auf welchen biologischen Strategien diese beruhen. Zum anderen gibt sie recht gute Hinweise darauf, *welcher Langzeitstrategie* Menschen folgen sollten, wenn sie im Diesseits glücklich werden wollen. Damit macht die Evolutionsbiologie zwar nur die in jedem Menschen vorhandenen, verschütteten biologischen Neigungen bewusst und gibt ihnen eine Begründung. In Anbetracht der Ratlosigkeit vieler Menschen bei der Suche nach dem Sinn des Lebens ist dies aber nicht wenig.

Wenn es verschiedene Langzeitstrategien im Leben eines Menschen oder eines anderen Tieres gibt, dann gibt es auch Wahlmöglichkeiten. Bedeutet dies, dass es einen freien Willen gibt?

Vergessene Wünsche und der freie Wille

Der freie Wille ist ein Fremdkörper im wissenschaftlichen Weltbild. Vielleicht, so bemerkte bereits der Physiologe Emil Du Bois-Reymond im 19. Jahrhundert, «gibt es keinen Gegenstand menschlichen Nachdenkens, über welchen längere Reihen nie mehr aufgeschlagener Folianten [großformatiger, dicker Bücher] im Staube der Bibliotheken modern» (1880: 175; vgl. Buchheim & Pietrek 2007; Johst 2007; Wuketits 2008). Dabei gibt es eine einfache Lösung, zu der sich viele Philosophen und Naturwissenschaftler bekannten und bekennen: Der freie Wille ist eine Illusion, die auf Täuschung beruht und in Wirklichkeit gar nicht existiert.

In der Wissenschaft wird der Wille eines Menschen oder eines anderen Tieres als eine Funktion seines Körpers, besonders des Gehirns, verstanden. Das Gehirn ist aber nichts anderes als eine Art Computer, eine biochemische Maschine, in der innere und äußere Reize verarbeitet und in Befehle zur Betätigung der Muskeln, in Verhalten, umgesetzt werden. Dazu gehört auch, dass die verschiedenen, oft unvereinbaren Triebe und Wünsche koordiniert und bestimmte Handlungen, beispielsweise in Gefahrensituationen, unterlassen werden. Wenn einer dieser Wünsche vordringlich und damit oft bewusst wird, spricht man vom «Willen». Da die Wissenschaft das Gehirn als eine Denkmaschine aus Nervenzellen versteht, «gibt es keinen Raum für objektive Freiheit, weil die je nächste Handlung, der je nächste Zustand des Gehirns immer determiniert wäre durch das je unmittelbar Vorausgegangene. Variationen wären allenfalls denkbar als Folge zufälliger Fluktuationen» (Singer 2000: 75).

Die Bestreitung des freien Willens ist aber keine spezielle Marotte der Hirnforschung, sondern sie basiert auf der allgemeinen Annahme der Wissenschaft, dass «die Welt ein Mechanismus [ist], und in einem Mechanismus ist kein Platz für Willensfreiheit» (Du Bois-Reymond 1880: 176). Wenn man den freien Willen im Sinne des Philosophen Immanuel Kant als eine «besondere Art von Kausalität» auffasst, die es möglich machen soll, «völlig frei, und ohne den notwendig bestimmenden Einfluß der Naturursachen» zu handeln (1787: 429, 432), dann hätte seine Existenz gravierende Konsequenzen: Es käme zu Ereignissen, «die aus der Verkettung des Weltgeschehens herausfallen, die ebensogut nicht sein könnten [...]. Wenn jemand so den natürlichen Determinismus an einer einzigen Stelle durchbricht, hat er die ganze wissenschaftliche Weltanschauung über den Haufen geworfen» (Freud 1916/17: 21). Der so aufgefasste freie Wille ist eigentlich nichts anderes als ein milliardenfach vorkommendes Privatwunder, das ähnlich wie ein göttliches Wunder den normalen Lauf der Welt durchbricht. Dementsprechend handelt Kant ihn zusammen mit den religiösen Glaubenssätzen von der Unsterblichkeit der Seele und der Existenz einer «obersten Welturache», d. h. eines Gottes, ab. Und so verwundert es nicht, dass alle Versuche, den freien Willen im genannten Sinn mit der wissenschaftlichen Weltanschauung zu versöhnen, gescheitert sind.

Die Wissenschaft bestreitet also die Existenz des freien Willens, aber weder die *Realität des Gefühls* der Menschen, in manchen Entscheidungen frei zu sein, noch ihres *unbedingten Wunsches,* sich ohne Zwang entscheiden zu können. Wie lassen sich diese psychologischen Tatsachen erklären? Woher der Eindruck kommt, sich frei entscheiden zu können, hat Freud schon zu Beginn des 20. Jahrhunderts überzeugend dargelegt und die moderne Hirnforschung hat dies bestätigt: Wir glauben, in unseren Entscheidungen frei zu sein, denn «nur ein Bruchteil der im Gehirn ständig ablaufenden Prozesse ist für das innere Auge sichtbar und gelangt ins Bewusstsein» (Singer 2000: 75). Anders gesagt, das Gefühl des freien Willens entsteht, weil die zugrunde liegenden Motive und Ursachen *nicht bewusst* sind (Freud 1901: 282).

In diesem Zusammenhang weist Wolf Singer noch auf einen wichtigen Punkt hin: die Notwendigkeit, manche Handlungen anderen Menschen gegenüber zu begründen. Einige Wünsche, beispielsweise aggressive Gedanken, kann und will man in vielen Fällen nicht offen äußern; sie müssen aus taktischen Gründen oder aus Selbstschutz verborgen bleiben. Besonders sicher sind die geheimen Wünsche, wenn man sie vor sich selbst verleugnet, wenn sie, wie es bei Freud heißt, verdrängt und dadurch unbewusst werden.

Woher aber kommt der unbedingte Wunsch, ohne Zwang *entscheiden und handeln* zu können, woher stammt die Stärke des Freiheitswillens von Menschen und anderen Tieren? Was bedeutet Freiheit in diesem Zusammenhang? Zwänge, durch die die Handlungsfreiheit begrenzt wird, gehen sowohl von den körperlichen Trieben als auch von der Umwelt aus. Ein körperliches Bedürfnis kann so übermächtig werden, dass es andere Handlungsoptionen unterdrückt und auf diese Weise vom Individuum als Zwang empfunden wird. Ein eher harmloses Beispiel wäre das Hungergefühl bei einer Diät, das den Wunsch des Individuums abzunehmen untergräbt. Die Handlungsfreiheit findet aber auch an den Gegebenheiten der Umwelt ihre Grenze. Man sollte hier nicht nur an die äußere Natur und die physikalischen Gesetze denken, sondern auch an die soziale Umwelt, in der die Wünsche der verschiedenen Individuen aufeinandertreffen, was zu mannigfaltigen Konflikten und zu verringerten Handlungsmöglichkeiten führt.

Die biologischen Triebe, die äußere Umwelt und die soziale Gemeinschaft stellen die unterschiedlichsten Anforderungen. Je nach Situation entsteht so eine komplizierte Mischung einander widerstrebender Motivationen. Die Entscheidung für oder gegen eine bestimmte Handlung ist dabei nicht willkürlich, sondern Folge einer gedanklichen Prozedur, bei der die verschiedenen Vor- und Nachteile verrechnet werden. Es ist nun im Sinne des Individuums, auf die konkreten Situationen und die sich daraus ergebenden Möglichkeiten jeweils angemessen reagieren zu können, was sowohl Flexibilität des Verhaltens als auch Handlungsfreiheit voraussetzt. Die Tatsache, dass gravierende Einschränkungen der Handlungsfreiheit meist als ausgesprochen unangenehm empfunden werden, ist ein weiterer wichtiger Hinweis auf ihre biologische Bedeutung. Und so lassen sich der Wunsch und die Fähigkeit zur Handlungsfreiheit als wichtige und sinnvolle biologische Anpassungen verstehen.

Die Macht der Gene und die Zivilisation

Die Evolution und die Gene sind außerordentlich machtvolle Naturphänomene – sie prägen nicht nur das Wesen jedes einzelnen Menschen, sondern auch die Art unseres sozialen Zusammenlebens und viele Aspekte der Kultur. Wie bei anderen Gegebenheiten der Natur auch sollte man mit ihnen rechnen – Verleugnung oder Angst sind hier schlechte Ratgeber. Die Natur der Menschen ist, wie man sie nach der Darwin'schen Theorie erwarten muss: grausam, ungerecht, egoistisch, opportunistisch, träge und manipulierbar, aber auch kraftvoll, großzügig, kooperativ, zielstrebig, mutig, lebenslustig, phantasievoll und wissbegierig. Diese Eigenschaften beruhen auf Erfahrungen aus 3,5 Milliarden Jahren Evolution. Als Erben einer schier unendlichen Zahl von Vorfahren, die den Kampf ums Dasein erfolgreich bewältigt haben, wissen auch Menschen instinktiv, wie richtiges Verhalten aussah – in der Vergangenheit. Da unser evolutionäres Erbe, das genetische Programm, durch die natürliche und sexuelle Auslese entstand, spiegelt es das Leben früherer Generationen wider. Zukünftige Ereignisse kann es nicht voraussehen. Ändert sich die Umwelt, werden die Karten neu gemischt. Viele der früher sinnvollen Verhaltensweisen sind nun schädlich, andere können auch unter den neuen Bedingungen ihre Funktion erfüllen, und wieder andere, bisher eher nachteilige Varianten werden zweckmäßig.

Wir leben in einer Zeit des Umbruchs, in der die bisherigen biologischen Anpassungen durch die neue Umwelt der Zivilisation anderen Selektionsbedingungen ausgesetzt werden. Veränderungen der Umwelt, vom Klima bis zur Zusammensetzung der Flora und Fauna eines Gebietes, sind normale und ständig vorkommende Naturereignisse. In solchen Situationen kommt es oft nicht schnell genug zu neuen Anpassungen, was zur Folge haben kann, dass eine Art ausstirbt. Ob auch unsere eigene Art, *Homo sapiens*, in naher Zukunft aussterben wird und demzufolge das zumindest auf unserem Planeten wohl einmalige Naturexperiment einer vernunftbegabten Tierart scheitert, ist noch nicht entschieden.

In der Evolution der Menschen und ihrer unmittelbaren Vorfahren gab es mehrere bedrohliche Krisen (Junker 2008). Zu einem ersten entscheidenden Umbruch kam es vor rund sechs bis sieben Millionen Jahren, als einige schimpansenartige Menschenaffen den Regenwald verließen, in trockeneren Landstrichen mit weiter verstreuten Bäumen und Wäldern lebten und aufrecht zu laufen begannen. Eine zweite Phase grundlegender Veränderungen erfolgte vor rund zwei Millionen Jahren und führte zur Entstehung der ersten echten Menschen *(Homo erectus)*. Es kam zum Umbau des Bewegungsapparates, der ausdauerndes Laufen möglich machte, zu einer enormen Vergrößerung des Gehirns, einer anderen Ernährung, einem veränderten Sexualverhalten und einer anderen Sozialstruktur. Vor rund 200 000 Jahren machten dann Fortschritte bei der sozialen Lernfähigkeit ein reichhaltigeres kulturelles Repertoire und die Entdeckung der Kunst möglich; seither spricht man vom «modernen Menschen», von unserer eigenen Art *Homo sapiens.*

Der vierte große Umbruch schließlich war die Neolithische Revolution, der Übergang von der Lebensweise der Jäger und Sammler zu Ackerbau und Viehzucht, der vor rund 10 000 Jahren begann. Dadurch wurden Bevölkerungswachstum, die städtische Siedlungsweise, kulturelle Errungenschaften wie die Schrift und dauerhafte bewaffnete Verbände möglich. Innerhalb weniger tausend Jahre entstanden in Ägypten und Vorderasien die ersten Hochkulturen. Im Verlauf eines einzelnen Menschenlebens war der Wandel kaum bemerkbar, aus evolutionärer Perspektive vollzog er sich aber in geradezu atemberaubendem Tempo. Noch heute kämpfen wir deshalb mit den Widersprüchen zwischen der neuen Umwelt der Zivilisation und den biologischen Anpassungen an das Leben als Jäger und Sammler.

An vielen Stellen unseres Buches haben wir Partei für die Anpassungen aus der Zeit vor der Entstehung der Zivilisation ergriffen und dafür plädiert, sie in ihrem Wert und ihrer Bedeutung anzuerkennen. Man kann Menschen auch mit einer kalorienreichen Kohlenhydratmast lebens- und arbeitsfähig halten, aber zu einer gesunden, «artgerechten» Ernährung, die mehr sein soll als bloße Existenzsicherung, gehören auch Fleisch, Obst und Gemüse von hoher Qualität. Auch andere Errungenschaften der Zivilisation haben wir als das bezeichnet, was sie sind – als Vergewaltigungen der menschlichen Natur. Die lebenslange Zwangsehe ist hier ebenso zu nennen wie die Verstümmelungen der Genitalien von Männern und Frauen. Wir haben die Verarmung der Phantasie und der Kunst durch religiösen Zwang ebenso kritisiert wie die körperliche Versklavung der Menschen. Und nicht zuletzt haben wir die Mentalität der Wahllosigkeit und der Austauschbarkeit in sozialen Beziehungen beschrieben, weil sie die Entstehung qualitätvoller Formen menschlichen Zusammenlebens verhindert. Wenn eine Gesellschaft diese Praktiken trotz alledem aufrechterhalten möchte, sollte es dafür schon sehr gute Rechtfertigungsgründe geben.

Wir haben aber auch genetisch determinierte Verhaltensweisen beschrieben, die sich nicht mehr oder nur mehr sehr bedingt als Richtschnur eignen. Es gibt ja unzweifelhafte Vorteile der Zivilisation, die eine Verbesserung der Lebensqualität mit sich brachten und oft gerade deshalb zu Problemen führten. Wir haben dies am Beispiel von Übergewicht und Fehlernährung diskutiert. Um das Problem zu lösen, gibt es eigentlich nur zwei Möglichkeiten: Entweder führt man künstliche Mangelsituationen herbei, was wohl niemand ernsthaft fordern wird, oder die Menschen müssen lernen, beim Essen gegen einige ihrer natürlichen Instinkte zu handeln und zeitweise mit geringerer Kalorienzufuhr auszukommen, d. h., manchmal auch das Gefühl des Hungers auszuhalten.

Auf geistigem Gebiet entstanden ähnliche Probleme durch das (Über-)Angebot an Informationen. Auch hier wird eine natürliche Eigenschaft der Menschen, die Neugierde, befriedigt. Die schiere Menge und leichte Verfügbarkeit der Informationen aus Fernsehen, Internet oder Presse führen aber dazu, dass diese nicht mehr ausreichend verarbeitet und bewertet werden können, und ziehen so einen Zustand nach sich, den man ohne Übertreibung als geistige Verfettung charakterisieren kann. Ein Vorteil der Zivilisation besteht auch darin, dass sie einen Ausweg aus der Enge und Beschränktheit des Familienverbandes ermöglicht. Die Gemeinschaften der Jäger und Sammler bestanden aus 30 bis 200 Individuen, die mehr oder weniger eng verwandt waren. Die heutigen Verbände – Städte, Firmen, Staaten – sind oft um ein Vielfaches größer. Infolgedessen gibt es sehr viel mehr Anregungen und Kooperationsmöglichkeiten. Die natürlichen Anpassungen, die Altruismus nur bei Verwandten vorsehen, stören hier nur.

Menschen können und sollten also lernen, einige Verhaltensweisen, die sich unter den Bedingungen der Zivilisation als schädlich erweisen, zu modifizieren oder abzuschwächen. Beobachten lässt sich allerdings oft das Gegenteil – eine kulturelle Verstärkung und Manipulation der altsteinzeitlichen Anpassungen. Sexuelle Eifersucht beispielsweise macht biologisch gesehen oft durchaus Sinn. Die größere Machtfülle einzelner Personen oder eines Geschlechts (meist der Männer) führt aber zu extrem negativen Folgen für die benachteiligten Individuen.

Verstärkt werden diese Fehlentwicklungen dadurch, dass kulturelles Lernen auf dem Vertrauen den Lehrenden gegenüber beruht. Soziales Lernen ist der Kern der Kultur; Menschen sind biologisch darauf programmiert, von anderen zu lernen, d. h., ihnen zu glauben. Zudem haben sie die genetisch verankerte Neigung, mächtigeren Gruppenmitgliedern auch dann zu glauben, wenn dies ihren eigenen Erfahrungen widerspricht, so wie Kinder von ihren Eltern auch viele Dinge übernehmen, die sie nicht verstehen. Die große Machtfülle einzelner Gruppen in der Zivilisation erleichtert auf diese Weise die Anreicherung der kulturellen Inhalte mit eigennützigen Desinformationen. Die individuelle Erfahrung ist hier ein wichtiges, aber oft zu schwaches Korrektiv und Gegenmittel.

Die Zivilisation ist eine neue Form der Umwelt und bringt als solche auch neue Selektionsbedingungen mit sich. Was bedeutet dies für die zukünftige Evolution der Menschheit? Neue genetische Varianten entstehen durch Mutationen, die wiederum durch physikalische und chemische Ursachen sowie durch Kopierfehler der DNA verursacht werden. Durch die moderne Umwelt hat sich daran grundlegend nichts geändert, durch neue Umweltgifte sind Mutationen höchstens häufiger geworden. Mutationen wirken sich aber in der Regel negativ auf die Lebensfähigkeit aus, weil Organismen über lange Zeit optimierte Systeme sind, die viel leichter gestört als verbessert werden können. Anpassungen und Verbesserungen von Funktionen entstehen nur, wenn die wenigen vorteilhaften Mutationen durch Selektion angehäuft werden. Ohne natürliche oder sexuelle Auslese kommt es also zu einem allmählichen Verlust der Funktionsfähigkeit («Degeneration»).

Gibt es unter den Bedingungen der Zivilisation noch eine natürliche Auslese? Sie wurde abgeschwächt und hat ihre Richtung geändert, aber sie ist nicht völlig außer Kraft gesetzt. So führen viele Mutationen dazu, dass ein Embryo nicht lebensfähig ist und abstirbt (bis zu 80 Prozent aller Keime bei Menschen werden nicht ausgetragen). Bei weniger gravierenden genetischen Störungen, beispielsweise bei bestimmten Formen von Diabetes, ist dies aber nicht der Fall und dementsprechend wird eine quantitative Zunahme die Folge sein.

Was ist mit evolutionären Fortschritten? Werden die Menschen klüger, gesünder, schöner oder sozialer? Menschen mit diesen Fähigkeiten sind attraktiver; sie werden mehr Sexualpartner anziehen. Biologisch wird sich dies aber nur auswirken, wenn sie auch mehr Kinder bekommen. Dafür gibt es jedoch kaum Hinweise, eher das Gegenteil könnte der Fall sein. Erstaunlicherweise scheint das schon für einen längeren Zeitraum so zu sein. Geht man von Fossilfunden aus, so hat sich das menschliche Gehirn in den letzten 150 000 Jahren nicht vergrößert. Im Moment gibt es demnach wohl kaum einen Selektionsdruck in Richtung auf eine genetische Verbesserung der Menschheit.

Sollen die Menschen also versuchen, ihre genetische Zukunft bewusst zu kontrollieren und zu planen, so wie sie das in anderen Bereichen der Natur tun? Um die Wende zum 20. Jahrhundert waren entsprechende Programme der Menschenzüchtung («Eugenik») sehr populär (Junker & Paul 1999). Auch die Menschen sind eine biologische Art, deren Genpool sich im Laufe vieler Millionen Jahre durch Mutationen, Selektion und verschiedene Zufallsereignisse herausgebildet hat. Durch diesen ungesteuerten Naturprozess sind faszinierende Anpassungen und Fähigkeiten entstanden, es haben sich aber auch eine ganze Reihe von Eigenschaften erhalten, auf die die meisten Menschen wohl gerne verzichten würden. Alter und Krankheit gehören dazu.

Was also spricht für eine Kontrolle der menschlichen Evolution? Zum einen sind die natürliche und die sexuelle Auslese ungerecht, langsam und sie gehen vielleicht in eine ungewünschte Richtung. Zum anderen wurde durch die Zivilisation eine neue Umwelt geschaffen, die auch weniger erwünschte Eigenschaften fördert. So kommt es beispielsweise durch die Einführung von Brillen und Kontaktlinsen zu einer allmählichen Verschlechterung der Sehfähigkeit. Dieser Prozess benötigt aber viele Jahrhunderte und Jahrtausende, es handelt sich also nicht um eine akute Gefahr.

Was spricht gegen entsprechende Programme? Aus Sicht der Wissenschaft gibt es keine absoluten Ablehnungsgründe. Die Eugenik wirft aber einige schwerwiegende praktische Probleme auf. Wie wir bei der Wahl des richtigen Essens oder bei der Partnerwahl gesehen haben, ist das Gefühl der Menschen oft zutreffender als einseitige und vereinfachende Aussagen von Experten. Es könnte sich auch als schwierig erweisen, die konkreten Ziele festzulegen. Auf einige Eigenschaften, wie Gesundheit, Intelligenz oder Schönheit, wird man sich vielleicht einigen können. Bei anderen Eigenschaften, etwa positivem Sozialverhalten, bereitet dies schon größere Schwierigkeiten, und es lässt sich darüber streiten, ob eine Gesellschaft, die nur aus «netten» Menschen besteht und auf Unruhestifter verzichtet, wirklich so erstrebenswert wäre.

Das bei Weitem größte Problem aber ist, ob man wenigen Menschen – Experten, Politikern, Wirtschaftsführern – die Entscheidung darüber überantworten möchte, was wir essen sollen, welcher Partner zu uns passt und welche Eigenschaften die Menschen der Zukunft haben werden. Auf diesen Punkt hat schon einer der ersten Kritiker des eugenischen Programms, der Zoologe Oskar Hertwig, hingewiesen: «Von vornherein ist klar, daß ohne Zwangsgesetze und ohne geradezu ungeheuerliche Eingriffe in das Selbstbestimmungsrecht des einzelnen ein erfolgreicher Züchtungsstaat sich nicht einrichten läßt» (1918: 85). Die Gene sind ein Teil der Natur; in der Zukunft werden Menschen fähig sein, auch diesen Teil der Natur zu beherrschen. Ob die Ergebnisse dann unseren heutigen Interessen und Wünschen entsprechen, kann man nicht wissen. So bleibt diese Entscheidung zukünftigen Generationen vorbehalten.

Anders sieht dies bei der Frage aus, ob man sich in der Gegenwart eher auf die Seite der Natur oder auf die der Kultur stellen sollte. Wir haben gezeigt, dass die Antwort je nach konkretem Beispiel und abhängig von der Weltanschauung der bewertenden Person sehr unterschiedlich ausfallen wird. Eine generelle Wertschätzung kultureller Traditionen ist aber nicht angebracht. Erziehbarkeit bedeutet ja auch Manipulierbarkeit, und kulturelle Anforderungen muss man nicht selten als eine Vergewaltigung der menschlichen Natur bezeichnen. In welchen Lebensbereichen man die biologischen Bedürfnisse der Menschen ernst nehmen sollte, in welchen eher nicht, das haben wir in unserem Buch beschrieben. Ganz allgemein aber ist die Biologie ein wichtiges Korrektiv, wenn sie die Missachtung der menschlichen Natur durch gesellschaftliche Vorgaben offenlegt und Menschen als biologische Wesen versteht, die mit Gefühlen, Bedürfnissen und Interessen ausgestattet sind, ohne deren Erfüllung sie nicht glücklich werden können.

Weiterführende Literatur

Allgemeine Literatur

Theorie und Geschichte der Evolution

Darwin, C. *On the origin of species by means of natural selection, or the preservation of favoured races in the struggle for life.* London: Murray, 1859 (deutsche Ausg.: *Über die Entstehung der Arten im Thier- und Pflanzen-Reich durch natürliche Züchtung* ... Faksimile der 1. deutschen Ausgabe von 1860. Hg. von T. Junker. Darmstadt: WBG, 2008).

Darwin, C. *The descent of man, and selection in relation to sex.* 2 vols. London: Murray, 1871 (deutsche Ausg.: *Die Abstammung des Menschen und die geschlechtliche Zuchtwahl,* 1871).

Darwin, C. *The autobiography of Charles Darwin 1809–1882.* With the original omissions restored. Ed. N. Barlow. London: Collins, 1958 (deutsche Ausg.: *Mein Leben 1809– 1882,* 2008).

Darwin, C. *The correspondence of Charles Darwin.* Eds. F. Burkhardt et al. Bisher 15 Bde. Cambridge: Cambridge UP, 1985 ff.

Dawkins, R. *The extended phenotype: The long reach of the gene.* Oxford: Oxford UP, 1982.

Dawkins, R. *The selfish gene [1976].* New ed. Oxford: Oxford UP, 1989 (deutsche Ausg.: *Das egoistische Gen,* 1994).

Junker, T. *Geschichte der Biologie. Die Wissenschaft vom Leben.* München: C. H. Beck, 2004.

Junker, T., & U. Hoßfeld. *Die Entdeckung der Evolution: Eine revolutionäre Theorie und ihre Geschichte.* 2. Aufl. Darmstadt: WBG, 2009.

Kutschera, U. *Evolutionsbiologie.* 3. Aufl. Stuttgart: Ulmer, 2008.

Kutschera, U. *Tatsache Evolution: Was Darwin nicht wissen konnte.* München: dtv, 2009.

Mayr, E. *The growth of biological thought.* Cambridge, Mass.: Belknap Press, 1982 (deutsche Ausg.: *Die Entwicklung der biologischen Gedankenwelt,* 1984).

Mayr, E. *What evolution is.* New York: Basic Books, 2001 (deutsche Ausg.: *Das ist Evolution,* 2003).

Meyer, A. *Evolution ist überall.* Wien: Böhlau, 2008.

Richards, R. J. *Darwin and the emergence of evolutionary theories of mind and behavior.* Chicago: Chicago UP, 1987.

Sommer, V. *Darwinisch denken: Horizonte der Evolutionsbiologie.* 2. Aufl. Stuttgart: Hirzel, 2008.

Storch, V., et al. *Evolutionsbiologie.* 2. Aufl. Berlin [u. a.]: Springer, 2007.

Williams, G. C. *Adaptation and natural selection.* Princeton: Princeton UP, 1966.

Zahavi, A. «Mate selection – A selection for a handicap», *Journal of Theoretical Biology* 53 (1975): 205–14.

Evolution des Menschen

Cavalli-Sforza, L. L., & F. Cavalli-Sforza. *Chi siamo. La storia della diversità umana.* Milano: Mondadori, 1993 (deutsche Ausg.: *Verschieden und doch gleich,* 1994).

Conard, N. J. (Hrsg.). *Woher kommt der Mensch?* 2. Aufl. Tübingen: Attempto, 2006.

Diamond, J. *The third chimpanzee.* New York: HarperCollins, 1992 (deutsche Ausg.: *Der dritte Schimpanse,* 1998).

Foley, R. *Humans before humanity.* Oxford: Blackwell, 1995 (deutsche Ausg.: *Menschen vor Homo sapiens,* 2000).

Henke, W., & H. Rothe. *Menschwerdung.* Frankfurt a. M.: S. Fischer, 2003.

Johanson, D., & B. Edgar. *From Lucy to language.* London: Weidenfeld & Nicolson, 1996 (deutsche Ausg.: *Lucy und ihre Kinder,* 1998).

Jones, S., et al. (eds.). *The Cambridge encyclopedia of human evolution.* Cambridge: Cambridge UP, 1992.

Junker, T. *Die Evolution des Menschen.* 2. Aufl. München: C. H. Beck, 2008.

Lewin, R. *The origin of modern humans.* New York: Scientific American Library, 1993 (deutsche Ausg.: *Die Herkunft des Menschen,* 1995).

Olson, S. *Mapping human history: Discovering the past through our genes.* Boston: Houghton Mifflin, 2002 (deutsche Ausg.: *Herkunft und Geschichte des Menschen,* 2003).

Schrenk, F. *Die Frühzeit des Menschen.* 4. Aufl. München: C. H. Beck, 2003.

Evolutionäre Psychologie und Soziobiologie

Barkow, J., et al. (eds.). *The adapted mind: Evolutionary psychology and the generation of culture.* New York: Oxford UP, 1992.

Buss, D. M. *Evolutionary psychology: The new science of the mind.* Boston: Allyn & Bacon, 1999 (deutsche Ausg.: *Evolutionäre Psychologie,* 2004).

Campbell, B. G. *Human evolution: An introduction to man's adaptations.* 2d ed. Chicago: Aldine, 1974 (deutsche Ausg.: *Entwicklung zum Menschen,* 1979).

Chagnon, N. A., & W. Irons (eds.). *Evolutionary biology and human social behavior.* North Scituate, Mass.: Duxbury Press, 1979.

Corballis, M. C., & S. E. G. Lea (eds.). *The descent of mind: Psychological perspectives on hominid evolution.* Oxford: Oxford UP, 1999.

de Waal, F. B. M. (ed.). *Tree of origin: What primate behavior can tell us about human social evolution.* Cambridge, Mass.: Harvard UP, 2001.

Eibl-Eibesfeldt, I. *Die Biologie des menschlichen Verhaltens.* 2. Aufl. München/Zürich: Piper, 1986.

Macdonald, D. (ed.). *The new encyclopedia of mammals.* Oxford: Oxford UP, 2001 (deutsche Ausg.: *Die große Enzyklopädie der Säugetiere,* 2004).

Menninghaus, W. *Das Versprechen der Schönheit.* Frankfurt a. M.: Suhrkamp, 2003.

Miller, G. *The mating mind: How sexual choice shaped the evolution of human nature.* New York: Doubleday, 2000 (deutsche Ausg.: *Die sexuelle Evolution,* 2001).

Morris, D. *The naked ape.* London: Jonathan Cape, 1967 (deutsche Ausg.: *Der nackte Affe,* 1968).

Nesse, R. M., & G. C. Williams. *Why we get sick: The new science of Darwinian medicine.* New York: Times Books, 1995 (deutsche Ausg.: *Warum wir krank werden: Die Antworten der Evolutionsmedizin,* 1997).

Pinker, S. *How the mind works.* London: Penguin, 1998.

Voland, E. (Hrsg.). *Evolution und Anpassung: Warum die Vergangenheit die Gegenwart erklärt.* Stuttgart: Hirzel, 1993.

Voland, E. *Die Natur des Menschen: Grundkurs Soziobiologie.* München: C. H. Beck, 2007.

Wilson, E. O. *On human nature.* Cambridge, Mass.: Harvard UP, 1978.

Wilson, E. O. *Sociobiology.* Abridged ed. Cambridge, Mass.: Belknap Press, 1980.

Wer hat Angst vor der Evolution?

Bunge, M., & M. Mahner. *Über die Natur der Dinge: Materialismus und Wissenschaft.* Stuttgart/Leipzig: Hirzel, 2004.

Eibl, K. *Animal Poeta: Bausteine der biologischen Kultur- und Literaturtheorie.* Paderborn: Mentis, 2004.

Fischer, J. *Philosophische Anthropologie: Eine Denkrichtung des 20. Jahrhunderts.* Freiburg: Alber, 2008.

Freud, S. *Vorlesungen zur Einführung in die Psychoanalyse [1916/17].* Ges. Werke, Bd. 11. London: Imago, 1940.

Hüttemann, A. (Hrsg.). *Zur Deutungsmacht der Biowissenschaften.* Paderborn: mentis, 2008.

James, W. *The principles of psychology [1890].* Cambridge, Mass./London: Harvard UP, 1983.

Junker, T. «Stichwort: Biologismus», *Naturwissenschaftliche Rundschau* 59 (2006): 577–78.

Kanitscheider, B. *Kosmologie: Geschichte und Systematik in philosophischer Perspektive.* 3., erw. Aufl. Stuttgart: Reclam, 2002.

Kant, I. «Metaphysische Anfangsgründe der Naturwissenschaft» [1786]. In *Schriften zur Naturphilosophie.* Werkausgabe. Bd. 9. Frankfurt a. M.: Suhrkamp, 1977, S. 9–135.

Niemitz, C. (Hrsg.). *Erbe und Umwelt. Zur Natur von Anlage und Selbstbestimmung des Menschen.* Frankfurt a. M.: Suhrkamp, 1987.

Schmidt-Salomon, M. *Manifest des evolutionären Humanismus: Plädoyer für eine zeitgemäße Leitkultur.* 2. Aufl. Aschaffenburg: Alibri, 2006.

Simpson, G. G. «The biological nature of man», *Science* 152 (1966): 472–78.

Voland, E. (Hrsg.). *Fortpflanzung: Natur und Kultur im Wechselspiel.* Frankfurt a. M.: Suhrkamp, 1992.

I. 1 Steak und Schokolade

Breslin, P. A. S., & A. C. Spector. «Mammalian taste perception», *Current Biology* 18 (2008): R148–R155.

Burger, J., et al. «Absence of the lactase-persistence-associated allele in early Neolithic Europeans», *PNAS* 104 (2007): 3736–41.

Cordain, L., et al. «Origins and evolution of the Western diet: Health implications for the 21th century», *Am. J. Clin. Nutr.* 81 (2005): 341–54.

Deutsche Gesellschaft für Ernährung. *Vollwertig essen und trinken nach den 10 Regeln der DGE* (2000).

Deutsche Gesellschaft für Ernährung. *Ernährungsbericht*. DGE-Info (1. Februar 2004a).

Deutsche Gesellschaft für Ernährung. *Der neue DGE-Ernährungskreis*. DGE-Info (1. April 2004b).

Dubé, L., et al. «Affect asymmetry and comfort food consumption», *Physiology & Behavior* 86 (2005): 559–67.

Eaton, S. B., & M. Konner. «Paleolithic nutrition – a consideration of its nature and current implications», NEJM 312 (1985): 283–89.

Eaton, S. B., et al. *The Paleolithic prescription – a program of diet & exercise and a design for living*. New York: Harper & Row, 1988.

Eaton, S. B., et al. «Paleolithic nutrition revisited: A twelve-year retrospective on its nature and implications», *European Journal of Clinical Nutrition* 51 (1997): 207–16.

Epikur. *Von der Überwindung der Furcht: Katechismus, Lehrbriefe, Spruchsammlung, Fragmente.* Hg. von O. Gigon. 3. Aufl. Zürich: Artemis, 1983.

Feuerbach, L. «Die Naturwissenschaft und die Revolution [1850]». In *Gesammelte Werke*. Bd. 10: *Kleinere Schriften 3 (1846–1850)*. Berlin: Akademie-Verlag, 1971, S. 347–68.

Hawkes, K., et al. «Hadza meat sharing», *Evolution and Human Behavior* 22 (2001): 113–42.

Haygood, R., et al. «Promoter regions of many neural- and nutrition-related genes have experienced positive selection during human evolution», *Nature Genetics* 39 (2007): 1140–44.

Heald, C. «Going ape», BBC News (11. Januar 2007).

Hirschfelder, G. *Europäische Esskultur: Eine Geschichte der Ernährung von der Steinzeit bis heute*. Frankfurt a. M.: Campus, 2001.

Langbein, S., et al. «Expression of transketolase TKTL1 predicts colon and urothelial cancer patient survival: Warburg effect reinterpreted», *British Journal of Cancer* 94 (2006): 578–85.

Martin, B. W., & U. Mäder. «Körperliches Aktivitätsverhalten in der Schweiz». In *Körperliche Aktivität in Prävention und Therapie. Evidenzbasierter Leitfaden für Klinik und Praxis*. Hg. von G. Samitz & G. Mensink. München: Marseille, 2002, S. 45–55.

Max Rubner Institut & Bundesforschungsinstitut für Ernährung und Lebensmittel. *Nationale Verzehrsstudie II, Ergebnisbericht Teil 2*. Karlsruhe: Max Rubner-Institut, 2008.

Nietzsche, F. *Der Fall Wagner. Götzen-Dämmerung. Der Antichrist. Ecce homo … [1888].* Kritische Studienausgabe, Bd. 6. München: dtv, 1980.

Paczensky, G. v., & A. Dünnebier. *Leere Töpfe, volle Töpfe: Die Kulturgeschichte des Essens und Trinkens*. München: Knaus, 1994.

Simopoulos, A. P. «The Mediterranean Diets: What is so special about the diet of Greece? The Scientific Evidence,» *The Journal of Nutrition* 131 (2001): 3065S–73S.

Stanford, C. B. «The ape's gift: Meat-eating, meat-sharing, and human evolution.» In de Waal (2001): 95–117.

Vogt, M. F. «Vom Scheitern der bisherigen Ernährungsaufklärung», *Ernährung & Medizin* 3 (2005): 148–49.

Wood, B., & B. G. Richmond. «Human evolution: Taxonomy and paleobiology», *Journal of Anatomy* 197 (2000): 19–60.

Wrangham, R., & N. Conklin-Brittain. «Cooking as a biological trait», *Comparative Biochemistry and Physiology* Part A 136 (2003): 35–46.

I. 2 Darwins Carmen und der Kampf um die sexuelle Selbstbestimmung

Alexander, R. D., et al. «Sexual dimorphisms and breeding systems in pinnipeds, ungulates, primates, and humans». In Chagnon & Irons (1979): 402–35.

Bajema, C. J. (ed.). *Evolution by sexual selection theory prior to 1900*. New York: Van Nostrand Reinhold, 1984.

Baker, R. R. *Sperm wars: The science of sex*. New York: Basic Books, 1996 (deutsche Ausg.: *Krieg der Spermien*, 1997).

Beck, A. «Das Schwellkörpersystem der Frau als dreidimensionales Modell», *Sexuologie* 12 (2006): 105–19.

Constable, J. L., et al. «Noninvasive paternity assignment in Gombe chimpanzees», *Molecular Ecology* 10 (2001): 1279–1300.

Cronin, H. *The ant and the peacock: Altruism and sexual selection from darwin to today*. Cambridge: Cambridge UP, 1991.

Darwin, C. *The origin of species by Charles Darwin: A variorum text*. Ed. M. Peckham. Philadelphia: Pennsylvania UP, 1959.

de Waal, F. *Chimpanzee politics: Power and sex among apes*. London: Jonathan Cape, 1982 (deutsche Ausg.: *Unsere haarigen Vettern*, 1983).

Dixson, A., & M. Anderson. «Sexual selection and the comparative anatomy of reproduction in monkeys, apes, and human beings», *Annual review of sex research* 12 (2001): 121–44.

Eberhard, W. G. *Female control: Sexual selection by cryptic female choice*. Princeton: Princeton UP, 1996.

Gould, J. L., & C. G. Gould. *Sexual selection*. New York: Scientific American Library, 1989 (deutsche Ausg.: *Partnerwahl im Tierreich*, 1990).

Grammer, K. *Signale der Liebe*. Hamburg: Hoffmann & Campe, 1993.

Haldane, J. B. S. *The causes of evolution*. London/New York: Longmans, Green, 1932.

Huxley, J. *Evolution: The modern synthesis*. London: Allen & Unwin, 1942.

Lorenz, K. *Das sogenannte Böse. Zur Naturgeschichte der Aggression*. Wien: Borotha-Schoeler, 1963.

Morris, D. *The naked woman: A study of the female body*. London [u. a.]: Vintage, 2005.

Muller, M. N., et al. «Male coercion and the costs of promiscuous mating for female chimpanzees», *Proc. R. Soc. B: Biological Sciences* 274 (2007): 1009–14.

Nietzsche, F. *Der Fall Wagner. Götzen-Dämmerung. Der Antichrist. Ecce homo … [1888]*. Kritische Studienausgabe, Bd. 6. München: dtv, 1980.

Nørretranders, T. *Über die Entstehung von Sex durch generöses Verhalten: Warum wir Schönes lieben und Gutes tun [Det generøse menneske, 2002]*. Reinbek: Rowohlt, 2006.

Paul, A., & J. Küster. «Vater *sein* dagegen sehr? Beziehungen zwischen Primatenmännchen und -kindern». In Voland (1993): 104–24.

Short, R. V. «Sexual selection and its component parts, somatic and genital selection, as illustrated by man and the great apes», *Advances in the Study of Behavior* 9 (1979): 131–58.

Stumpf, R. M., & C. Boesch. «Does promiscuous mating preclude female choice? Female sexual strategies in chimpanzees (Pan troglodytes verus) of the Taï National Park, Côte d'Ivoire,» *Behavioral Ecology and Sociobiology* 57 (2005): 511–24.

Trivers, R. L. «Parental investment and sexual selection». In *Sexual selection and the descent of man 1871–1971*. Ed. B. Campbell. Chicago: Aldine, 1972, S. 136–79.

Young, A. J., et al. «Stress and the suppression of subordinate reproduction in co-operatively breeding meerkats», PNAS 103 (2006): 12005–10.

I. 3 Helden und Terroristen

Albertz, A. *Exemplarisches Heldentum. Die Rezeptionsgeschichte der Schlacht an den Thermopylen von der Antike bis zur Gegenwart*. München: Oldenbourg, 2006.

Atran, S. «Genesis of suicide terrorism», *Science* 299 (2003): 1534–39.

Bengtson, H. (Hrsg.). *Griechen und Perser (Die Mittelmeerwelt im Altertum I)*. Fischer Weltgeschichte, Bd. 5. Frankfurt a. M.: S. Fischer, 1965.

Durkheim, É. *Der Selbstmord [Le suicide, 1897]*. Frankfurt a. M.: Suhrkamp, 2006.

Farthing, G. W. «Attitudes toward heroic and nonheroic physical risk takers as mates and as friends», *Evolution and Human Behavior* 26 (2005): 171–85.

Hamilton, W. D. «The genetical evolution of social behavior», *Journal of Theoretical Biology* 7 (1964): 1–52.

Hawkes, K. «Grandmothers and the evolution of human longevity», *American Journal of Human Biology* 15 (2003): 380–400.

Hepper, P. G. (ed.). *Kin recognition*. Cambridge: Cambridge UP, 1991.

Hölldobler, B., & E. O. Wilson. *Ameisen. Die Entdeckung einer faszinierenden Welt [Journey to the Ants, 1994]*. München/Zürich: Piper, 2001.

Holmes, W. G., & P. W. Sherman. «Kin recognition in animals», *American Scientist* 71 (1983): 46–55.

Johannes Paul II. [Wojtyla, K.]. *Evangelium vitae. Enzyklika vom 25. März 1995*. Rom: Libreria Editrice Vaticana, 1995.

Maccoby, H. *Revolution in Judaea: Jesus and the Jewish resistance*. London: Orbach & Chambers, 1973 (deutsche Ausg.: *Jesus und der jüdische Freiheitskampf*, 1996.)

Maschwitz, U., & E. Maschwitz. «Platzende Arbeiterinnen: Eine neue Art der Feindabwehr bei sozialen Hautflüglern», *Oecologia* 14 (September 1974): 289–294.

Merari, A. «Statement». In *Terrorism and threats to U. S. interests in the Middle East …* [hasc no. 106–59]. Washington, DC: U. S. Congress, 13 July 2000 (http://tinyurl.com/g1ov).

National commission on terrorist attacks upon the United States. *The 9/11 commission report*. 21 August 2004. (http://www.9-11commission.gov/report/index.htm)

Pape, R. A. *Dying to win: The strategic logic of suicide terrorism*. New York: Random House, 2006.

Qirko, H. N. «‹Fictive kin› and suicide terrorism», *Science* 304 (2004): 49–50.

Sherman, P. W., et al. (eds.). *The biology of the naked mole-rat*. Princeton: Princeton UP, 1991.

Treml, A. K. *Warum der Berg ruft: Bergsteigen aus evolutionstheoretischer Sicht*. Hamburg: Merus, 2006.

Trivers, R. L. «The evolution of reciprocal altruism», *The Quarterly Review of Biology* 46 (1971): 35–57.

Vossekuil, B., et al. *The final report and findings of the Safe School Initiative: Implications for the prevention of school attacks in the United States.* Washington, D. C.: U.S. Department of Education …, 2002.

Williams, G. C. «Pleiotropy, natural selection, and the evolution of senescence», *Evolution* 11 (1957): 398–411.

II. 4 Das Erfolgsgeheimnis der modernen Menschen

Barnosky, A. D., et al. «Assessing the causes of late Pleistocene extinctions on the continents», *Science* 306 (2004): 70–75.

Bolus, M., & R. W. Schmitz. *Der Neandertaler.* Ostfildern: Thorbecke, 2006.

Conard, N. J., et al. (Hrsg.). *Vom Neandertaler zum modernen Menschen.* Ostfildern: Thorbecke, 2005.

Courtin, J. *Le Chamane du Bout-du-Monde.* Paris: Éditions du Seuil, 1998 (deutsche Ausg.: *Die vergessene Höhle*, 1998).

Golding, W. *The inheritors.* London: Faber & Faber, 1955 (deutsche Ausg.: *Die Erben*, 1964).

Green, R. E., et al. «A complete Neandertal mitochondrial genome sequence determined by high-throughput sequencing», *Cell* 134 (August 2008): 416–26.

Krause, J., et al. «The derived FOXP2 variant of modern humans was shared with neandertals», *Current Biology* 17 (2007): 1908–12.

Kurtén, B. *Den Svarta Tigern.* Stockholm: Alba, 1978 (deutsche Ausg.: *Der Tanz des Tigers*, 1980).

Mania, D. «Die Urmenschen von Thüringen», *Spektrum der Wissenschaft* (Oktober 2004): 38–47.

Mellars, P. «A new radiocarbon revolution and the dispersal of modern humans in Eurasia», *Nature* 439 (2006): 931–35.

Riek, G. *Die Mammutjäger vom Lonetal.* Stuttgart: Thienemann [1934].

Schrenk, F., & S. Müller. *Die Neandertaler.* München: C. H. Beck, 2005.

Schwalbe, G. «Die Abstammung des Menschen und die ältesten Menschenformen [1916]». In *Die Kultur der Gegenwart.* 3. Teil, 5. Abt., *Anthropologie.* Leipzig/Berlin: Teubner, 1923, S. 223–338.

Serre, D., et al. «No evidence of Neandertal mtDNA contribution to early modern humans», *PLoS Biol* 2(3) (2004): e57.

Stringer, C. «The evolution of modern humans: Where are we now?» *General Anthropology* 7 (2001), no 2: 1–5.

Stringer, C. «Modern human origins: Progress and prospects», *Phi. Trans. R. Soc. Lond.* B *357 (2002): 563*–79.

Thieme, H. «Lower Paleolithic hunting spears from Germany», *Nature* 385 (1997): 807–10.

Wagner, G. A., et al. (Hrsg.). *Homo heidelbergensis: Schlüsselfund der Menschheitsgeschichte.* Stuttgart: Theiss, 2007.

Wahl, J. «Leben und Sterben in der Steinzeit. Der Kampf ums Dasein im Spiegel anthropologischer Forschung». In Conard (2006): 241–77.

II. 5 Wie Wissen zur Macht wird

Antweiler, C. *Was ist den Menschen gemeinsam? Über Kultur und Kulturen.* Darmstadt: WBG, 2007.

Assmann, J. «Evolution durch Schrift», *Nova Acta Leopoldina* (n. F.) 93, Nr. 345 (2006): 181–93.

Boesch, C., & M. Tomasello. «Chimpanzee and human cultures», *Current Anthropology* 39 (1998): 591–614.

Bonner, J. T. *The evolution of culture in animals.* Princeton: Princeton UP, 1980 (deutsche Ausg.: *Kultur-Evolution bei Tieren,* 1983).

Buffon, G. *Histoire naturelle, générale et particulière.* 15 Bde. Paris: Imprimerie royale, 1749–67. Bd. 4, 1753.

Byrne, R. W., & A. Whiten (eds.). *Machiavellian intelligence.* Oxford: Clarendon Press, 1988.

Freud, S. *Totem und Tabu [1912/13].* Ges. Werke, Bd. 9. London: Imago, 1940.

Gehlen, A. *Der Mensch.* 13. Aufl. Wiesbaden: Quelle & Meyer, 1997.

Kelemen, D. «Beliefs about purpose: On the origins of teleological thought.» In Corballis & Lea (1999): 278–94.

Klein, R. G., & B. Edgar. *The dawn of human culture.* New York: John Wiley & Sons, 2002.

Maynard Smith, J. «The concept of information in biology», *Philosophy of Science* 67 (2000): 177–94.

McGrew, W. C. «The nature of culture: Prospects and pitfalls of cultural primatology.» In de Waal (2001): 229–54.

Tomasello, M. *The cultural origins of human cognition.* Cambridge, Mass.: Harvard UP, 1999 (deutsche Ausg.: *Die kulturelle Entwicklung des menschlichen Denkens,* 2002).

Weismann, A. «Über die Vererbung [1883]». In *Aufsätze über Vererbung und verwandte biologische Fragen.* Jena: G. Fischer, 1892, S. 73–121.

Whiten, A. «The evolution of deep social mind in humans.» In Corballis & Lea (1999): 173–93.

Whiten, A., et al. «Cultures in chimpanzees», *Nature* 399 (1999): 682–85.

II. 6 Die Biologie der Kunst / II. 7 Von der Magie der Höhlen zur Religion

Alexander, R. D. «Evolution of the human psyche.» In *The human revolution: Behavioral and biological perspectives on the origins of modern humans.* Eds. P. Mellars & C. Stringer. Edinburgh: Edinburgh UP, 1989, S. 455–513.

Anati, E. *Il museo immaginario della preistoria.* Milano: Jaca Book, 1995 (deutsche Ausg.: *Höhlenmalerei,* 1997).

Baron-Cohen, S. «The evolution of a theory of mind.» In Corballis & Lea (1999): 261–77.

Belting, H., et al. (Hrsg.). *Kunstgeschichte: Eine Einführung.* 7. Aufl. Berlin: Reimer, 2008.

Beltrán, A., et al. *Altamira.* Sigmaringen: Thorbecke, 1998.

Boehm, C. «Impact of the human egalitarian syndrome on Darwinian selection mechanics», *The American Naturalist* 150 (July 1997): S100–S121.

Bouzouggar, A., et al. «82,000-year-old shell beads from North Africa and implications for the origins of modern human behavior», PNAS 104 (2007): 9964–69.

Burke, E. *Reflections on the revolution in France [1790]*. Indianapolis: Hackett, 1987.

Chauvet, J.-M., et al. *Grotte Chauvet bei Vallon-Pont-d'Arc. Altsteinzeitliche Höhlenkunst im Tal der Ardèche*. Stuttgart: Thorbecke, 2001.

Clottes, J., & D. Lewis-Williams. *Les chamanes de la préhistoire*. Paris: Éditions du Seuil, 1996 (deutsche Ausg.: *Schamanen: Trance und Magie in der Höhlenkunst der Steinzeit*, 1997).

Davies, S. *The philosophy of art*. Malden, MA: Blackwell, 2006.

Dawkins, R. *The god delusion*. Boston, Mass. [u. a.]: Houghton Mifflin, 2006 (deutsche Ausg.: *Der Gotteswahn*, 2007).

Dennett., D. C. *Breaking the spell: Religion as a natural phenomenon*. New York [u. a.]: Viking, 2006 (deutsche Ausg.: *«Den Bann brechen». Religion als natürliches Phänomen*, 2008).

Durkheim, É. *Les formes élémentaires de la vie religieuse. Le système totémique en Australie*. Paris: Félix Alcan, 1912 (deutsche Ausg.: *Die elementaren Formen des religiösen Lebens*, 1981).

Erdal, D., & A. Whiten. «On human egalitarianism: An evolutionary product of Machiavellian status escalation?» *Current Anthropology* 35 (1994): 175–83.

Freud, S. «Eine Kindheitserinnerung des Leonardo da Vinci [1910]». In *Ges. Werke*. Bd. 8. London: Imago, 1943, S. 128–211.

Freud, S. «Massenpsychologie und Ich-Analyse [1921]». In *Ges. Werke*, Bd. 13. London: Imago, 1940, S. 71–161.

Freud, S. «Über eine Weltanschauung [1933]». In *Ges. Werke*. Bd. 15. London: Imago, 1940, S. 170–197.

Geertz, C. «Religion as a cultural system». In *Anthropological approaches to the study of religion*. Ed. M. Banton. London: Tavistock, S. 1–46 (deutsche Ausg.: «Religion als kulturelles System». In *Dichte Beschreibung*, 1983).

Guthrie, R. D. *The nature of Paleolithic art*. Chicago: Chicago UP, 2006.

Hoernes, M. «Prähistorische Archäologie». In *Die Kultur der Gegenwart*. 3. Teil, 5. Abt., *Anthropologie*. Leipzig/Berlin: Teubner, 1923, S. 339–434.

Holdermann, C.-S., et al. (Hrsg.). *Eiszeitkunst im süddeutsch-schweizerischen Jura: Anfänge der Kunst*. Stuttgart: Theiss, 2001.

Le Bon, G. *Psychologie des foules*. Paris: Félix Alcan, 1895 (deutsche Ausg.: *Psychologie der Massen*, 1982).

Lorblanchet, M. *Höhlenmalerei: Ein Handbuch [Les grottes ornées de la préhistoire, 1995]*. Sigmaringen: Thorbecke, 2000.

Morris, D. *The biology of art*. New York: Alfred Knopf, 1962 (deutsche Ausg.: *Biologie der Kunst*, 1963).

Nietzsche, F. *Menschliches, Allzumenschliches I und II [1878–86]*. Kritische Studienausgabe, Bd. 2. München: dtv, 1988.

Ranke, J. *Der Mensch*. 2. Aufl. Bd. 2: *Die heutigen und die vorgeschichtlichen Menschenrassen*. Leipzig/Wien: Bibliographisches Institut, 1894.

Raphael, M. *Prähistorische Höhlenmalerei: Aufsätze, Briefe.* Köln: Bruckner & Thünker, 1993.

Raphael, M. *Wiedergeburtsmagie in der Altsteinzeit: Zur Geschichte der Religion und religiöser Symbole.* Frankfurt a. M.: S. Fischer, 1979.

Reeve, H. K., & B. Hölldobler. «The emergence of a superorganism through intergroup competition», PNAS 104 (2007): 9736–40.

Reinach, S. «L'art et la magie. À propos des gravures de l'âge du Renne [1903].» In *Cultes, mythes et religions.* Bd. 1. Paris: Ernest Leroux, 1905, S. 125–36.

Sanz de Sautuola, M. *Breves apuntes sobre algunos objetos prehistóricos de la provincia de Santander.* Santander: Imprenta y Litografía de Telesforo Martínez, 1880.

Semino, O., et al. «The genetic legacy of paleolithic *Homo sapiens sapiens* in extant Europeans: A Y chromosome perspective», *Science* 290 (2000): 1155–59.

Sommer, V. «Die Vergangenheit einer Illusion. Religion aus evolutionsbiologischer Sicht». In Voland (1993): 229–48.

Spivey, N. *How art made the world: A journey to the origins of human creativity.* New York: Basic Books, 2005 (deutsche Ausg.: *Wie Kunst die Welt erschuf,* 2006).

Trinkaus, E. *The Shanidar Neandertals.* New York: Academic Press, 1983.

Vaas, R., & M. Blume. *Götter, Gene und Gehirne.* Stuttgart: Hirzel, 2009.

Weismann, A. «Gedanken über Musik bei Thieren und beim Menschen [1889]». In *Aufsätze über Vererbung und verwandte biologische Fragen.* Jena: G. Fischer, 1892, S. 587–637.

Wilson, D. S. *Darwin's cathedral: Evolution, religion, and the nature of society.* Chicago: Chicago UP, 2002.

III. Evolutionäre Strategien

Aristoteles. *De partibus animalium (Über die Glieder der Geschöpfe).* Paderborn: Schöningh, 1959.

Barlow, C. (ed.). *Evolution extended: Biological debates on the meaning of life.* Cambridge, Mass.: The MIT Press, 1994.

Die Bekenntnisschriften der evangelisch-lutherischen Kirche. 12. Aufl. Göttingen: Vandenhoeck & Ruprecht, 1998.

Bentley, G. R., et al. «The fertility of agricultural and non-agricultural traditional societies», *Population Studies* 47 (1993): 269–81.

Bocquet-Appel, J.-P., & S. Naji. «Testing the hypothesis of a worldwide Neolithic demographic transition», *Current Anthropology* 47 (2006): 341–65.

Buchheim, T., & T. Pietrek (Hrsg.). *Freiheit auf Basis von Natur?* Paderborn: mentis, 2007.

Dobzhansky, T. *The biological basis of human freedom.* New York: Columbia UP, 1956.

Du Bois-Reymond, E. «Die sieben Welträtsel [1880]». In *Vorträge über Philosophie und Gesellschaft.* Berlin: Akademie Verlag, 1974, S. 159–87.

Fehige, C., et al. (Hrsg.). *Der Sinn des Lebens.* München: dtv, 2000.

Freud, S. *Zur Psychopathologie des Alltagslebens [1901].* Ges. Werke, Bd. 4. London: Imago, 1941.

Hertwig, O. *Zur Abwehr des ethischen, des sozialen, des politischen Darwinismus.* Jena: G. Fischer, 1918.

Johst, V. «Die Willensfreiheit ist keine Illusion – Anmerkungen eines Verhaltensbiologen zum aktuellen Freiheitsdiskurs», *Naturwissenschaftliche Rundschau* 60 (2007): 297–302, 349–56.

Junker, T., & S. Paul. «Das Eugenik-Argument in der Diskussion um die Humangenetik». In *Biologie und Ethik.* Stuttgart: Reclam, 1999, S. 161–93.

Kant, I. *Kritik der reinen Vernunft [1787].* Werkausgabe, Bd. 3–4. Frankfurt a. M.: Suhrkamp, 1977.

Mittelstraß, J. *Glanz und Elend der Geisteswissenschaften.* Oldenburg: BIS, 1989.

Roth, G. *Das Gehirn und seine Wirklichkeit: Kognitive Neurobiologie und ihre philosophischen Konsequenzen.* Frankfurt a. M.: Suhrkamp, 1994.

Singer, W. «Vom Gehirn zum Bewußtsein [2000]». In *Der Beobachter im Gehirn: Essays zur Hirnforschung.* Frankfurt a. M.: Suhrkamp, 2002, S. 60–76.

Weber, M. «Wissenschaft als Beruf [1919]». In *Gesammelte Aufsätze zur Wissenschaftslehre.* 3. Aufl. Tübingen: J. C. B. Mohr, 1968, S. 582–613.

Wuketits, F. M. *Der freie Wille: Die Evolution einer Illusion.* Stuttgart: Hirzel, 2008.

Bildnachweis

Register